职业教育机械类专业“互联网+”新形态教材

铣工工艺与技能训练

第 2 版

主　编　汪哲能　徐文庆
副主编　刘红燕　伍伟敏　蒋林翰
参　编　廖振兴　李约朋　丁　宁
　　　　吴　落　欧阳牧军　费明心
　　　　王同伟　林少龙　刘登发
主　审　张信群

机械工业出版社

本书根据人力资源和社会保障部的《国家职业技能标准　铣工》的知识要求和技能要求编写而成。全书贯彻现行国家标准，突出理论与实践相结合，将铣工的工艺知识与基本技能训练有机地结合起来，用理论指导实践，用实践验证理论。全书共八个模块，主要内容包括走近铣工、了解铣削加工、铣工常用工量具、铣削平面、铣削阶台和沟槽、分度方法、铣床的调整与精度检验，以及综合技能训练。

本书可作为职业教育机械类专业的教学用书，也可作为专业技术人员的参考用书。

图书在版编目（CIP）数据

铣工工艺与技能训练/汪哲能，徐文庆主编. —2版. —北京：机械工业出版社，2023.10

职业教育机械类专业“互联网+”新形态教材

ISBN 978-7-111-74046-9

Ⅰ.①铣…　Ⅱ.①汪…　②徐…　Ⅲ.①铣削-职业教育-教材　Ⅳ.①TG54

中国国家版本馆CIP数据核字（2023）第191390号

机械工业出版社（北京市百万庄大街22号　邮政编码100037）

策划编辑：赵文婕　　责任编辑：赵文婕

责任校对：宋　安　　封面设计：王　旭

责任印制：郜　敏

中煤（北京）印务有限公司印刷

2024年3月第2版第1次印刷

210mm×285mm · 10.75印张 · 244千字

标准书号：ISBN 978-7-111-74046-9

定价：45.00元

电话服务	网络服务
客服电话：010-88361066	机　工　官　网：www.cmpbook.com
010-88379833	机　工　官　博：weibo.com/cmp1952
010-68326294	金　　书　　网：www.golden-book.com
封底无防伪标均为盗版	机工教育服务网：www.cmpedu.com

第2版前言

铣削加工是机械制造业中应用非常广泛的一种加工方法，铣床在金属切削机床中占有较大的比重。为帮助读者更好地掌握铣工基本技能，根据《国家职业技能标准 铣工》的知识要求和技能要求，由职业院校骨干教师和企业一线工程技术人员编写了本书。本书自第1版出版发行以来，得到了读者的欢迎和喜爱，我们也获得了读者对教材使用情况的反馈。为深入贯彻党的二十大报告中关于“深化教育领域综合改革，加强教材建设和管理”的精神，在机械工业出版社的大力支持下，在充分吸收读者的意见和建议的基础上，对第1版进行了修订。

本书贯彻现行国家标准，突出理论与实践的结合，将铣工的工艺知识与基本技能训练有机地结合起来，用理论指导实践，用实践验证理论。在本书的编写过程中，编者始终坚持从生产实际出发，合理安排全书的知识和技能结构，突出技能的培养。在结构安排和表达方式上，强调由浅入深，循序渐进，力求做到图文并茂，形象直观，通俗易懂，使读者逐步掌握铣工的基本操作技能及相关的工艺知识，提高职业素养，培养职业兴趣。

本书以国家颁布的职业标准考核内容为基本依据，从职业院校学生基础能力出发，遵循专业理论的学习规律和技能形成规律，设计了一系列课题，使知识点更完善，能力点更均衡，实现了岗课赛证融通，有利于学生的综合成长。为推进教育数字化，适应数字化教学的发展需要，本书对部分内容配置了数字化教学资源，并以二维码的形式嵌入书中，供读者学习时参考。

本书由湖南财经工业职业技术学院汪哲能、徐文庆任主编，刘红燕、伍伟敏、蒋林翰任副主编，滁州职业技术学院张信群任主审。参加编写工作的还有廖振兴、李约朋、丁宁、吴落、欧阳牧军、费明心、王同伟、林少龙、刘登发。豪迈集团股份有限公司教育事业部总监王同伟、特变电工衡阳变压器有限公司人力资源部部长林少龙、衡阳风顺车桥有限公司总工程师刘登发等多位企业一线工程技术人员对本书体系的构建和内容的选取提供了极具实践价值的建议和意见。在本书的编写过程中，编者参阅了同类教材及有关资料、技术标准等，模块八综合技能训练的部分内容参考了湖南省专业技能抽考题库，在此谨对相关作者致以衷心的谢意。

虽然编者在编写过程中本着认真负责的态度，力求做到精益求精，但由于水平有限，且深感知识世界的广袤无垠，书中难免存在疏漏和不足，恳请读者不吝赐教，对书中不妥之处予以指正，以便做出进一步的修改。编者邮箱：hywzn@ yeah. net。

编　者

第1版前言

本书根据人力资源和社会保障部的《国家职业技能标准　铣工》的知识要求和技能要求进行编写。本书贯彻最新国家标准，突出理论与实践相结合，将铣工的工艺知识与基本技能训练有机地结合起来，用理论指导实践，用实践验证理论。在编写过程中，编者始终坚持从生产实际出发，合理安排全书的知识和技能结构，突出技能性培养，摒弃“繁难偏旧”的理论知识。在结构安排和表达方式上，本书强调由浅入深、循序渐进，力求做到图文并茂、形象直观、通俗易懂，使读者逐步掌握铣工的基本操作技能及相关的工艺知识，从而具备分析问题、解决问题和完成生产任务的能力。

本书采用了模块式编写方式，在实际教学过程中，读者可根据自身特点对其中内容进行取舍。每个模块下设若干课题，针对铣工工艺与常用技能做了详细讲解与说明，并列出了详细的操作过程供读者参考。每个模块后均设置了思考与练习，以帮助读者巩固所学知识。

本书是校企合作开发的教材，由汪哲能、张信群任主编，熊建武主审，徐文庆、廖振兴、伍伟敏任副主编，参加编写工作的还有陈俭、李约朋、严爱芳、欧阳牧军。东莞科立五金模具厂总工程师陈黎明、衡阳风顺车桥有限公司总工程师刘登发、湖南天雁机械有限责任公司高级技师朱茂豪等多位企业一线工程技术人员对教材体系的构建和内容的选取提出了宝贵的建议和意见。在本书的编写过程中，编者参阅了同类教材及有关资料、技术标准等，模块八综合技能训练的部分内容参考了湖南省专业技能抽考题库，在此谨对相关作者致以衷心的谢意。

虽然编者在编写过程中本着认真负责的态度，力求做到精益求精，但由于水平有限，书中难免存在错漏和不足，恳请读者不吝赐教，对书中不妥之处予以指正。

编　者

目录

模块一 走近铣工

学习目标

知识目标

1. 掌握铣削加工的定义。
2. 了解铣削加工的基本内容。
3. 掌握铣削加工的工艺特点。
4. 了解铣削加工的加工精度。

技能目标

1. 掌握铣削加工的安全注意事项。
2. 掌握铣削加工的安全操作规程。
3. 掌握铣削加工文明生产要求，注重个人安全防护。
4. 具备技能拓展能力及适应发展的能力。

素养目标

1. 培养敬业、专注、创新的工匠精神。
2. 具备将铣工基本知识应用于具体工作领域的能力，具有一定的分析问题和解决问题的能力。

课题一 了解铣削加工

一、铣削加工简介

在科学技术迅速发展的当代，新技术、新工艺不断涌现，但金属切削加工在机械制造业中仍占有极其重要的地位。绝大多数的机械零件需要通过切削加工来达到规定的尺寸、形状和位置精度，以满足产品的性能和使用要求。在车、铣、镗、刨、磨、钳等诸多切削加工工种中，铣工是最基本、应用极广泛的工种之一。

铣削是铣刀旋转做主运动，工件或铣刀做进给运动的切削加工方法。铣削是加工平面的主要方法之一。铣床是用来进行铣削加工的机床，在金属切削机床中占有较大比重，约占金属切削机床总台数的 25%。在铣床上配以不同的附件，使用各种不同的铣刀可以加工形状各异、大小不同的多种表面，如平面（水平面、垂直面、斜面）、阶台、沟槽（直角沟槽、键槽以及 V 形槽、T 形槽、燕尾槽等特形沟槽）、特形面和切断材料等。使用分度装置可加工需周向等分的花键、牙嵌离合器、螺旋槽、齿式离合器以及进行刻线操作等。此外，在铣床上还可以进行钻孔、铰孔和镗孔等工作。铣削加工基本应用如图 1-1 所

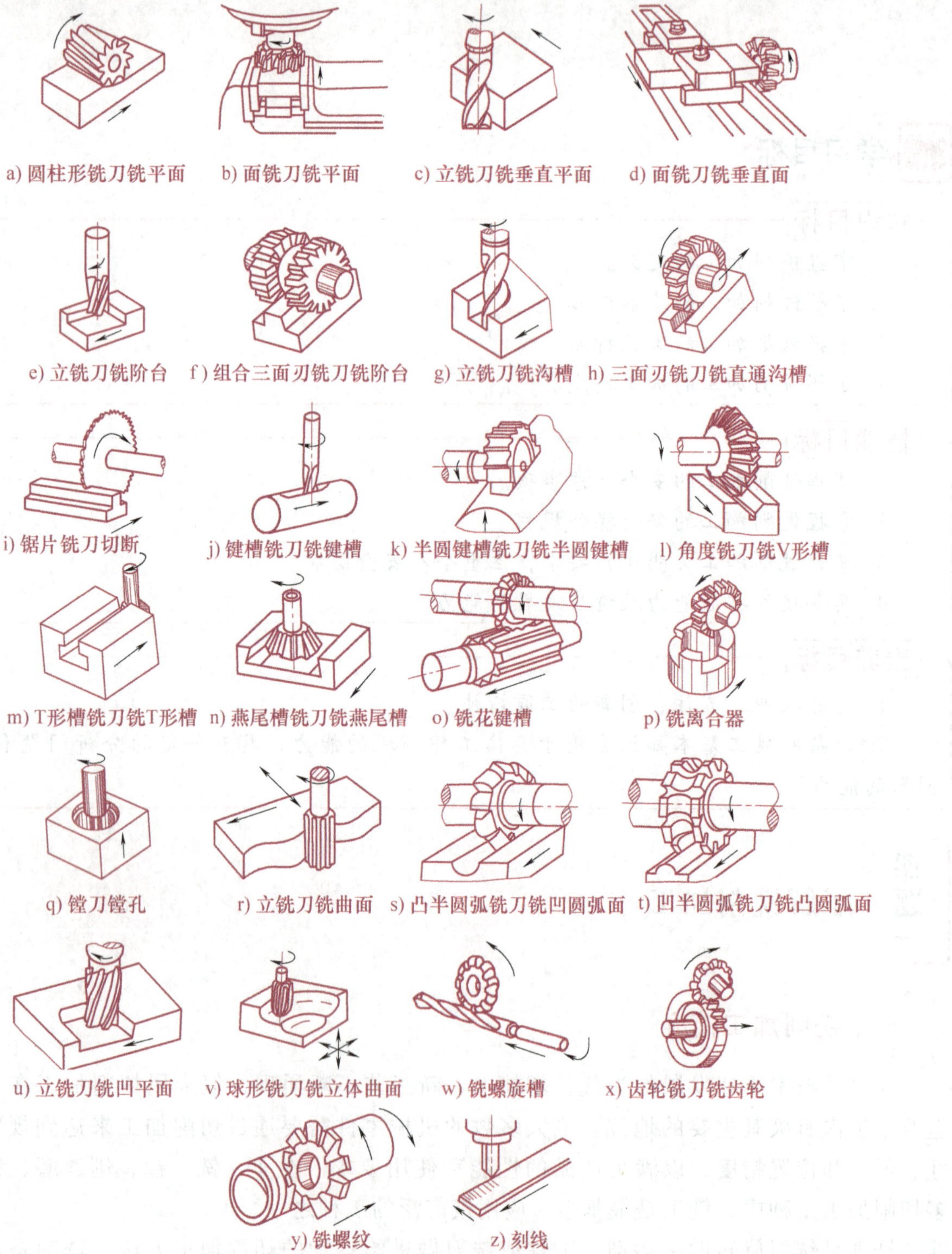

a) 圆柱形铣刀铣平面　b) 面铣刀铣平面　c) 立铣刀铣垂直平面　d) 面铣刀铣垂直面
e) 立铣刀铣阶台　f) 组合三面刃铣刀铣阶台　g) 立铣刀铣沟槽　h) 三面刃铣刀铣直通沟槽
i) 锯片铣刀切断　j) 键槽铣刀铣键槽　k) 半圆键槽铣刀铣半圆键槽　l) 角度铣刀铣V形槽
m) T形槽铣刀铣T形槽　n) 燕尾槽铣刀铣燕尾槽　o) 铣花键槽　p) 铣离合器
q) 镗刀镗孔　r) 立铣刀铣曲面　s) 凸半圆弧铣刀铣凹圆弧面　t) 凹半圆弧铣刀铣凸圆弧面
u) 立铣刀铣凹平面　v) 球形铣刀铣立体曲面　w) 铣螺旋槽　x) 齿轮铣刀铣齿轮
y) 铣螺纹　z) 刻线

图 1-1　铣削加工基本应用

示，随着数控机床的广泛应用，图中有些加工已不再使用普通铣床进行加工，而采用效率更高、精度更高的数控加工方式。

二、铣削加工工艺特点

1. 生产率较高

铣刀是多齿刀具，铣削时有多个刀齿同时参与切削，且铣削速度较快，无空行程，故铣削加工的生产率较高。

2. 散热条件较好

铣刀刀齿在切离工件的一段时间内，可以得到一定的冷却，因此散热条件较好。但是，在切入和切离时有热量和力的冲击，将加速刀具的磨损，甚至可能引起硬质合金刀片的碎裂。

3. 铣削过程不平稳

铣削过程中每个刀齿的切削厚度不断变化，因此铣削过程不平稳，容易产生振动。这也限制了铣削加工质量和生产率的进一步提高。

4. 加工灵活

铣削时的主运动可以不起成形运动作用，加工表面的形成可以完全依靠铣刀和工件间的进给运动来完成，因此铣削能加工的表面形状不受主运动轨迹形状的限制。同一个被加工表面，可以采用不同的铣削方式、使用不同的刀具来适应不同工件材料和其他切削条件的要求，以提高切削效率，延长刀具寿命。

三、铣削加工精度

铣削加工能使工件表面具有良好的加工质量，其加工的工件尺寸公差等级一般为IT9~IT7，表面粗糙度 Ra 值为12.5~1.60μm。精细铣削时，其加工的工件尺寸公差等级可达IT5，表面粗糙度 Ra 值可低至0.20μm。

课题二 铣削的安全文明生产

坚持安全文明生产是保障生产工人和机床设备的安全、防止人身伤害事故发生、减少工具、量具和设备损坏的根本保证，是生产顺利进行的重要保证，也是企业经营管理的重要内容之一。它直接影响人身安全、产品质量和经济效益，影响工具、量具和设备的使用寿命及生产工人技术水平的正常发挥。学生在学习和掌握操作技能的同时，必须养成良好的安全文明生产习惯，对在长期生产活动中获得的实践经验和操作要领必须严格执行。

一、安全生产注意事项

安全生产的内容是多方面的，必须认真学习和严格遵守有关的章程、制度和各项安全操作规程，其主要包括如下内容：

1）工作时应穿稍紧而合身的工作服，袖口合理紧缩，系好纽扣和带子。工作服无破洞，无外拖的带子及衣角。女生应戴工作帽，并将长发塞入帽内。

2）禁止穿背心、裙子和短裤，禁止戴围巾、穿拖鞋或高跟鞋进入生产实习车间。

3）认真训练，听从指挥，严守操作规程，禁止动用与实训无关的机床设备。使用的机床和工具要经常检查，发现故障应及时报修。

4）注意防火和用电安全。不得用扳手和金属棒等拨动按钮和开关，当机床电器失灵时，应请电工修理，不得乱动。如遇有人触电，应立即切断电源或用干木棒等绝缘物体使触电者脱离电源，尽快通知医生，并做适当护理。

二、铣削安全操作规程要点

1）生产、实训前必须保证铣床上的安全装置完好有效，应对所使用机床进行如下检查：

① 各手柄的原始位置是否正常。

② 手摇各进给手柄，检查进给运动和进给方向是否正常。

③ 各进给方向自动进给停止挡铁是否在限位柱范围内，是否紧牢。

④ 进行机床主轴和进给系统的变速检查，使主轴和工作台进给由低速到高速运动，检查运动是否正常。

⑤ 开动机床使主轴回转，检查齿轮是否甩油。

⑥ 上述各项检查完毕，若无异常，对机床进行润滑。

2）不准戴手套操作机床、测量工件、更换刀具和擦拭机床。

3）装卸工件和刀具、变换转速和进给量、测量工件、搭配交换齿轮，必须在停车状态下进行。工件、刀具的安装必须牢固，防止飞出伤人。铣削时，禁止操作者站在切屑流出的方向，防止切屑伤人。

4）操作机床时，严禁离开岗位，不准做与操作内容无关的事情。在实训中两人以上同时操作一台机床时，要分工明确，配合协调，防止失误。

5）工作台自动进给时，应脱开手动进给离合器，以防手柄随轴旋转伤人。在加工过程中，若采用自动进给，必须注意行程的极限位置，严密注意铣刀与工件、夹具间的相对位置，以防发生过铣、撞铣夹具而损坏刀具和夹具的现象。

6）不准两个进给方向同时起动自动进给。自动进给时，不准突然变换进给速度。自动进给完毕，应先停止进给，再使主轴（刀具）停止旋转。

7）高速铣削或刃磨刀具时，必须戴防护眼镜。铣削铸铁时要戴口罩。

8）操作者的手和身体要远离机床的运动部件，不准用手去阻止部件运动。机床开动时，不要用手去摸工件表面和铣刀。停车时，不得用手强行制动铣刀主轴。

9）加工过程中，严禁将多余的工件、夹具、刀具和量具等摆在工作台上，以防碰撞、跌落而发生人身和设备安全事故。

10）清除切屑时，不准用手抓、嘴吹，可用长柄刷子清除。在转动的铣刀附近清理切屑要格外小心，避免划伤手指。

11）在装卸铣刀时，要用抹布垫衬，切勿用手直接触碰切削刃，防止刃口割伤手指。

12）操作中出现异常现象应及时停车检查，出现故障、事故应立即切断电源，及时申报，请专业人员检修，未修复前不得使用。

13）铣削加工完成的工件被取出后，应及时除去飞边，防止其划伤手指。

14）不使用机床时，各手柄应置于空档位置，各方向进给紧固手柄应松开，工作台应处于各进给方向的中间位置，导轨面应适当涂润滑油。离开机床时必须切断电源。

三、文明生产要求

1）不迟到、不早退、不无故缺席，不擅自离开实训岗位。不准在实训场地内吃零食，严禁大声喧哗、持工件、工具追逐嬉闹。

2）爱护机床和车间的其他设备、设施。

3）爱护刀具、量具和工具，并正确使用，工量具的摆放应遵循方便、安全、合理的原则。各物品应稳妥、整齐、合理放置，有固定的位置，便于操作时取用，用后应放回原处。

4）应将物件分类放置在工具箱内。重物放置在下层，轻物放置在上层，精密的物件应放置稳妥，不可随意乱放，以免损坏和丢失。

5）使用计量器具时要轻拿轻放，防止磕碰。量具不能与工具或工件混放在一起。在使用量具时，应将量具盒合上，量具置于盒盖上，避免切屑、灰尘等掉入盒内。用完后及时将量具擦拭干净，涂油后再放入盒内。对使用的量具必须定期校验，使用前应检查合格证，确认量具在允许使用期限内，以保证其度量的准确性。

6）装卸机床附件时，应擦净机床工作台台面和附件的基准面。装卸较重的机床附件时，必须有他人协助。

7）爱护机床工作台台面和导轨面，不准在工作台台面和导轨面上直接放置毛坯件、锤子和扳手等工具。

8）毛坯、半成品和成品应分开放置。半成品、成品应堆放整齐，便于取放和质量检查。轻拿轻放，严防碰伤已加工表面。

9）图样、工艺卡片应放置在便于阅读的位置，并注意保持其清洁和完整。

10）工作地周围应保持清洁整齐，避免堆放杂物，防止人被绊倒。

11）工作结束后应认真擦拭机床、工具、量具和其他附件，使各物件归位，清扫工作场地，关闭电源。做好设备日常维护和场地清洁工作。

警钟长鸣

案例一　某校在一次铣工实训时，一名学生未将工件装夹牢固，工件被旋转的铣刀撞飞，砸在其腰部，造成腰部受伤。

案例二　在一次铣工实训中，一名学生在铣刀转动时调整主轴转速，造成铣床变速齿轮被破坏。

案例三　一名学生在铣削加工过程中，戴着手套清扫切屑，结果手套上的线头缠到立铣刀上，造成手指受伤。

思考与练习

1. 什么是铣削加工？铣削加工有哪些特点？
2. 铣削的基本内容有哪些？
3. 铣工的安全生产注意事项有哪些？
4. 铣工的安全操作规程有哪些？
5. 在进行铣削加工时如何做到文明生产？

模块二 了解铣削加工

学习目标

知识目标

1. 掌握铣床型号的含义。
2. 了解常用铣床的种类。
3. 了解 X6132 型卧式万能升降台铣床的性能及功用。
4. 掌握铣削方式的类型。
5. 掌握铣削用量的相关内容。
6. 了解切削液的性能及作用。

技能目标

1. 能进行铣床的基本操作。
2. 能进行铣床零位校正。
3. 掌握铣床的润滑与维护保养方法。
4. 能合理选择铣削方式。
5. 能合理选择铣削用量，会进行相关的计算及查表。
6. 能正确选用切削液。
7. 具备一定的技能拓展能力及适应发展的能力。

素养目标

1. 培养敬业、专注、创新的工匠精神。
2. 增强节能环保意识和安全意识。能正确遵守车间安全作业要求，注重个人安全防护。
3. 具备将铣削加工知识应用于具体工作领域的能力，具有一定的分析问题和解决问题的能力。

课题一 认识铣床

一、铣床及其分类

铣床是机械制造业的重要设备。铣床具有生产率高，加工范围广的特点，是一种应用广、类型多的金属切削机床。

1. 机床型号的编制方法

GB/T 15375—2008《金属切削机床 型号编制方法》规定的通用金属切削机床型号由基本部分和辅助部分组成，中间用“/”隔开，读作“之”。基本部分需统一管理，辅助部分纳入型号与否由企业自定。型号构成如下：

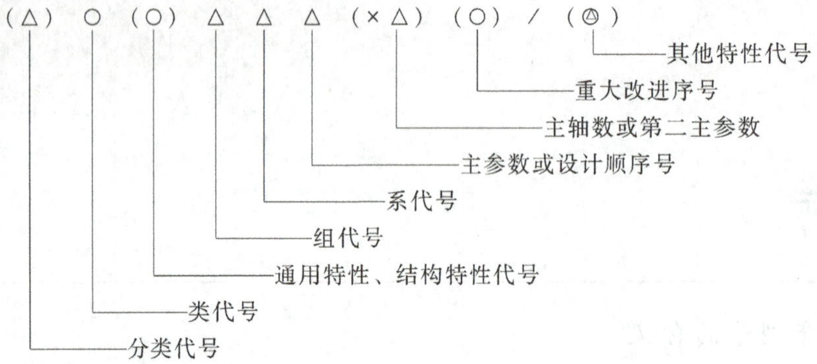

注：① 有“（ ）”的代号或数字，当无内容时，不表示；若有内容则不带括号。

② 有“○”符号者，为大写的汉语拼音字母。

③ 有“△”符号者，为阿拉伯数字。

④ 有“◎”符号者，为大写的汉语拼音字母或阿拉伯数字，或两者兼有之。

机床按其工作原理划分为 11 类，其类别代号用大写的汉语拼音字母表示，按其相对应的汉字字意读音。例如：铣床的类代号“X”读作“铣”（注：除上述通用及专用机床外，还有特种加工机床和组合机床。GB 15375—2008《金属切削机床 型号编制方法》不适用于这两种机床）。

机床的分类和代号见表 2-1。

表 2-1 机床的分类和代号（摘自 GB/T 15375—2008）

类别	车床	钻床	镗床	磨床			齿轮加工机床	螺纹加工机床	铣床	刨插床	拉床	锯床	其他机床
代号	C	Z	T	M	2M	3M	Y	S	X	B	L	G	Q
读音	车	钻	镗	磨	二磨	三磨	牙	丝	铣	刨	拉	割	其

机床的通用特性代号和结构特性代号均用大写的汉语拼音字母表示，位于类代号之后。通用特性代号有统一的规定含义，其代号见表 2-2。结构特性代号在型号中没有统一的含义，只在同类机床中起区分机床结构、性能不同的作用。当型号中有通用特性代号时，结构特性代号应排在通用特性代号之后。结构特性代号所用的汉语拼音字母，不能用通用特性代号已使用的字母和“I”“O”两个字母，可用的有“A”“B”“C”“D”“E”“L”“N”“P”“T”“Y”，当单个字母不够用时，可将两个字母组合起来使用。

表 2-2 机床的通用特性代号（摘自 GB/T 15375—2008）

通用特性	高精度	精密	自动	半自动	数控	加工中心（自动换刀）	仿形	轻型	加重型	柔性加工单元	数显	高速
代号	G	M	Z	B	K	H	F	Q	C	R	X	S
读音	高	密	自	半	控	换	仿	轻	重	柔	显	速

机床的组、系各用一位阿拉伯数字表示，依次位于类代号或通用特性代号、结构特性代号之后。金属切削机床的类、组划分情况见附录 A。

机床型号中的主参数用折算值表示，位于系代号之后。当折算值大于 1 时，则取整数，前面不加“0”；当折算值小于 1 时，则取小数点后第一位数，并在前面加“0”。

铣床的组、系划分及主参数情况见附录 B。

2. 常用铣床

铣床的种类很多，常见的有以下几种：

(1) 卧式升降台铣床 铣床主轴与工作台台面平行，有沿床身垂直导轨运动的升降台，工作台可随升降台做上下垂直运动，并可在升降台上做纵向和横向运动。这种铣床使用起来灵活方便，适合于加工中、小型工件。典型机床型号为 X6132，外形如图 2-1 所示。

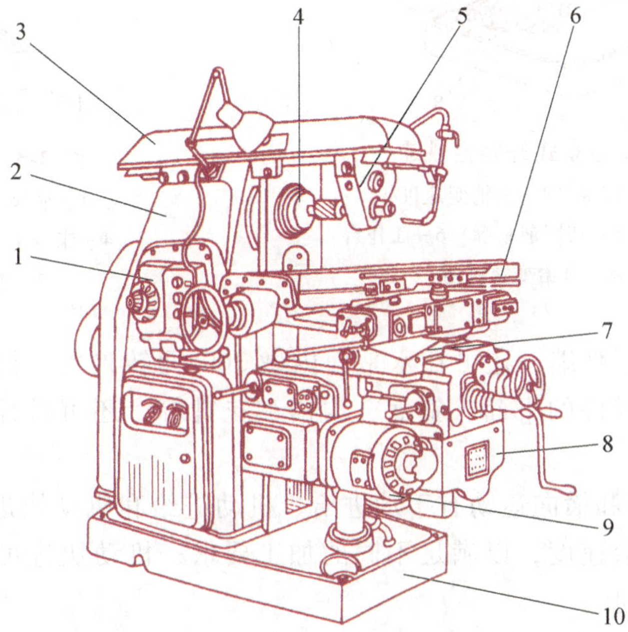

图 2-1 X6132 型卧式万能升降台铣床

1—主轴变速机构 2—床身 3—悬梁 4—主轴 5—刀杆支架 6—工作台
7—横向溜板 8—升降台 9—进给变速机构 10—底座

(2) 立式升降台铣床 与卧式升降台铣床主要的差异是铣床主轴与工作台台面垂直。典型机床型号为 X5032，外形如图 2-2 所示。其规格、操纵机构及传动变速方式等与 X6132 型铣床基本相同。主要不同点如下：

1) X5032 型铣床主轴位置与工作台台面垂直，安装在可以回转的铣头壳体内。

2) X5032 型工作台与横向溜板连接处没有回转盘，所以工作台在水平面内不能转动。

(3) 转塔铣床 转塔铣床也称万能摇臂铣床，能适应不同的加工要求，具有很高的精度、灵活性和可靠性，广泛应用于机械加工、仪器仪表、汽车制造、航空航天等行业。典型机床型号为 X6332C，外形如图 2-3 所示，其特点如下：

1) 具有立、卧铣两种功能，铣头的左右旋转角度范围为±90°，前后旋转角度范围为

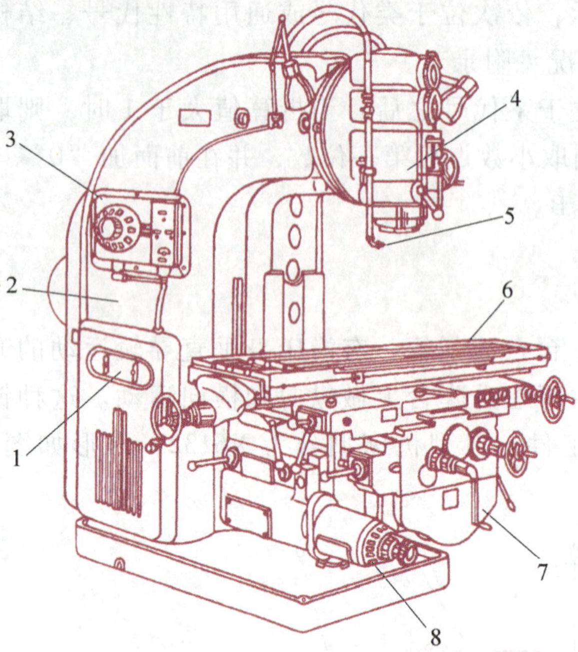

图 2-2 X5032 型立式升降台铣床

1—机床电器 2—床身 3—主轴变速机构
4—主轴及传动机构 5—切削液喷嘴 6—工作台
7—升降台 8—进给变速机构

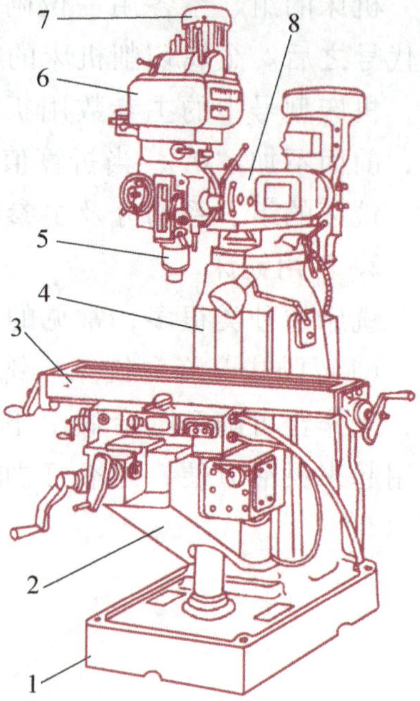

图 2-3 X6332C 型转塔铣床

1—底座 2—升降台 3—工作台
4—床身 5—主轴 6—立卧两用铣头
7—主轴电动机 8—摇臂

±45°，摇臂不仅能前后伸缩，还可在水平面内做 360°回转，大大提高了机床的有效工作范围，可铣削中、小零件的平面、斜面、沟槽和花键等，还可进行钻孔、铰孔、镗孔等加工。

2）工作台的纵向和横向运动有手动进给、机动进给和机动快进三种方式。机动进给可获得八种不同的进给速度，以满足不同的加工要求；机动快进可使工件迅速到达加工位置，缩短非加工时间。

3）升降台的升降可通过手动和机动两种方式来实现，且手动和机动方式是互锁的，消除了不安全因素。

（4）万能工具铣床 有水平主轴和垂直主轴，故能完成卧铣和立铣的铣削工作内容。工作台可做纵向和垂直方向运动，横向运动由主轴体实现。这种铣床能完成多种铣削工作，用途广泛，特别适合于加工各种夹具、刀具、模具和小型的复杂工件。典型机床型号为 X8126，外形如图 2-4 所示。

X8126 型铣床具有以下特点：

1）具有水平主轴和垂直主轴，垂直主轴能在平行于纵向的垂直平面内做±45°范围的偏转。

2）在垂直台面上可安装水平工作台，此时相当于普通升降台铣床，工作台可做纵向和垂直方向的进给运动，横向进给运动由主轴体完成。

3）安装圆工作台后，可实现圆周进给运动和在水平面内作简单等分，用以加工圆弧轮廓面等曲线回转面。

4）安装万能角度工作台后，工作台可在空间绕纵向、横向、垂直方向三个相互垂直

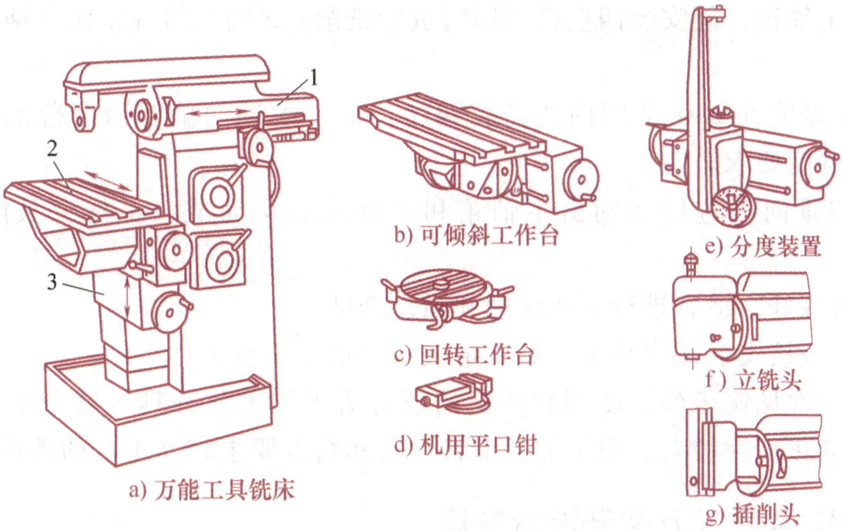

图 2-4 X8126 型万能工具铣床

1—主轴座 2—固定工作台 3—升降台

的坐标轴回转，以加工各种倾斜面和复杂工件。

5）不能用交换齿轮法加工等速螺旋槽和螺旋面。

（5）龙门铣床 龙门铣床属大型铣床。铣削动力安装在龙门导轨上，有垂直主轴箱和水平主轴箱，可做横向和升降运动。工作台直接安置在床身上，载重量大，可加工重型工件，但只能做纵向运动。典型机床型号为 X2010C，外形如图 2-5 所示。

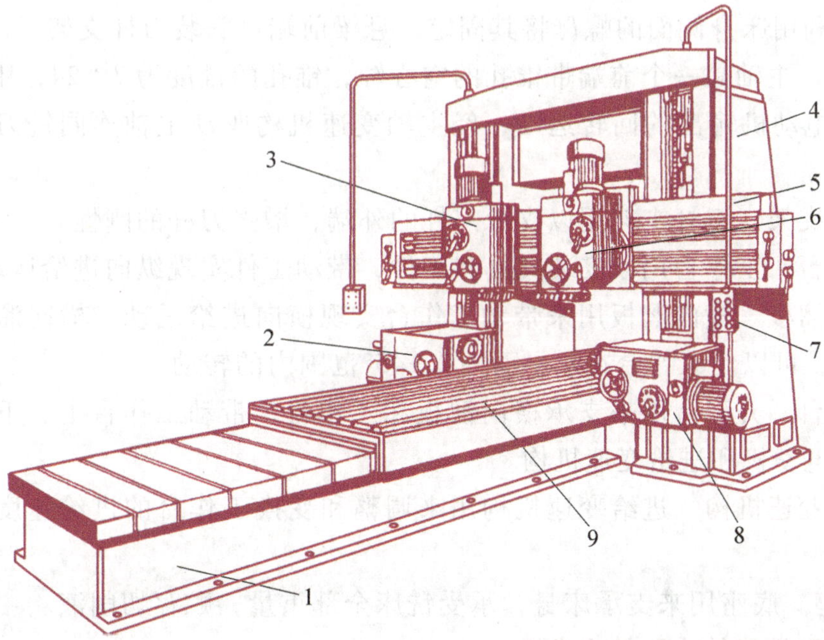

图 2-5 X2010C 型龙门铣床

1—床身 2、8—卧铣头 3、6—立铣头 4—立柱 5—悬梁 7—操纵箱 9—工作台

X2010C 型铣床具有以下特点：

1）其结构为框架式，有 3 轴和 4 轴两种布局形式。4 轴龙门铣床带有两个垂直主轴

箱和两个水平主轴箱，能安装四把铣刀同时进行铣削；3 轴龙门铣床比 4 轴龙门铣床少一个垂直主轴箱。

2）垂直主轴能在±30°范围内按需要偏转，水平主轴的偏转角度范围为-15°~30°，以满足不同的铣削要求。

3）横向和垂向的进给运动由主轴箱和主轴或悬梁完成，工作台只能做纵向进给运动。

4）机床刚性好，适宜进行高速铣削和强力铣削。

5）工作台直接安放在床身上，载重量大，可加工重型工件。

除上述五种常见铣床外，使用较广泛的还有适于加工各种具有复杂型面工件的仿形铣床，以及自动化程度较高、用于加工形状复杂和精度要求较高工件的数控铣床。

二、X6132 型卧式万能升降台铣床

1. X6132 型铣床的主要部件及其功用

图 2-1 所示为 X6132 型铣床的外形，其主要部件如下：

（1）主轴变速机构　主轴变速机构安装在床身内，其功用是将主电动机的额定转速通过齿轮变速，变换成 18 种不同的转速传递给主轴，以适应铣削加工的需要。

（2）床身　床身是机床的主体，用来安装和连接机床其他部件。床身正面有垂直导轨，可引导升降台上、下移动。床身顶部有燕尾形水平导轨，用以安装悬梁并按需要引导悬梁水平移动。床身内部装有主轴和主轴变速机构。

（3）悬梁　悬梁位于床身的上部，可沿床身顶部燕尾形导轨移动，并可按需要调节其伸出长度，利用床身侧面的螺母将其固定。悬梁前端可安装刀杆支架。

（4）主轴　主轴是一个前端带锥孔的空心轴，锥孔的锥度为 7∶24，用来安装铣刀刀杆和铣刀。主电动机输出的回转运动，经主轴变速机构驱动主轴连同铣刀一起回转，实现主运动。

（5）刀杆支架　刀杆支架用以支承刀杆的外端，增强刀杆的刚性。

（6）工作台　工作台用以安装夹具和工件，带动工件实现纵向进给运动。

（7）横向溜板　横向溜板用来带动工作台实现横向进给运动。横向溜板与工作台之间设有回转盘，可以使工作台在水平面内作±45°范围内的转动。

（8）升降台　升降台用来支承横向溜板和工作台，带动工作台上、下移动。升降台内部装有进给电动机和进给变速机构。

（9）进给变速机构　进给变速机构用来调整和变换工作台的进给速度，以适应铣削的要求。

（10）底座　底座用来支承床身，承受铣床全部重量，贮存切削液。

2. X6132 型铣床的主要技术参数

工作台面尺寸（长×宽）	1325mm×320mm
工作台最大回转角度	±45°
工作台最大行程	
纵向（手动/机动）	700mm/680mm

横向（手动/机动）	255mm/240mm
垂向（升降）（手动/机动）	320mm/300mm
主轴轴线至工作台台面间距离	
最大	350mm
最小	30mm
主轴锥孔锥度	7∶24
主轴轴线至悬梁底面距离	155mm
床身垂直导轨面至工作台中心的距离	
最大	470mm
最小	215mm
主轴转速（18 级）	30～1500r/min
工作台进给速度	
纵向（18 级）	23.5～1180mm/min
横向（18 级）	23.5～1180mm/min
垂向（18 级）	8～394mm/min
工作台快速移动速度	
纵向	2300mm/min
横向	2300mm/min
垂向	770mm/min
主电动机功率	7.5kW
主电动机转速	1450r/min
电动机总功率	9.125kW
机床工作精度	
加工表面的平面度	0.02mm
加工表面的平行度	0.03mm
加工表面的垂直度	0.02mm/100mm
加工表面的表面粗糙度 *Ra*	1.6μm

3. X6132 型铣床的性能

X6132 型铣床功率大、转速高、变速范围大、刚性好、操作方便灵活、通用性强、加工范围广，能加工中小型平面、特形表面、各种沟槽和小型箱体上的孔等。还可以通过安装万能立铣头，使铣刀回转任意角度，完成立式铣床的工作。其结构具有下列特点：

1）机床工作台的进给手柄在操作时所指的方向，就是工作台进给运动的方向，操作不易产生错误。

2）机床的前面和左侧，各有一组按钮和手柄的复式操纵装置，便于在不同位置上操作。

3）采用速度预选机构改变主轴转速和工作台的进给速度，使操作简便明确。

4）工作台纵向传动丝杠上，有双螺母间隙调整机构，因此既可逆铣又能顺铣。

5）工作台可在水平面内作±45°的回转，可铣削各种螺旋槽。

6）采用转速控制继电器（或电磁离合器）进行制动，能使主轴迅速停止回转。

7）工作台有快速进给运动，用按钮操纵，方便省时。

4. 立铣头

在卧式万能铣床上安装图 2-6 所示的立铣头，可使其起立式铣床的作用，扩大铣床的工艺范围。立铣头的铣刀主轴在垂直平面的最大转动角度为±45°。立铣头主轴与铣床主轴间传动比为 1∶1，因此立铣头主轴与铣床主轴具有相同的转速。

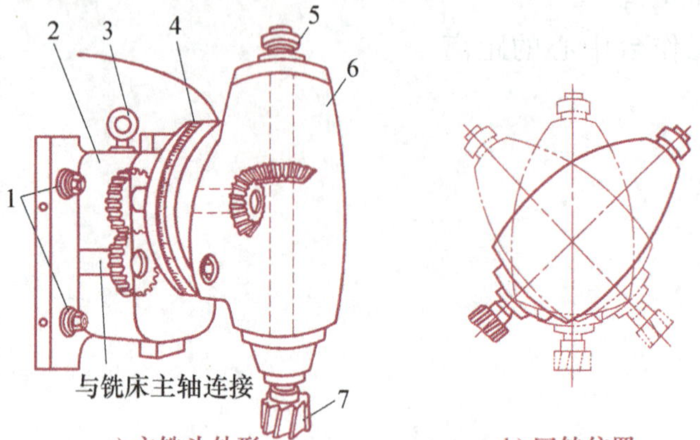

a) 立铣头外形　b) 回转位置

图 2-6　立铣头

1—螺栓　2—体座　3—吊环　4—刻度盘　5—立铣头主轴　6—立铣头壳体　7—铣刀

5. 万能立铣头

万能立铣头可根据铣削的需要，将立铣头主轴调整任意角度。图 2-7a 为万能立铣头外形图，其底座用螺栓固定在铣床的垂直导轨上。铣床主轴的运动通过立铣头内部的两

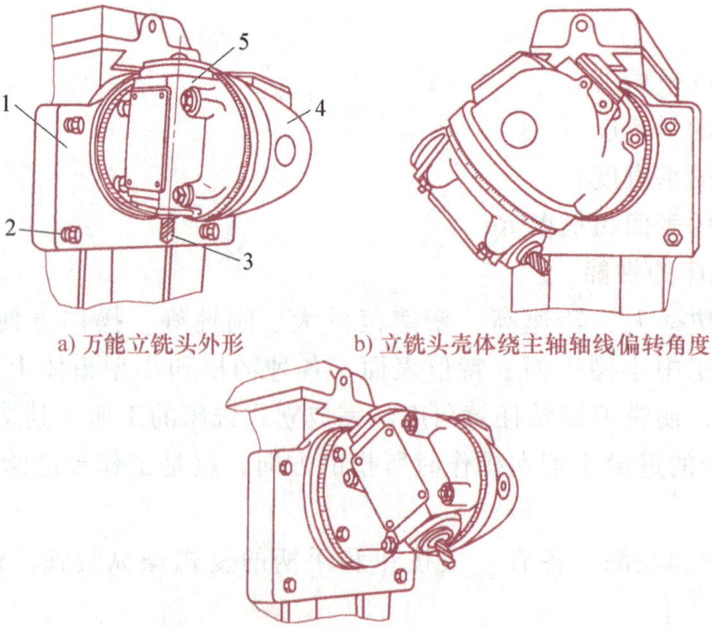

a) 万能立铣头外形　b) 立铣头壳体绕主轴轴线偏转角度

c) 立铣头主轴壳体绕立铣头壳体偏转角度

图 2-7　万能立铣头

1—底座　2—螺栓　3—铣刀　4—立铣头壳体　5—立铣头主轴壳体

对锥齿轮传到立铣头主轴上。立铣头的壳体可绕铣床主轴轴线偏转任意角度，如图 2-7b 所示；立铣头主轴的壳体还能绕立铣头壳体偏转任意角度，如图 2-7c 所示。通过以上方式，立铣头主轴能在空间偏转所需要的角度。

课题二 铣床的操作与维护保养

一、X6132 型铣床的操作

不同的铣床由于组成部件不同，在操作上会有些差异，但基本操作大多类似。为简化篇幅，此处以 X6132 型铣床为例进行铣床操作与维护保养的介绍。

1. 工作台纵向、横向、垂直方向的手动进给操作

纵向、横向手动进给手柄外形如图 2-8a 所示，垂直手动进给手柄外形如图 2-8b 所示。操作时，先将上述手柄分别接通其手动进给离合器，然后摇动各手柄，带动工作台分别做各进给方向的手动进给运动。沿顺时针方向摇动各手柄，工作台前进（或上升）；反之，则后退（或下降）。操作时，应均匀摇动各手柄，使进给速度适当。

工作台纵向的手动进给操作

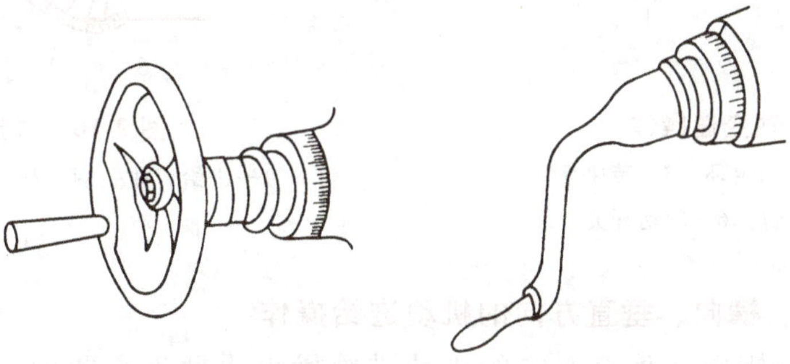

a) 纵向、横向手动进给手柄　　b) 垂向手动进给手柄

图 2-8 手动进给手柄和刻度盘

工作台横向的手动进给操作

纵向、横向刻度盘的圆周刻线 120 格，每摇 1 转，工作台移动 6mm，因此每摇过 1 格，工作台移动 0.05mm；垂直方向刻度盘的圆周刻线 40 格，每摇 1 转，工作台上升（或下降）2mm，所以每摇 1 格，工作台上升（或下降）也是 0.05mm。摇动各手柄，通过刻度盘可控制工作台在各进给方向的移动距离。

工作台垂向的手动进给操作

摇动手柄时，若将手柄摇过头，出现工作台在某一方向超过要求的距离移动的情况，为避免丝杠螺母反向间隙的影响，不能将手柄直接退回到要求的刻线处，必须将手柄退回 1 转后，再重新摇到要求的刻线处。

在不使用手动进给时，应将手柄与离合器脱开。

2. 主轴变速操作

主轴变速操作

变换主轴转速时，如图 2-9 所示，将变速手柄 1 下压，使手柄的榫块从固定环 2 的槽 *A* 内脱出，再将手柄外拉，使榫块落入固定环的槽 *B* 内，手柄处于脱开位置 I，然后转动转速盘 3，使所选择转速值对准指针 4，再接合手柄。接合变速手柄的方法是将

手柄下压并快速推到位置Ⅱ，使冲动开关6瞬时接通，电动机瞬时转动，以利于变速齿轮顺利啮合。再将手柄由位置Ⅱ慢速推到位置Ⅲ，使手柄的榫块落入固定环的槽 *A* 内，变速操作完毕。按“起动”按钮，主轴即按选定转速回转。

主轴变速操作时，连续变换速度不应超过3次。如果必须进行变速，则至少应间隔5min后再进行，以免因起动电流过大，导致电动机线路超负荷而烧坏。

3. 进给变速操作

进给变速操作

变换进给速度时，如图2-10所示，向外拉出进给变速手柄1，然后转动手柄，带动进给速度盘2旋转，当所需要的进给速度值对准指针3后，将进给变速手柄推回到原位，进给变速操作完毕。按“起动”按钮使主轴回转，再扳动自动进给操纵手柄，工作台就按选定的进给速度做自动进给运动。

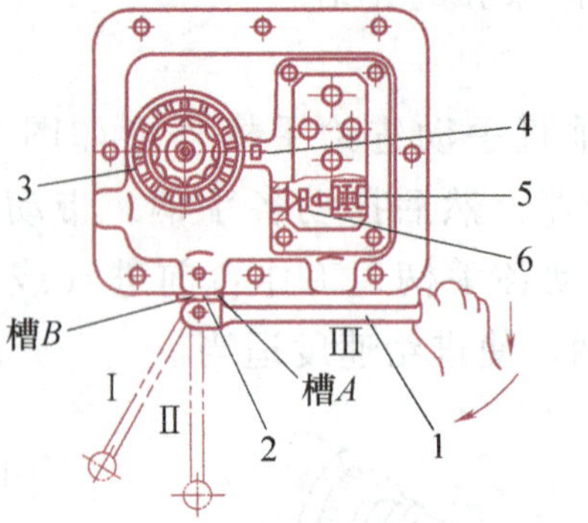

图2-9　主轴变速操作

1—变速手柄　2—固定环　3—转速盘
4—指针　5—螺钉　6—冲动开关

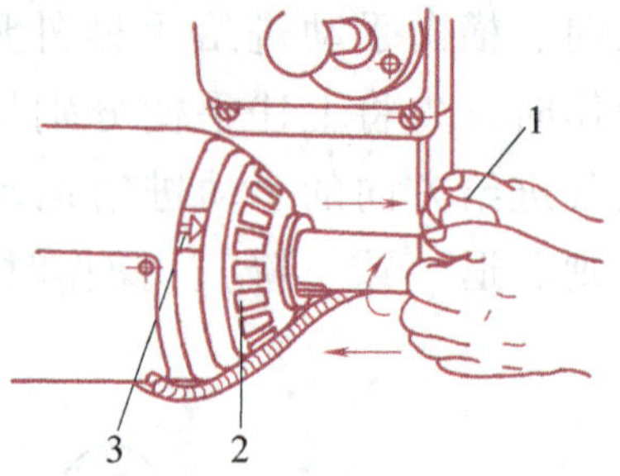

图2-10　进给变速操作

1—进给变速手柄　2—进给速度盘　3—指针

4. 工作台纵向、横向、垂直方向的机动进给操作

工作台的纵向与横向、垂直方向的机动进给操纵手柄均有两副，是联动的复式操纵机构。

工作台纵向的机动进给操作

纵向机动进给操纵手柄有三个位置，即“向右进给”“向左进给”“停止”，如图2-11所示。扳动手柄，手柄指向就是工作台的机动进给方向。

横向、垂直方向的机动进给由同一手柄操纵，该操作手柄有五个位置，即“向里进给”“向外进给”“向上进给”“向下进给”“停止”，如图2-12所示。扳动手柄，手柄指向就是工作台的机动进给方向。

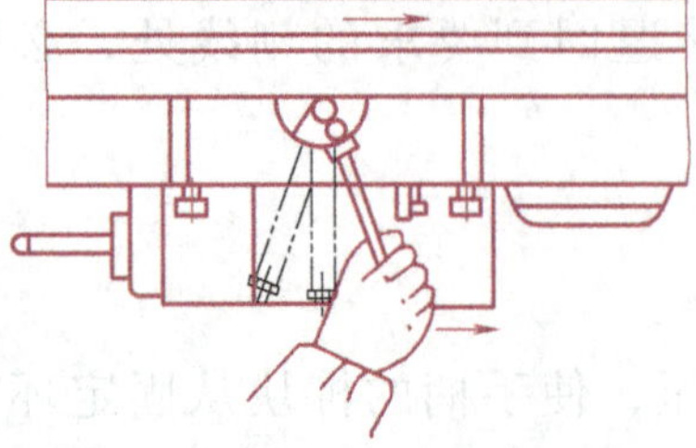

图2-11　工作台纵向机动进给操作

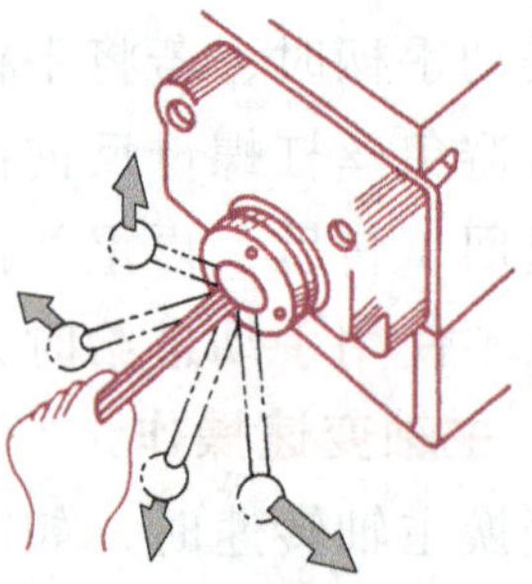

图2-12　工作台横向、垂直方向机动进给操作

工作台的向左向右、向里向外、向上向下的机动进给运动，是靠各操纵手柄接通电动机的开关，使电动机正转或反转获得的。因此，操作时一次只能操纵一个手柄实现一个方向的机动进给运动。为了保证机床设备的安全，X6132 型铣床的纵向与横向、垂直方向机动进给之间由电器保证互锁，而横向与垂直方向机动进给之间的互锁是由单手柄的操纵来保证的。

铣削时，为了减少振动，保证工件的加工精度，避免因铣削力的作用而使工作台在某一进给方向产生位置变动，应对不使用的进给机构予以固定。如在纵向进给铣削时，除工作台纵向紧固螺钉松开外，横向溜板紧固手柄和垂直进给紧固手柄应旋紧。工作完毕后，再将其松开。

在纵向、横向和垂直三个进给方向，各有两块机动进给停止挡铁，其作用是阻止工作台的机动进给运动。挡铁应安装在限位柱范围内，不准随意拆掉，以防止出现机床事故。

二、X6132 型铣床的基本操作训练

1. 认识铣床和手动进给练习

（1）认识和熟悉机床

1）熟悉机床各操纵手柄的位置。

2）熟悉电源开关、冷却泵开关、“起动”和“停止”等按钮的位置。

3）熟悉工作台各紧固螺钉、手柄位置，检查各停止挡铁是否牢固安装在限位柱范围内。

4）熟悉机床各润滑点位置，对铣床进行润滑。

（2）手动进给操作练习

1）熟悉各进给方向手柄的刻度盘。

2）做各方向的手动进给练习。

3）使工作台在纵向、横向和垂向分别移动 3.5mm、6mm、7.5mm。

4）学会消除工作台丝杠和螺母之间传动间隙对移动尺寸的影响，要求迅速掌握并养成调整习惯。

5）熟练均匀地进行手动进给速度控制练习，每分钟均匀地进给 30mm、60mm、96mm（即纵向、横向手动进给手柄均匀地转动 5r/min、10r/min、16r/min）。

2. 铣床主轴变速和空运转练习

1）将铣床电源开关转动到“通”的位置，接通电源。

2）练习变换主轴转速 1~3 次（控制在低速，如 30r/min、95r/min、150r/min）。

3）按“起动”按钮，使主轴回转 3~5min，检查油窗是否甩油。

4）停止主轴回转。

5）重复以上练习。

3. 工作台机动进给练习

（1）铣床检查

1）检查各进给方向的紧固螺钉、紧固手柄是否松开。

2）检查各进给方向机动进给停止挡铁是否牢固地安装在限位柱范围内。

3）检查工作台在各进给方向是否处于中间位置。

(2) 进给速度变换练习　练习变换进给速度1~3次（控制在低速，如30mm/min、60mm/min、118mm/min）。

(3) 机动进给操作练习

1）按主轴"起动"按钮，使主轴回转。

2）使工作台先后分别做纵向、横向、垂直方向的机动进给，检查进给箱油窗是否甩油。

3）停止工作台进给，再停止主轴回转。

(4) 重复以上练习

4. 训练时的注意事项

1）严格遵守安全操作规程。

2）不准做与以上训练内容无关的其他操作。

3）操作必须按规定步骤和要求进行。

4）练习完毕后，认真擦拭机床，使工作台在各进给方向处于中间位置，将各手柄置于原位，关闭机床电源开关。

三、铣床零位校正

铣床主轴与工作台进给方向的垂直位置简称零位，零位不准将影响加工质量和铣刀的使用寿命。零位不准，在卧式铣床上用盘形铣刀加工阶台、直角沟槽时，阶台和直角沟槽的侧面会呈现凹弧形；在立式铣床上用立铣刀加工阶台和沟槽时，会使阶台、沟槽的底面铣成凹形。因此，在使用铣床进行加工之前必须准确校正零位。

对于立式铣床而言，零位校正是对立铣头主轴轴线与工作台台面垂直度进行校正；对于卧式铣床而言，零位校正是对其主轴轴线与工作台纵向进给方向的垂直度进行校正。

1. 立铣头的零位校正

(1) 用锥度心轴和直角尺进行校正　校正时，取一锥度与立铣头主轴锥孔锥度相同的心轴，擦净立铣头主轴锥孔和心轴锥柄，将心轴锥柄轻轻地插入立铣头主轴锥孔，将直角尺尺座底面贴在工作台台面上，用长边尺外侧测量面靠向心轴圆柱表面，观察其是否紧密贴合或间隙上下均匀，确定立铣头主轴轴线与工作台台面是否垂直。检测应在工作台进给方向的平行和垂直两个方向上进行，如图2-13所示。

(2) 用百分表校正　校正时，将角形表杆固定在立铣头主轴上，安装百分表，使百分表测杆与工作台台面垂直。测量时，使百分表测头与工作台台面接触，测杆压缩0.3~0.5mm，记下百分表的读数，然后将立铣头主轴扳转180°，再记下读数。其差值在300mm长度上应不大于0.02mm，如图2-14所示。检测时，应关闭主轴电源开关，主轴转速手柄挂在高速档位置上。

2. 卧式铣床的零位校正

(1) 利用回转盘刻度校正　校正时，只需使回转盘的零位刻线对准鞍座上的基准线，铣床主轴轴线与工作台纵向进给方向即保持垂直。此校正操作简单，但精度不高，只能

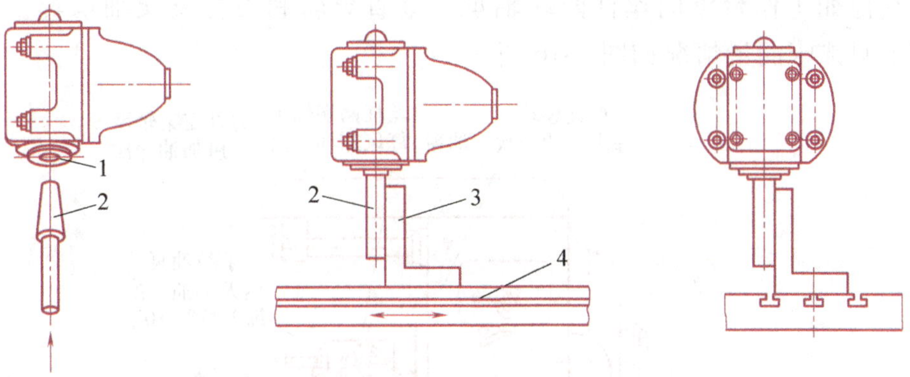

a) 将锥度心轴插入立铣头主轴锥孔　b) 平行于纵向进给方向的检测　c) 垂直于纵向进给方向的检测

图 2-13　用锥度心轴和直角尺校正立铣头主轴轴线与工作台台面垂直

1—立铣头主轴　2—锥度心轴　3—直角尺　4—工作台

适应一般要求工件的加工。

(2) 用百分表进行校正　校正步骤如下：

1) 将长度为 500mm 的平行垫铁的侧检验面校正到与工作台纵向进给方向平行后紧固，如图 2-15 所示。

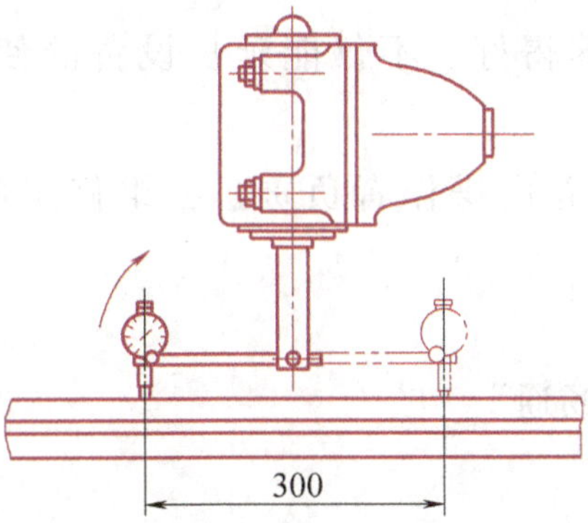

图 2-14　用百分表校正立铣头主轴轴线与工作台台面垂直

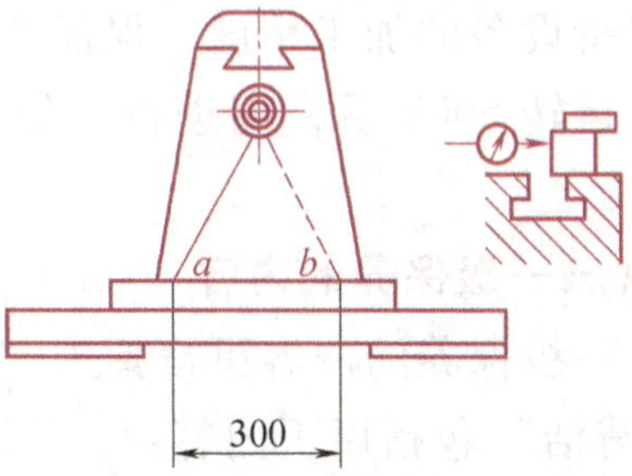

图 2-15　用百分表校正主轴轴线与工作台纵向进给方向垂直

2) 将装有杠杆式百分表、回转半径为 250mm 的角形表杆装在铣床主轴上。

3) 将主轴转速手柄挂在高速档位置上。扳转主轴，在平行垫铁侧检验面的一端压表 0.3~0.5mm 后，将百分表调“零”；在平行垫铁侧检验面的另一端打表，在 300mm 长度上读数差值应不大于 0.02mm。如超过 0.02mm，可用木锤轻轻敲击工作台端部至要求为止，然后紧固回转台。

如果工作台中央 T 形槽与纵向进给方向的平行度很好，可在 T 形槽中嵌入定位键来代替平行垫铁进行校正。

四、铣床的润滑

X6132 型铣床的主轴箱、进给变速箱采用自动润滑，开动后，机床流油指示器（油标）显示润滑情况。工作台纵向丝杠和螺母、导轨面以及横向溜板导轨等采用手拉油泵注油润滑。其他如工作台纵向丝杠两端轴承、垂直导轨和刀杆支架轴承等采用油枪注油润滑。X6132 型铣床润滑情况如图 2-16 所示。

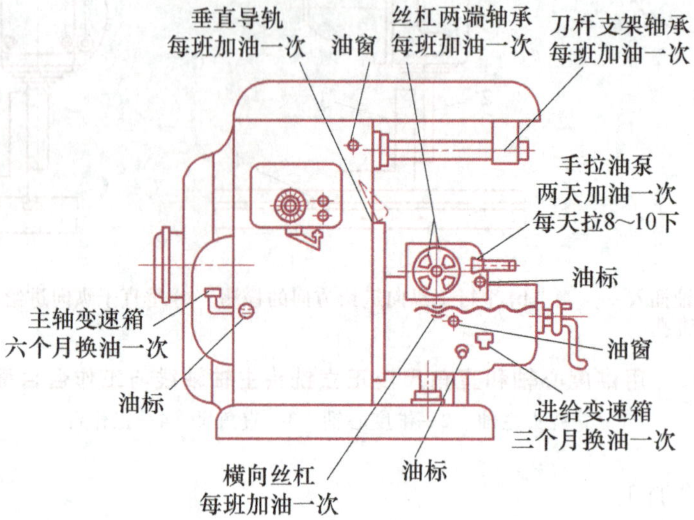

图 2-16 X6132 型铣床润滑情况

五、铣床的一级保养

维护保养设备是每个操作者的责任。设备保养得好，不仅能延长设备的使用寿命，而且能保持设备的加工精度，保证产品的质量。

铣床运转 500h 后，应进行一级保养。一级保养由操作者负责，在维修工的配合下进行。

1. 铣床一级保养的内容

铣床一级保养的内容可概括为“八清洁”“一畅通”。

“八清洁”包括以下内容：

1）清洁铣床外表。

2）清洁工作台的丝杠。

3）清洁滑动平面。

4）清洁刮板油毛毡。

5）清洁电器装置。

6）清洁铣床附件及周围环境。

7）清洁传动系统。

8）清洁铣床切削液系统。

“一畅通”即润滑系统油质良好，油路畅通。

2. 铣床一级保养方法

1）擦洗床身、悬梁、刀杆支架、轴承、悬梁燕尾槽（若有塞铁，需把塞铁擦净，并加全损耗系统用油、调整松紧度）、主轴孔、轴前端和尾部、垂直导轨上部的油污。

2）拆卸工作台是铣床一级保养中的主要工作，其拆卸步骤如下：

① 将工作台纵向向右进给至极限位置，拆下撞块、手柄、刻度环、离合器、螺母、

推力球轴承及轴承架和塞铁。

② 拆下工作台右端螺母、圆锥销及推力球轴承，再拆下左端轴承架。

③ 手动旋转丝杠，取下丝杠。取丝杠时，应使丝杠键槽向下，以免碰落平键。

④ 取下工作台。

3）清洗拆下的各零部件，并除去飞边。

4）检查和清洗工作台底座内的各零件，检查手动油泵及油管是否正常。

5）安装工作台，调整塞铁及推力球轴承的间隙。调整双螺母与丝杠的间隙，其间隙一般控制在 0.05~0.25mm 范围内。

6）拆下横向工作台的油毛毡、夹板和塞铁，并清洗干净。

7）摇动横向工作台，清洗横向丝杠、导轨，除去飞边，然后装上塞铁、油毛毡等。

8）移动升降台，清洗垂直进给丝杠、导轨和塞铁等，并调整好。

9）先检查润滑油质量，再更换润滑油。

10）拆洗电动机罩壳、擦洗电动机、清扫电器箱。

11）擦洗铣床外表，检查并清洗润滑系统及冷却系统，定期更换切削液。

课题三 铣削方式

一、周铣和端铣

1. 周铣

用刀齿分布在圆周表面的铣刀进行铣削的方式称为圆周铣（简称周铣），如图 1-1a 所示。

2. 端铣

用刀齿分布在圆柱端面上的铣刀进行铣削的方式称为端铣，如图 1-1b 所示。

3. 周铣与端铣的比较

一般而言，端铣同时参与切削的刀齿多，刀杆短，能用较大的切削用量，切削力变化小，因此生产率较高，加工质量较好。铣削平面时大多采用端铣。但是周铣对加工各种形面的适应性较广，而且有些形面（如成形面等）只能用周铣进行加工。

二、顺铣和逆铣

1. 顺铣

铣削时，铣刀对工件的作用力（铣削力）在进给方向上的分力与工件进给方向相同的铣削方式。

2. 逆铣

铣削时，铣刀对工件的作用力（铣削力）在进给方向上的分力与工件进给方向相反的铣削方式。

三、周铣时的顺铣与逆铣

1. 顺铣与逆铣

如图 2-17 所示，顺铣时，铣刀的旋转方向与工件的进给方向相同；逆铣时，铣刀的旋转方向与工件的进给方向相反。

2. 顺铣与逆铣的比较

两种铣削方式的不同之处见表 2-3。

表 2-3 顺铣与逆铣的比较

比较项目	顺铣	逆铣
垂向进给力 F_V	铣刀对工件的作用力始终向下，对工件起压紧作用，铣削平稳，对不易夹紧或细长的薄壁件尤为适宜	垂直铣削力向上，有将工件向上抬高的趋势，易引起振动，工件需要较大的夹紧力
切削厚度	刀齿的切削厚度从最大逐渐减至零	每个刀齿的切削厚度由零增至最大
刀具寿命	因切削刃一开始就切入工件，铣刀后刀面与工件已加工表面的挤压、摩擦小，切削刃磨损慢，故切削刃比逆铣时磨损小，刀具寿命比较长	由于切削刃不是绝对锋利的，具有切削刃钝圆半径，因此在切削开始时不能立即切入工件，而是在工件已加工表面上挤压滑行一小段距离，刀齿磨损快，刀具寿命缩短
消耗动力	切削厚度比逆铣大，切屑短而厚且变形小，可节省铣床功率的消耗；消耗在工件进给运动上的动力较小	消耗在工件进给运动上的动力较大
表面质量	因为加工表面上没有硬化层，所以容易切削，工件加工表面质量较好	加工表面上有前一刀齿加工时造成的硬化层，因而不易切削，降低表面加工质量
表面硬皮	对表面有硬皮的毛坯件，顺铣时刀齿一开始就切到硬皮，切削刃容易损坏	逆铣无此问题
对工作台的影响	因为 F_H 与进给方向相同，所以有可能会把工作台向进给方向拉动一个距离，从而造成每齿进给量的突然增加，会引起“扎刀”，损坏加工表面，严重时会导致刀齿折断、刀杆弯曲、工件与夹具产生位移甚至损坏机床等严重后果	F_H 与进给运动方向相反，丝杠与螺母的传动工作面始终接触，不会把工作台拉动一个距离，因此丝杠轴向间隙的大小对逆铣无明显的影响

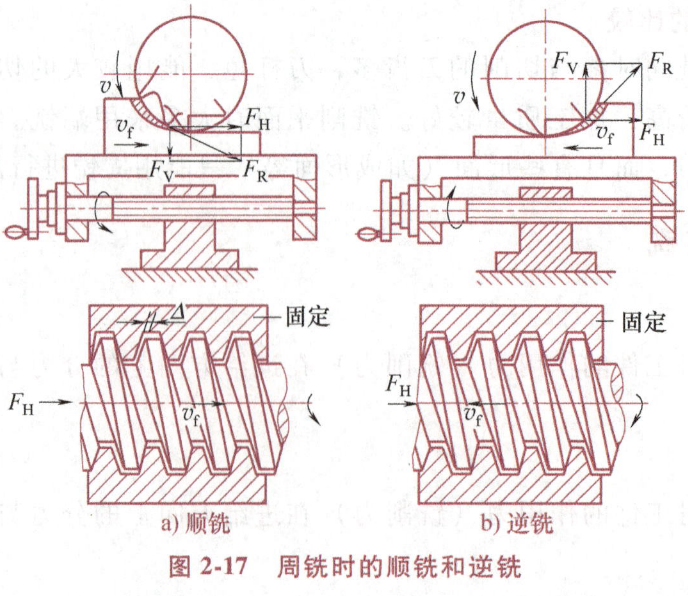

图 2-17 周铣时的顺铣和逆铣

3. 顺铣与逆铣的选择

尽管顺铣与逆铣相比有较多的优点，但由于逆铣时不会拉动工作台，因此一般情况下都采用逆铣进行加工。当工件薄而长或不易夹紧时，宜采用顺铣。此外，当铣削余量较小，铣削力在进给方向的分力小于工作台和导轨面之间的摩擦力时，也可采用顺铣。有时为了改善铣削质量而采用顺铣时，必须调整工作台与丝杠之间的轴向间隙（在0.01~0.04mm范围内）。若设备陈旧且磨损严重，实现上述调整会有一定的困难。

四、端铣时的顺铣与逆铣

端铣时，根据铣刀与工件之间的相对位置不同，分为对称铣削与非对称铣削两种。端铣也存在顺铣和逆铣两种情况。

1. 对称铣削

铣削宽度 a_e 对称于铣刀轴线的端铣称为对称铣削，如图2-18所示。在铣削宽度上，以铣刀轴线为界，铣刀先切入工件的一边称为切入边，铣刀切出工件的一边称为切出边。对称铣削时，切入边与切出边所占的铣削宽度相等，均为 $a_e/2$。切出边铣削力 F_{c1} 在进给方向的分力 F_{f1} 与工件进给方向相同，为顺铣；切入边铣削力 F_{c2} 在进给方向上的分力 F_{f2} 与工件进给方向相反，为逆铣。

对称铣削只在铣削宽度 a_e 接近铣刀直径时才采用。

2. 非对称铣削

铣削宽度 a_e 不对称于铣刀轴线的端铣称为非对称铣削。按切入边和切出边所占铣削宽度 a_e 比例的不同，非对称铣削分为非对称顺铣和非对称逆铣两种。

1）非对称顺铣：切入边所占的铣削宽度小于切出边所占的铣削宽度，如图2-19a所示。端铣时一般都不采用非对称顺铣。

2）非对称逆铣：切入边所占的铣削宽度大于切出边所占的铣削宽度，如图2-19b所示，铣削时大部分为逆铣，少部分为顺铣。端铣时应采取非对称逆铣。

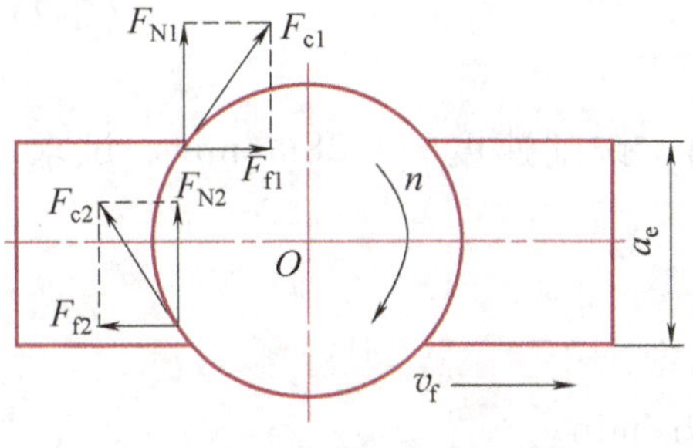

图2-18 端铣的对称铣削

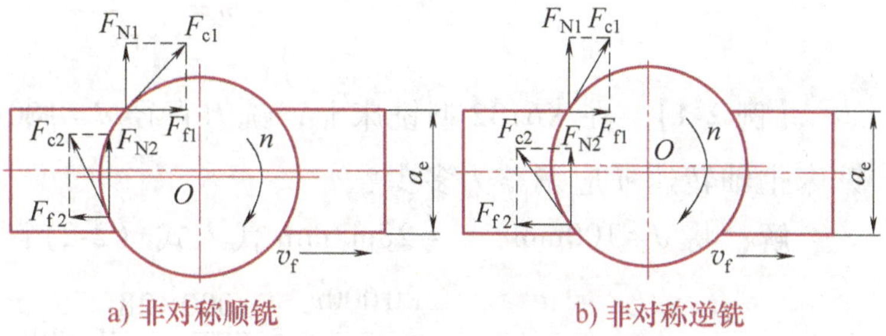

图2-19 端铣的非对称铣削

课题四 铣削用量

一、铣削的基本运动

铣削与其他切削加工方法一样，是通过在机床（铣床）上的工件和刀具（铣刀）作相对运动来实现的。

铣削时，工件与铣刀的相对运动称为铣削运动。它包括主运动和进给运动。

主运动是切除工件表面多余材料所需的最基本的运动，是指直接切除工件上的待切削层，使之转变为切屑的主要运动。主运动是消耗机床功率最多的运动。铣削运动中，铣刀的旋转运动是主运动。

进给运动是使工件切削层材料相继投入切削，从而加工出完整表面所需的运动。在铣削运动中，工件的移动或回转、铣刀的移动等是进给运动。

二、铣削用量的概念

在铣削过程中所选用的切削用量称为铣削用量。

铣削用量主要包括铣削速度 v_c、进给量 f、铣削深度（背吃刀量）a_p 和铣削宽度（侧吃刀量）a_e。

1. 铣削速度v_c

铣削速度是指铣削时铣刀最大直径处在主运动中的线速度，即切削刃上离铣刀轴线距离最大的点在1min内所经过的路程。铣削速度与铣刀直径、铣刀转速有关，计算公式为

$$v_c = \frac{\pi dn}{1000} \tag{2-1}$$

式中 v_c——铣削速度，单位为m/min；

d——铣刀直径，单位为mm；

n——铣刀或铣床主轴转速，单位为r/min。

铣削时，根据工件材料、铣刀切削部分材料、加工阶段的性质等因素，确定铣削速度，然后根据所用铣刀规格（直径）按下式计算并确定铣床主轴的转速。

$$n = \frac{1000v_c}{\pi d} \tag{2-2}$$

【例2-1】 在X6132型铣床上，铣刀直径 $d=100$mm，铣削速度 $v_c=28$m/min。试求铣床主轴转速 n 应调整为多少？

解：将 $d=100$mm，$v_c=28$m/min 代入式（2-2）：

$$n = \frac{1000v_c}{\pi d} = \frac{1000\times 28}{3.14\times 100}\text{r/min} = 89\text{r/min}$$

答：根据铣床主轴转速表上的数值，因89r/min与95r/min比较接近，故应将主轴转速调整为95r/min。

2. 进给量f

铣刀在进给运动方向上相对工件的单位位移量称为进给量。铣削中的进给量根据具体情况的需要，有三种表述和度量的方法：

（1）每转进给量 f　铣刀每回转1周在进给运动方向上相对工件的位移量，单位为mm/r。

(2) 每齿进给量 f_z 铣刀每转过一个刀齿在进给运动方向上相对工件的位移量，单位为 mm/z。

(3) 每分钟进给量（即进给速度）v_f 铣刀每回转 1min，在进给运动方向上相对工件的位移量，单位为 mm/min。

三种进给量的关系为

$$v_f = fn = f_z zn \tag{2-3}$$

式中 n——铣刀或铣床主轴转速，单位为 r/min；

z——铣刀齿数。

铣削时，根据加工性质先确定每齿进给量 f_z，然后根据铣刀的齿数 z 和铣刀的转速 n 计算出每分钟进给量 v_f，并以此对铣床进给量进行调整（铣床铭牌上的进给量以每分钟进给量表示）。

【例 2-2】 在 X6132 型铣床上，铣刀直径 $d=100$mm，齿数 $z=16$，转速 $n=75$r/min，每齿进给量 $f_z=0.08$mm/z。试求机床进给速度应调整到多少？

解：由式（2-3）可得

$$v_f = f_z zn = 0.08\times16\times75\text{mm/min} = 96\text{mm/min}$$

答：根据铣床进给量表上的数值，因 96mm/min 与 95mm/min 接近，故应将机床的进给速度调整到 95mm/min。

3. 铣削深度 a_p

铣削深度是指在平行于铣刀轴线方向上测得的铣削层尺寸，单位为 mm。

4. 铣削宽度 a_e

铣削宽度是指在垂直于铣刀轴线方向、工件进给方向上测得的铣削层尺寸，单位为 mm。

铣削时，采用的铣削方法和选用的铣刀不同，铣削深度 a_p 和铣削宽度 a_e 的表示也不同。如图 2-20 所示为用圆柱形铣刀进行周铣与用面铣刀进行端铣时，铣削深度与铣削宽度的表示。由图中可以看出，无论采用周铣或是端铣，铣削宽度 a_e 都表示铣削弧深，因为不论使用哪一种铣刀铣削，其铣削弧深方向均垂直于铣刀轴线。

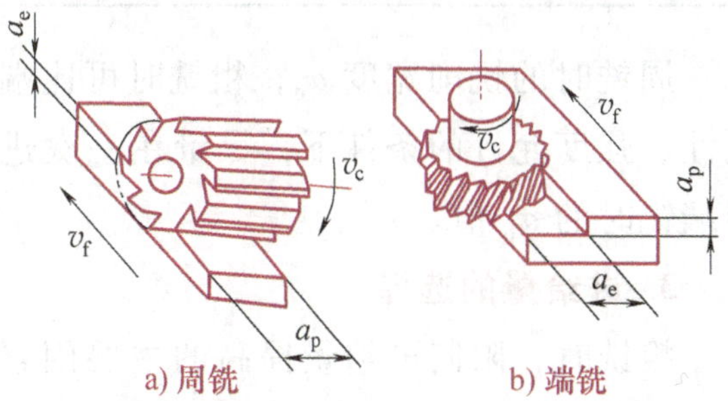

图 2-20 周铣与端铣时的铣削用量

三、铣削用量的选择

1. 选择铣削用量的原则

所谓合理的铣削用量，是指充分利用铣刀的切削能力和机床性能，在保证加工质量的前提下，获得较高的生产率和较低的加工成本的铣削用量。

选择铣削用量的原则是在保证加工质量，降低加工成本和提高生产率的前提下，使铣削宽度（或深度）、进给量、铣削速度的乘积最大。这时工序的切削工时最少。

粗铣时，在机床动力和工艺系统刚性允许并具有合理的铣刀寿命的条件下，按铣削宽度（或深度）、进给量、铣削速度的次序，选择确定铣削用量。在铣削用量中，铣削宽度（或深度）对铣刀寿命影响最小，进给量次之，铣削速度影响最大。因此，在确定铣削用量时，应尽可能选择较大的铣削宽度（或深度），然后按工艺装备和技术条件选择允许的较大的每齿进给量，最后根据铣刀寿命选择允许的铣削速度。

精铣时，为了保证加工精度和表面质量要求，切削层宽度应尽量一次铣出；切削层深度一般在0.5mm左右；根据表面质量要求选择合适的每齿进给量；根据铣刀寿命确定铣削速度。

2. 切削层深度的选择

端铣时的铣削深度 a_p、周铣削时的铣削宽度 a_e，即被切金属层的深度（切削层深度）。当铣床功率和工艺系统刚度、强度允许，且加工精度要求不高及加工余量不大时，可一次进给铣去全部余量。当加工精度要求较高或加工表面粗糙度值 Ra 小于 6.3μm 时，应分粗铣和精铣。粗铣时，除留下 0.5~2mm 的精铣余量外，应尽可能一次进给切除全部粗加工余量。

端铣时，铣削深度 a_p 的推荐值见表 2-4。当工件材料的硬度和强度较高时，取表中较小值。当加工余量较大时，除增加进给次数外，可采用阶梯铣削法铣削，以提高生产率。

表 2-4　端铣时铣削深度 a_p 的推荐值　（单位：mm）

工件材料	高速工具钢铣刀		硬质合金铣刀	
	粗铣	精铣	粗铣	精铣
铸铁	5~7	0.5~1	10~18	1~2
软钢	<5	0.5~1	<12	1~2
中硬钢	<4	0.5~1	<7	1~2
硬钢	<3	0.5~1	<4	1~2

周铣时的铣削宽度 a_e，粗铣时可比端铣时的铣削深度 a_p 大，因此在铣床和工艺系统刚性、强度允许的条件下，尽量在一次进给中将粗铣余量全部切除。周铣时，a_e 值可参照端铣时的 a_p 值。

3. 进给量的选择

粗铣时，限制进给量提高的主要因素是铣削力。进给量主要根据铣床进给机构的强度、铣刀杆尺寸、刀齿强度以及机床、夹具等工艺系统的刚度来确定。在上述条件许可的情况下，进给量应尽量取得大些。

精铣时，限制进给量提高的主要因素是表面粗糙度。进给量越大，表面粗糙度值也越大。为了减小工艺系统的弹性变形，降低已加工表面残留面积的高度，一般采取较小的进给量。

表 2-5 所列为各种常用铣刀对不同工件材料铣削时的每齿进给量 f_z 的推荐值，粗铣时取较大值，精铣时取较小值。

表 2-5 每齿进给量 f_z 的推荐值 （单位：mm/z）

工件材料	工件材料硬度（HBW）	硬质合金		高速钢			
		面铣刀	三面刃铣刀	圆柱形铣刀	立铣刀	面铣刀	三面刃铣刀
低碳钢	<150	0.20~0.40	0.15~0.30	0.12~0.20	0.04~0.20	0.15~0.30	0.12~0.20
	150~200	0.20~0.35	0.12~0.25	0.12~0.20	0.03~0.18	0.15~0.30	0.10~0.15
中、高碳钢	120~180	0.15~0.50	0.15~0.30	0.12~0.20	0.05~0.20	0.15~0.30	0.12~0.20
	180~220	0.15~0.40	0.12~0.25	0.12~0.20	0.04~0.20	0.15~0.25	0.07~0.15
	220~300	0.12~0.25	0.07~0.20	0.07~0.15	0.03~0.15	0.10~0.20	0.05~0.12
灰铸铁	150~180	0.20~0.50	0.12~0.30	0.20~0.30	0.07~0.18	0.20~0.35	0.15~0.25
	180~220	0.20~0.40	0.12~0.25	0.15~0.25	0.05~0.15	0.15~0.30	0.12~0.20
	220~300	0.15~0.30	0.10~0.20	0.10~0.20	0.03~0.10	0.10~0.15	0.07~0.12
可锻铸铁	110~160	0.20~0.50	0.10~0.30	0.20~0.35	0.08~0.20	0.20~0.40	0.15~0.25
	160~200	0.20~0.40	0.10~0.25	0.20~0.30	0.07~0.20	0.20~0.35	0.15~0.20
	200~240	0.15~0.30	0.10~0.20	0.12~0.25	0.05~0.15	0.15~0.30	0.12~0.20
	240~280	0.10~0.30	0.10~0.15	0.10~0.20	0.02~0.08	0.10~0.20	0.07~0.12
碳的质量分数小于 0.3%合金钢	125~170	0.15~0.50	0.12~0.30	0.12~0.20	0.05~0.20	0.15~0.30	0.12~0.20
	170~220	0.15~0.40	0.12~0.25	0.10~0.20	0.05~0.10	0.15~0.25	0.07~0.15
	220~280	0.10~0.30	0.08~0.20	0.07~0.12	0.03~0.08	0.12~0.20	0.07~0.12
	280~320	0.08~0.20	0.05~0.15	0.05~0.10	0.025~0.05	0.07~0.12	0.05~0.10
碳的质量分数大于 0.3%合金钢	170~220	0.125~0.40	0.12~0.30	0.12~0.02	0.12~0.20	0.15~0.25	0.07~0.15
	220~280	0.10~0.30	0.08~0.20	0.07~0.15	0.07~0.15	0.12~0.20	0.07~0.12
	280~320	0.08~0.20	0.05~0.15	0.05~0.12	0.05~0.12	0.07~0.12	0.05~0.10
	320~380	0.06~0.15	0.05~0.12	0.05~0.10	0.05~0.10	0.05~0.10	0.05~0.10
工具钢	退火状态	0.15~0.50	0.12~0.30	0.07~0.15	0.05~0.10	0.12~0.20	0.07~0.15
	36HRC	0.12~0.25	0.08~0.15	0.05~0.10	0.03~0.08	0.07~0.12	0.05~0.10
	46HRC	0.10~0.20	0.06~0.12	—	—	—	—
	50HRC	0.07~0.10	0.05~0.10	—	—	—	—
铝镁合金	95~100	0.15~0.38	0.125~0.30	0.15~0.20	0.05~0.15	0.03~0.20	0.07~0.20

4. 铣削速度的选择

在确定铣削深度 a_p、铣削宽度 a_e 和进给量 f 后，确定铣削速度 v_c。铣削速度 v_c 是在保证加工质量和铣刀寿命的前提下确定的。

铣削时影响铣削速度的主要因素有铣刀材料的性质和铣刀寿命、工件材料的性质、铣削条件及切削液的使用情况等。

粗铣时，由于金属切除量大，产生热量多，切削温度高，为了保证合理的铣刀寿命，铣削速度要比精铣时低一些。在铣削不锈钢等韧性好、强度高的材料，以及其他一些硬度高、热强度性能高的材料时，铣削速度更应低一些。此外，粗铣时铣削力大，必须考虑铣床功率是否足够，必要时应适当降低铣削速度，以减小功率。

精铣时，由于金属切除量小，因此在一般情形下，可采用比粗铣时高一些的铣削速度。但铣削速度的提高将加快铣刀的磨损速度，从而影响加工精度。因此，精铣时限制铣削速度的主要因素是加工精度与铣刀寿命。在精铣加工面积大的工件（即一次铣削宽而长的加工面）时，往往采用铣削速度比粗铣时还要低的低速铣削，以使切削刃和刀尖的磨损量极少，从而获得高的加工精度。

常用材料的铣削速度 v_c 推荐数值见表 2-6。实际工作中可按实际情况适当修正。

表 2-6 铣削速度 v_c 的推荐数值 （单位：m/min）

工件材料	工件材料硬度（HBW）	铣削速度 v_c	
		硬质合金铣刀	高速工具钢铣刀
低碳钢、中碳钢	<220 225~290 300~425	80~150 60~115 40~75	21~40 15~36 9~20
高碳钢	<220 225~325 325~375 375~425	60~130 53~105 36~48 35~45	18~36 14~24 9~12 9~10
合金钢	<220 225~325 325~425	55~120 40~80 30~60	15~35 10~24 5~9
工具钢	200~250	45~83	12~23
灰铸铁	100~140 150~225 230~290 300~320	110~115 60~110 45~90 21~30	24~36 15~21 9~18 5~10
可锻铸铁	110~160 160~200 200~240 240~280	100~200 83~120 72~110 40~60	42~50 24~33 15~24 9~21
铝镁合金	95~100	360~600	180~300

课题五 切削液

切削液是为了提高切削加工效果而使用的液体。在切削过程中合理选择使用切削液，可减小切削过程中的切削热、机械摩擦和降低切削温度，减小工件热变形及降低表面粗糙度值，并能延长刀具寿命，提高加工质量和生产率。

一、切削液的作用

1. 冷却作用

铣削过程中，会产生大量的热量，致使刀尖附近的温度很高，而使切削刃磨损加快。充分浇注切削液能带走大量热量，降低温度，改善切削条件，起到冷却工件和刀具的作用。

2. 润滑作用

铣削时，切削刃及其附近与工件被切削处发生强烈的摩擦。一方面会使切削刃磨损，另一方面会增大表面粗糙度值和降低表面质量。切削液可以渗透到工件表面与刀具后刀面之间及刀具前刀面与切屑之间的微小间隙中，减小工件、切屑与铣刀之间的摩擦，提高加工表面的质量、降低刀齿的磨损。

3. 清洗作用

在浇注切削液时，能把铣刀齿槽中和工件上的切屑冲洗掉，使铣刀不因切屑阻塞而影响铣削，也可避免细小的切屑在切削刃和加工表面之间挤压摩擦而影响表面质量。

4. 防锈作用

切削液中一般会添加防锈剂，可保护工件、铣刀、铣床免受腐蚀，起到防锈作用。

二、切削液的种类、性能和选用

1. 切削液的种类和主要性能

切削液根据其性质不同，分成水基切削液和油基切削液两大类。水基切削液是以冷却为主、润滑为辅的切削液，包括合成切削液（水溶液）和乳化液两类。铣削中常用的是乳化液。油基切削液是以润滑为主、冷却为辅的切削液，包括切削油和极压油两类。铣削中常用的是切削油。

（1）乳化液　乳化液是由乳化油用水稀释而成的乳白色液体。其流动性好，比热容大，黏度小，冷却作用良好，并具有一定的润滑性能。主要用于钢、铸铁和有色金属的切削加工。

（2）切削油　切削油主要是矿物油，此外还有动、植物油和复合油（以矿物油为基础，添加混合植物油 5%~30%）等。切削油有良好的润滑性能，但流动性和比热容较小，散热效果较差。常用切削油有 L—AN15、L—AN32、煤油和柴油等。

2. 切削液的选用

切削液应根据工件材料、刀具材料、加工方法和要求等具体条件，综合考虑，合理选用。

1）粗加工时，切削余量大，产生热量多，温度高，而对加工表面质量的要求不高，因此应采用以冷却为主的切削液。精加工时，加工余量小，产生热量少，对冷却的作用要求不高，而对工件表面质量的要求较高，并希望延长铣刀寿命，因此应采用以润滑为主的切削液。

2）铣削铸铁、黄铜等脆性材料时，一般不用切削液，必要时可用煤油、乳化液和压缩空气。

3）使用硬质合金铣刀做高速切削时，一般不用切削液，必要时用乳化液，并在开始切削之前就连续充分地浇注，以免刀片因骤冷而碎裂。

铣削时，常用切削液的选用见表 2-7。

表 2-7　常用切削液的选用

加工材料	铣削种类	
	粗　铣	精　铣
碳钢	乳化液、苏打水	乳化液（低速时质量分数为 10%~15%，高速时质量分数为 5%）、极压乳化液、复合油、硫化油等
合金钢	乳化液、极压乳化液	乳化液（低速时质量分数为 10%~15%，高速时质量分数为 5%）、极压乳化液、复合油、硫化油等

（续）

加工材料	铣削种类	
	粗　铣	精　铣
不锈钢及耐热钢	乳化液、极压切削油 硫化乳化液 极压乳化液	氯化煤油 煤油加25%植物油 煤油加20%松节油和20%油酸、极压乳化液 硫化油（柴油加20%脂肪和5%硫黄）、极压切削油
铸钢	乳化液、极压乳化液、苏打水	乳化液、极压切削油 复合油
青铜 黄铜	一般不用，必要时用乳化液	乳化液 含硫极压乳化液
铝	一般不用，必要时用乳化液、复合油	柴油、复合油 煤油、松节油
铸铁	一般不用，必要时用压缩空气 或乳化液	一般不用，必要时用压缩空气、乳化液或极压乳化液

思考与练习

1. 常用的铣床有哪几类？各有什么特点？

2. 写出下列机床型号的含义：

X6132　　X5032　　X8126　　X2010

3. 以 X6132 型卧式万能升降台铣床为例，简述铣床基本部件的名称及其功用。

4. 当摇动工作台手柄时，工作台为什么会移动？当反向摇动手柄时，工作台为什么不立即反方向移动？

5. 什么是铣床的零位校正？零位不准会造成什么后果？

6. 为什么加工时除了需要的运动方向外，工作台的其他所有运动都应该被锁紧？

7. 铣床的一级保养有哪些内容？

8. 什么是周铣？什么是端铣？

9. 什么是顺铣？什么是逆铣？各有什么优缺点？周铣时，一般采用哪一种？为什么？

10. 铣削加工时顺铣与逆铣应如何选择？

11. 在加工铸件时，为什么顺铣的刀具磨损比逆铣要快？

12. 端铣时，顺铣与逆铣如何判别？一般采用哪一种？为什么？

13. 铣削的主运动是什么？进给运动有哪些？

14. 什么是铣削用量？铣削用量主要包括哪些内容？

15. 如何根据加工情况的不同，选择合适的铣削用量？

16. 铣削中的进给量 f 有哪三种表述方法？它们之间的关系是什么？

17. 什么是铣削深度？什么是铣削宽度？在周铣和端铣中如何表示？

18. 在 X6132 型万能铣床上，铣刀直径 $d=100$mm，齿数 $z=10$，转速 $n=30$r/min，每齿进给量 $f_z=0.06$mm/z，试求机床进给速度。

19. 切削液有什么作用？

20. 铣削中常用的切削液有哪些？如何选用？

模块三 铣工常用工量具

学习目标

知识目标

1. 了解铣刀常用材料。
2. 掌握常用铣刀的种类及用途。
3. 掌握铣刀的基本几何角度。
4. 了解铣工常用量具。

技能目标

1. 能正确选用铣刀。
2. 能正确装卸铣刀。
3. 能正确装夹工件。
4. 掌握机用平口钳的校正方法。
5. 能正确使用常用量具并进行保养。
6. 具备一定的技能拓展能力及适应发展的能力。

素养目标

1. 培养敬业、专注、创新的工匠精神。
2. 增强节能环保意识和安全意识，能正确遵守车间安全作业要求，注重个人安全防护。
3. 具备正确使用铣工常用工具、量具的能力，具有一定的分析问题和解决问题的能力。

课题一 常用铣刀及安装

一、铣刀材料

常用铣刀切削部分的材料有两大类。

1. 高速钢

高速钢通常用于制造形状较复杂工件的低速切削用铣刀，通用高速钢常用牌号有

W18Cr4V、W6Mo5Cr4V2，特殊用途高速钢牌号有 W6Mo5Cr4V2Al、W6Mo5Cr4V5SiNbAl 等。

2. 硬质合金

硬质合金多用于制造高速切削用铣刀，常用硬质合金有钨钛钴（YT）合金类，用于切削一般钢材；钨钴（YG）合金类，用于切削铸铁、有色金属及其合金；钨钛钽（铌）类，用于切削高强度钢、耐热铜、不锈钢等难加工材料，此外，该类合金也能适应一般钢件、铸铁、有色金属材料的切削，因而称为通用硬质合金，其牌号有 YW1、YW2 等。

二、常用铣刀

铣刀的种类很多，一般由专业工具厂生产。由于铣刀的形状比较复杂，尺寸较小的铣刀往往用高速钢做成整体式结构，尺寸较大的铣刀一般做成镶齿结构，刀齿为高速钢或硬质合金，通过焊接或机械夹固的方法镶装于刀体上。刀体一般为中碳钢或者合金结构钢，从而节约刀具材料。

1. 铣削平面用铣刀

铣削平面用铣刀主要有圆柱形铣刀和面铣刀，如图 3-1 所示。

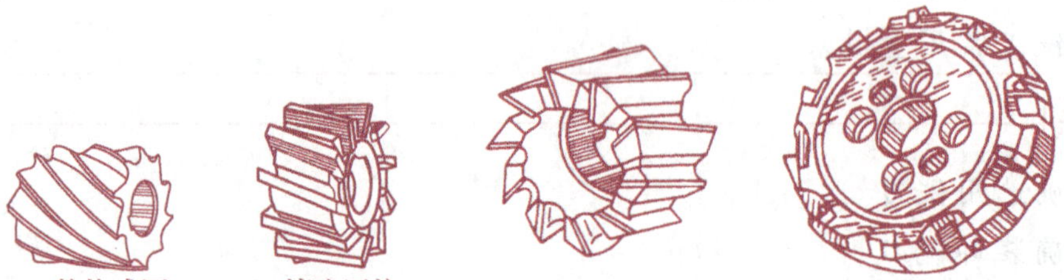
a) 整体式圆柱形铣刀　b) 镶齿圆柱形铣刀　c) 套式面铣刀　d) 机夹面铣刀

图 3-1　铣削平面用铣刀

圆柱形铣刀主要用高速钢整体制造，也可以镶焊螺旋形硬质合金刀片。直线或螺旋形切削刃分布在圆柱表面，没有副切削刃，主要用于卧式铣床上铣平面。螺旋形的刀齿在切削时是逐渐切入和脱离工件的，其切削比较平稳。

面铣刀有镶齿套式面铣刀、硬质合金面铣刀和可转位面铣刀，主要采用硬质合金刀齿，主切削刃分布在圆锥表面或圆柱表面上，端切削刃为副切削刃。面铣刀适用于加工平面，尤其适合加工大面积平面，加工时其轴线垂直于被加工平面，切削生产率较高。

2. 铣削沟槽用铣刀

铣削沟槽用铣刀主要有三面刃铣刀、立铣刀、键槽铣刀、半圆键槽铣刀和锯片铣刀等，如图 3-2 所示。

三面刃铣刀在刀体的圆周上及两侧环形面上均有切削刃，故而得名，也称圆盘铣刀、盘铣刀。其主要用于卧式铣床上，可铣削阶台、小平面和沟槽。铣削时，三面刃铣刀的圆柱面切削刃起主要的切削作用，两个侧面切削刃起修光作用。

锯片铣刀主要用于卧式铣床上的切断工件。它是整体的直齿圆盘铣刀，因为很薄，所以只有圆柱切削刃。在相同外径下，按照刀齿数量的多少，分为粗齿和细齿两种。粗齿锯片铣刀的刀齿数量少，容屑槽大，排屑容易，切削轻快，主要用于切断有色金属和非金属材料。

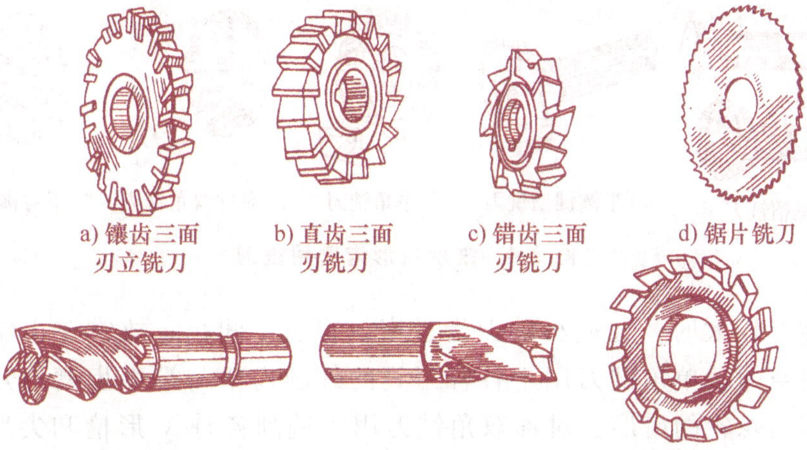

a) 镶齿三面刃立铣刀　b) 直齿三面刃铣刀　c) 错齿三面刃铣刀　d) 锯片铣刀

e) 立铣刀　f) 键槽铣刀　g) 盘形槽铣刀

图 3-2　铣削沟槽用铣刀

立铣刀主要用于立式铣床，用于铣削阶台、小平面和沟槽。其柄部安装在立铣头主轴中，小直径为直柄，大直径为莫氏锥柄。立铣刀一般由 3~4 个刀齿组成，其圆柱切削刃担负主要切削作用，端面切削刃担负修光作用。工作时只能沿刀具的径向进给，不能沿铣刀轴线方向做进给运动。立铣刀有细齿和粗齿两种。细齿立铣刀刀齿的螺旋角比较小，粗齿立铣刀刀齿的螺旋角比较大。增大刀齿的螺旋角可使切削过程更加平稳，排屑顺利，有利于采用较大的进给量和铣削深度，以提高生产率。

键槽铣刀主要用于铣削轴上两端不通的键槽，与立铣刀的主要差别是其端面切削刃直至中心，而立铣刀的端面切削刃不到中心。因此，键槽铣刀的端面切削刃也可以担负主要切削作用，做轴向进给，直接切入工件。

盘形槽铣刀用于铣削螺钉槽及其他工件上的槽。

3. 铣削特形面用铣刀

铣削特形面用铣刀主要有凸半圆铣刀、凹半圆铣刀、齿轮铣刀和特形铣刀等，用来铣削与切削刃对应的成型面，如图 3-3 所示。

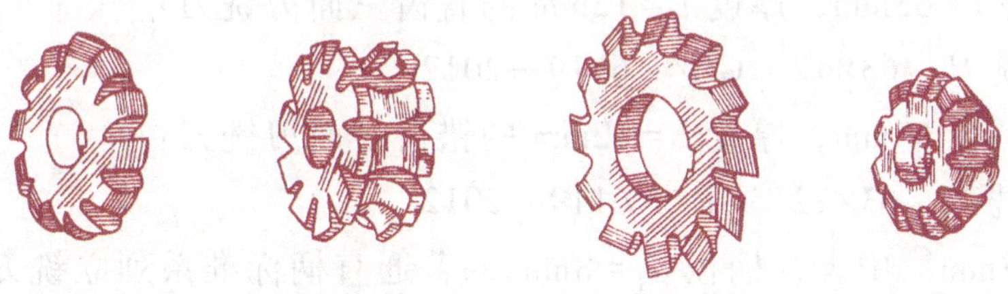

a) 凸半圆铣刀　b) 凹半圆铣刀　c) 齿轮铣刀　d) 特形铣刀

图 3-3　铣削特形面用铣刀

4. 铣削特形沟槽用铣刀

铣削特形沟槽用铣刀主要有 T 形槽铣刀、燕尾槽铣刀、半圆键槽铣刀和角度铣刀等，如图 3-4 所示。

T 形槽铣刀、燕尾槽铣刀、半圆键槽铣刀分别用于铣削 T 形槽、燕尾槽和半圆键槽。

角度铣刀用于铣削带有角度的沟槽和小斜面，特别是加工多齿刀具的容屑槽，分为单角铣刀和双角铣刀两种。双角铣刀又分为对称双角铣刀和不对称双角铣刀。这类铣刀

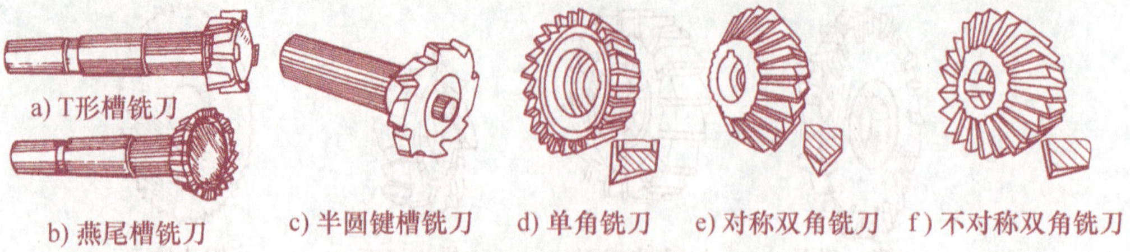

图 3-4 铣削特形沟槽用铣刀

的大小端直径相差较大时，会使小端刀齿过密，容屑空间小，故常在小端间隔地去掉刀齿，以增大容屑空间。单角铣刀用于各种刀具的外圆齿槽与端面齿槽的开齿以及铣削各种锯齿形离合器与棘轮的齿形。对称双角铣刀用于铣削各种 V 形槽和尖齿、梯形齿离合器的齿形。不对称双角铣刀主要用于各种刀具上的外圆直齿、斜齿和螺旋齿槽的开齿。

三、铣刀的标记

为了便于识别铣刀的规格、材料和制造厂商等，在铣刀上都刻有标记，其内容包括以下几方面。

1. 商标

铣刀制造厂的商品商标。

2. 制造铣刀的材料

一般用材料的牌号表示，如 W18Cr4V 等。国家标准对各类铣刀的制造材料都有明确的规定。

3. 铣刀尺寸规格的标记

根据铣刀的形状不同，铣刀尺寸规格的标记方法略有不同。国家标准对各类铣刀的尺寸系列和标记方法都有明确的规定，标记示例如下。

1）外径 $D=50$mm，长度 $L=80$mm 的整体圆柱形铣刀：

整体圆柱形铣刀 50×80 GB/T 1115—2022

2）外圆直径 $d=63$mm，厚度 $L=12$mm 的直齿三面刃铣刀：

直齿三面刃铣刀 63×12 GB/T 6119—2012

3）外圆直径 $d=63$mm，厚度 $L=12$mm 的错齿三面刃铣刀：

错齿三面刃铣刀 63×12 GB/T 6119—2012

4）直径 $d=8$mm，中齿，柄径 $d_1=8$mm 的普通直柄标准系列立铣刀：

中齿 直柄立铣刀 8 GB/T 6117.1—2010

5）外圆直径 $d=125$mm，厚度 $L=6$mm 的粗齿锯片铣刀：

粗齿锯片铣刀 125×6 GB/T 6120—2012

6）键的公称尺寸为 6×22，普通直柄半圆键槽铣刀：

半圆键槽铣刀 6×22 GB/T 1127—2007

7）外圆直径 $d=50$mm，$\theta=45°$的单角铣刀：

单角铣刀 50×45° GB/T 6128.1—2007

8）外圆直径 $d=50$mm，$\theta=55°$的不对称双角铣刀：

不对称双角铣刀 50×55° GB/T 6128.1—2007

四、铣刀基本几何角度

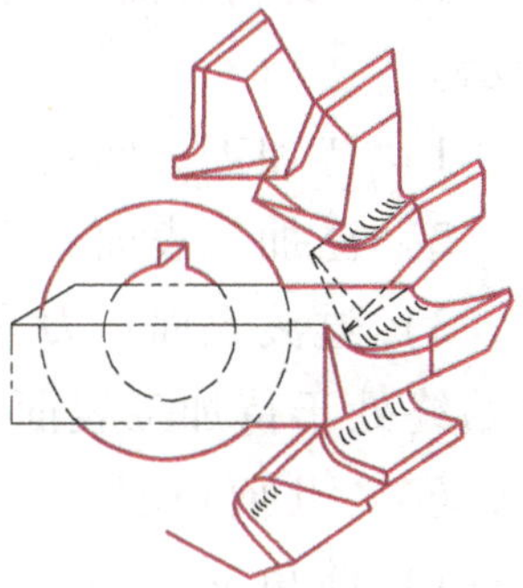

图 3-5 多切削刃组合示意

铣刀是一种多切削刃刀具，在了解铣刀的组成和几何角度时，可将铣刀看做是由多把刀具组合而成的，如图 3-5 所示。

1. 圆柱形铣刀的几何角度

分析铣刀的几何角度，应选定一个刀齿，以切削刃为单位进行分析，如图 3-6 所示。

（1）坐标平面 为分析铣刀的几何角度，首先必须确定表示切削角度的辅助平面。

1）基面 p_r 在铣刀主切削刃上选定点，基面是通过该点并包含铣刀轴线的平面。

2）切削平面 p_s 在铣刀主切削刃上选定点，切削平面是通过该点并切于加工表面的平面。

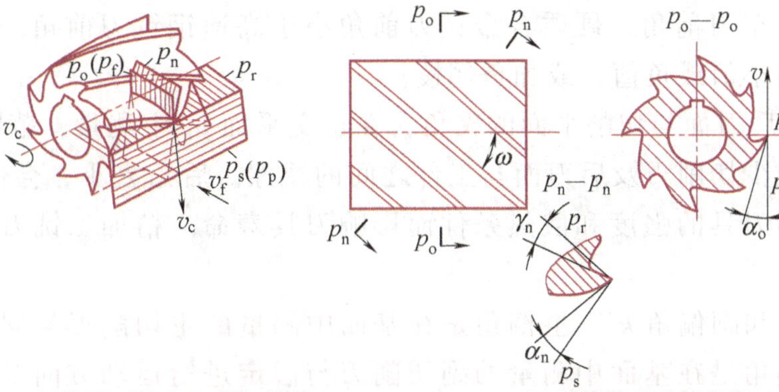

a) 圆柱铣刀静止角度参考系 b) 圆柱铣刀几何角度

图 3-6 圆柱铣刀的几何角度

3）正交平面 p_o：圆柱形铣刀的主正交平面是通过主切削刃上选定点并垂直于铣刀轴线的平面；面铣刀的正交平面是垂直于主切削刃选定点在基面上的投影。

4）法向剖面 p_n：法向剖面是垂直于主切削刃的平面。只有在选定点的切削平面视图中才能表示该点法向剖面的迹线。

5）进给剖面 p_f 和切深剖面 p_p：两者互相垂直，且都垂直于选定点的基面。

（2）铣刀上的各个面 铣刀上的各个面如图 3-7 所示。

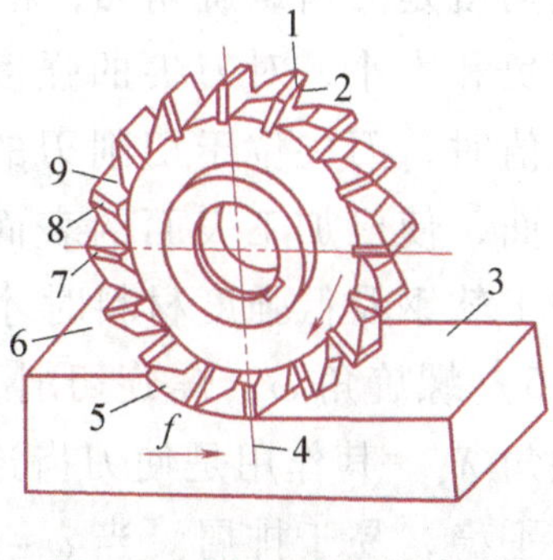

图 3-7 铣刀各部分名称

1—主后刀面 2—主切削刃 3—已加工表面 4—基面 5—过渡表面 6—待加工表面 7—副后刀面 8—副切削刃 9—前刀面

1）前刀面：刀齿上和切屑直接相接触的表面，一般为平面或螺旋面。

2）主后刀面：通过主切削刃和前刀面相毗邻的表面。

3）副后刀面：通过副切削刃和前刀面相毗邻的表面。

(3) 切削表面 在切削过程中，被加工的工件上有三个依次变化着的表面，如图 3-7 所示。

1) 待加工表面：工件上有待切除的表面。

2) 已加工表面：工件上经刀具切削后产生的表面。

3) 过渡表面：刀具切削刃正在切除的表面。该表面在切削加工过程中不断变化，并且始终处于待加工表面和已加工表面之间。

(4) 几何角度

1) 前角 γ_o 及 γ_n：前角 γ_o 是前刀面与基面间的夹角，在铣刀的正交平面 p_o 中测量。为了制造和测量方便，圆柱形铣刀还要标注法向前角 γ_n。γ_o 和 γ_n 可以进行换算：$\tan\gamma_n=\tan\gamma_o\cos\lambda_s$。

铣刀前角应根据工件材料强度来选择。合理地增大铣刀的前角，可使刀具锋利，提高切削能力，提高铣削加工精度和降低表面粗糙度值，但如果前角太大，会使刀具强度降低，缩短刀具寿命。因铣削加工为非连续切削，有冲击力，故切削刃应有较高强度，铣刀前角一般小于车刀前角，硬质合金铣刀前角小于高速钢铣刀前角。面铣刀切削冲击力大，前角应取更小值或负值，或加负倒棱。

2) 后角 α_o：后刀面与切削平面的夹角，在正交平面 p_o 中测量，范围为 6°~20°。铣刀的后角是为了减少切削刃及后刀面与工件之间的摩擦。后角太小，会使后刀面磨损大；后角太大，会削弱刀具的强度和散热条件而影响刀具寿命。精加工铣刀和细齿铣刀的后角取较大值。

3) 主偏角 κ_r 和副偏角 κ_r'：主偏角是在基面中测量的主切削刃与假定进给运动方向之间的夹角，副偏角是在基面中测量的副切削刃与假定进给运动方向之间的夹角。圆柱形铣刀的主偏角为 90°，无副切削刃。硬质合金面铣刀铣削钢时推荐主偏角 $\kappa_r=60°\sim75°$，铣削铸铁时 $\kappa_r=45°\sim60°$，两者的副偏角 $\kappa_r'=0°\sim5°$。推荐槽铣刀和锯片铣刀取 $\kappa_r'=15'\sim1°$，立铣刀和三面刃铣刀取 $\kappa_r'=1°30'$，其主偏角均为 90°。

4) 刃倾角 λ_s：主切削刃与基面的夹角，在切削平面中测量。圆柱形铣刀和立铣刀的刃倾角就是刀齿螺旋角 ω，粗齿刀常在 40°~60°范围，细齿刀常在 25°~30°范围。刃倾角的正负和大小，对刀尖的强度、切削刃的锋利和切屑流出的方向有很大的关系。刃倾角为负值时，刀尖位于切削刃的最低点，切削时刀尖的强度好，耐冲击，但切屑流向已加工表面，使已加工表面的表面粗糙度值增大。为了保证硬质合金面铣刀的刀尖强度，只有加工软钢及低强度材料时才用正的刃倾角。

5) 螺旋角 ω：螺旋切削刃展开成直线后与铣刀轴线间的夹角，相当于圆柱形铣刀的刃倾角 λ_s。其作用是使刀齿逐渐切入和切离工件，能增加刀具的实际工作前角，使切削轻快平稳，易于排屑。当 $\omega=0°$时，为直齿圆柱形铣刀。

2. 面铣刀的几何角度

面铣刀的每一个刀齿相当于一把竖着的车刀，几何角度与车刀相似。

五、铣刀的选用

选择铣刀时，先确定好铣刀的种类、规格尺寸以及铣刀的齿数和直径，使用圆柱形铣刀时，还要考虑它的螺旋方向。

1. 铣刀齿数的选择

根据齿数的多少，尖齿铣刀可做成粗齿和细齿两种，如图 3-8 所示。粗齿铣刀在刀体上的刀齿稀，刀齿强度高，散热好，重磨次数多，容屑空间大，可采用较大的切削用量，但工作平稳性差；细齿铣刀的刀齿较密，加工时能获得较好的表面质量。铣刀齿数应根据工件材料和加工要求选择，一般铣削塑性材料或粗加工时，选用粗齿铣刀；铣削脆性材料或半精加工、精加工时，选用中、细齿铣刀。

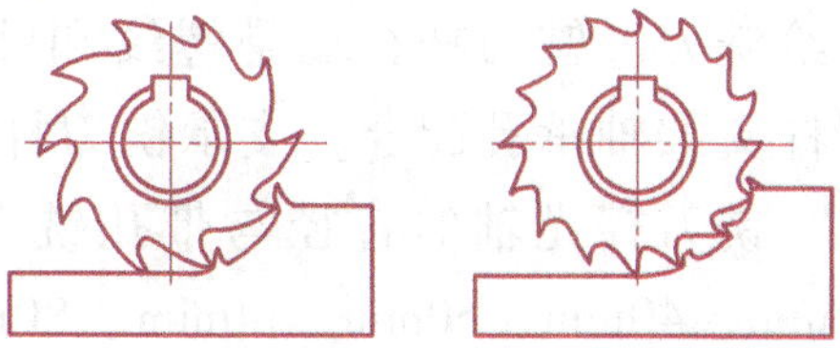

a) 粗齿铣刀　b) 细齿铣刀

图 3-8　粗齿铣刀和细齿铣刀

2. 铣刀直径的选择

若铣刀直径取得大，齿数可增多，刀杆粗，刚度大，散热好，刀具寿命长，生产率高，但铣刀直径过大会使切削转矩增大，切入行程长。因此，铣刀直径的选择原则是，在保证刀体刚度的前提下，选用较小的铣刀直径，而立铣刀因刚性差，可尽量选择较大的铣刀直径。铣刀直径可根据铣削深度 a_p 和铣削宽度 a_e 按经验公式估算，或查阅手册选取。

3. 螺旋方向的选择

使用螺旋齿铣刀铣削时，会存在较大的轴向推力。铣刀螺旋角越大，轴向推力就越大。在铣削宽平面时，若同时使用两把圆柱形铣刀，应选择螺旋方向相反的铣刀，并在安装时采用图 3-9a 所示的方法，使两把铣刀的轴向力互相靠拢；如果采用图 3-9b 所示的安装方式，铣削加工中两把铣刀互相推离，铣出的工件表面将会出现一条凸印。

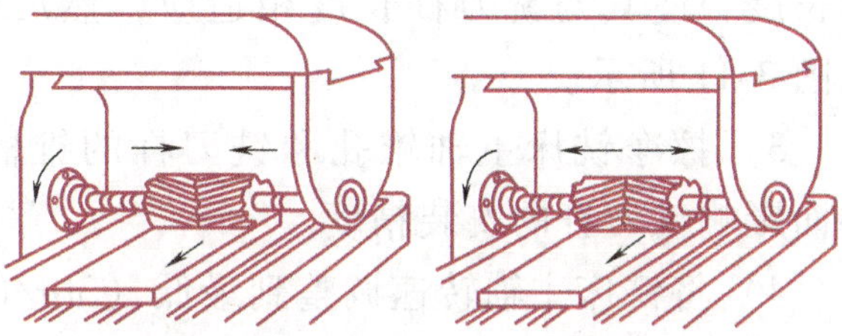

a) 正确的安装　b) 错误的安装

图 3-9　两把圆柱铣刀安装方法

六、铣刀的装卸

1. 带孔铣刀的装卸

圆柱形铣刀、三面刃铣刀和锯片铣刀等带孔铣刀是借助于铣刀杆安装在铣床主轴上的。

(1) 铣刀杆及其安装　铣刀杆又称铣刀心轴，如图 3-10 所示。左端是锥度为 7 : 24

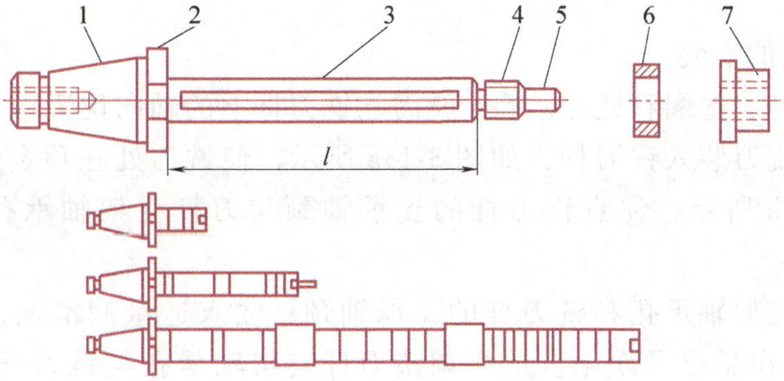

图 3-10　铣刀刀杆

1—锥柄　2—凸缘　3—光轴（刀杆）　4—螺纹　5—支承轴颈　6—垫圈　7—紧刀螺母

的圆锥，用来与铣床主轴锥孔配合。锥体尾端有内螺纹孔，通过拉紧螺杆将铣刀杆拉紧在主轴锥孔内。锥体前端有一个带有两个缺口的凸缘，与主轴轴端的凸键配合。铣刀杆中部是长度为 l 的光轴，用来安装铣刀和垫圈，光轴上有键槽，用来安装定位键，将转矩传给铣刀。铣刀杆右端是螺纹和轴颈，螺纹用来安装紧刀螺母，紧固铣刀，轴颈用来与刀杆支架轴承孔配合，支承铣刀杆右端。

铣刀杆光轴的直径与带孔铣刀的孔径相对应，有多种规格：16mm、22mm、27mm、32mm、40mm、50mm、60mm、80mm 和 100mm 等，常用的有 22mm、27mm 和 32mm 三种。铣刀杆的光轴长 l 也有多种规格，可按工作需要选用。

铣刀杆的安装步骤如下：

1）根据铣刀孔径选择相应直径的铣刀杆，铣刀杆长度在满足安装铣刀后不影响铣削正常进行的前提下应选择短一些的，以增强铣刀的刚度。

2）松开铣床悬梁的紧固螺母，适当调整悬梁的伸出长度，使其与铣刀杆长度相适应，然后将悬梁紧固，如图 3-11 所示。

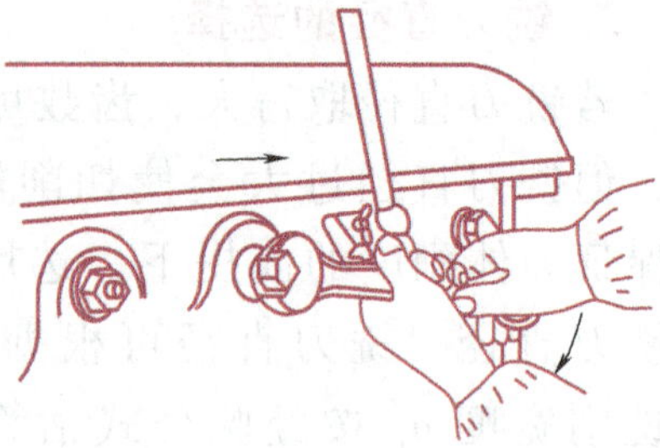

图 3-11 悬梁伸出长度的调整

3）擦净铣床主轴锥孔和铣刀杆的锥柄，以免因污物而影响铣刀杆的安装精度。

4）将铣床主轴转速调整到最低（30r/min）或将主轴锁紧。

5）安装铣刀杆的方法如图 3-12 所示。右手将铣刀杆的锥柄装入主轴锥孔，安装时铣刀杆凸缘上的缺口（槽）应对准主轴端部的凸键；左手沿顺时针方向（由主轴后端观察）转动主轴孔中的拉紧螺杆，使拉紧螺杆前端的螺纹部分旋入铣刀杆的螺纹孔 6~7 转；用扳手旋紧拉紧螺杆上的锁紧螺母，将铣刀杆拉紧在主轴锥孔内。

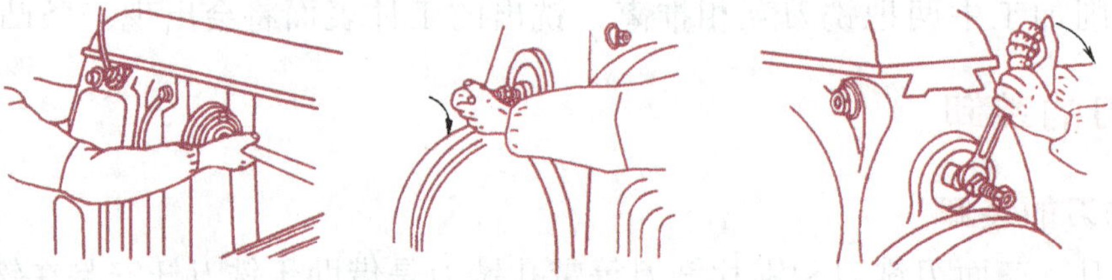

a) 装入铣刀杆　b) 旋入拉紧螺杆　c) 锁紧铣刀杆

图 3-12 安装铣刀杆的方法

（2）带孔铣刀的安装

1）擦净铣刀杆、垫圈和铣刀，确定铣刀在铣刀杆上的轴向位置。

2）将垫圈和铣刀装入铣刀杆，如图 3-13a 所示，使铣刀处在预定的位置上；旋入紧刀螺母，如图 3-13b 所示，注意铣刀杆的支承轴颈与刀杆支架轴承孔应有足够的配合长度。

3）擦净刀杆支架轴承孔和铣刀杆的支承轴颈，注入适量润滑油，调整刀杆支架轴承，将刀杆支架装在悬梁导轨上。适当调整刀杆支架轴承孔与铣刀杆支承轴颈的间隙，紧固刀杆支架，如图 3-13c 所示。

4）旋紧铣刀杆紧刀螺母，通过垫圈将铣刀夹紧在铣刀杆上，如图 3-13d 所示。

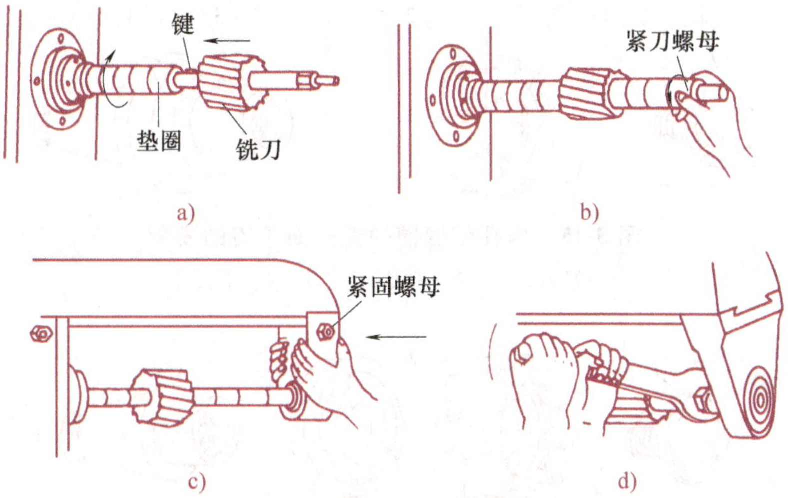

图 3-13 安装带孔铣刀的步骤

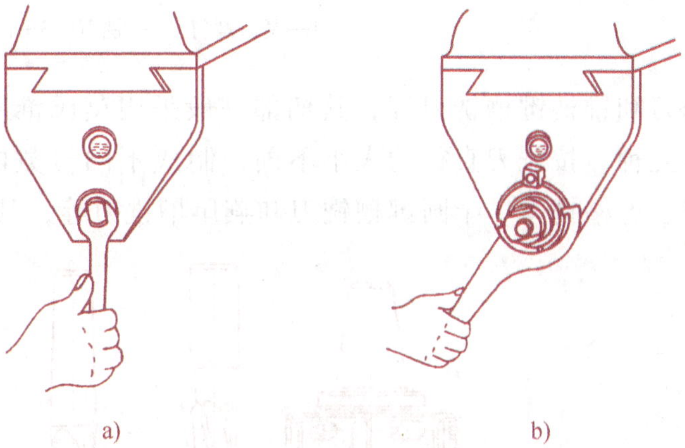

图 3-14 调整刀杆支架轴承间隙

在调整刀杆支架轴承孔与铣刀杆支承轴颈间隙时，若使用小刀杆支架则用双头扳手调整，如图 3-14a 所示；若使用大刀杆支架则用开槽圆螺母扳手调整，如图 3-14b 所示。

（3）铣刀和铣刀杆的拆卸

1）将铣床主轴转速调到最低（30r/min）或将主轴锁紧。

2）反向旋转铣刀杆紧刀螺母，松开铣刀。

3）调节刀杆支架轴承，将其松开并取下刀杆支架。

4）旋下铣刀杆紧刀螺母，取下垫圈和铣刀。

5）松开拉紧螺杆的背紧螺母，然后用锤子轻轻敲击拉紧螺杆端部，使铣刀杆锥柄从主轴锥孔中松动。右手握铣刀杆，左手旋出拉紧螺杆，取下铣刀杆。

6）将悬梁移回原位。

7）铣刀杆取下后，洗净、涂油，然后垂直放置在专用的支架上。不允许水平或杂乱放置，以免铣刀杆弯曲变形。

2. 套式面铣刀的安装

套式面铣刀有内孔带键槽和端面带槽的两种结构形式。安装时分别采用带纵键的铣刀杆和带端键的铣刀杆，如图 3-15 和图 3-16 所示。

铣刀杆的安装方法与前面相同。安装铣刀时，擦净铣刀内孔、端面和铣刀杆圆柱面，使铣刀内孔的键槽对准铣刀杆的键或使铣刀端面上的槽对准铣刀杆上凸缘端面上的凸键，装入铣刀，旋入紧刀螺钉，并用叉形扳手紧固铣刀。

3. 带柄铣刀的装卸

带柄铣刀有锥柄和直柄两种，如图 3-17 所示。锥柄铣刀有锥柄立铣刀、锥柄 T 形槽

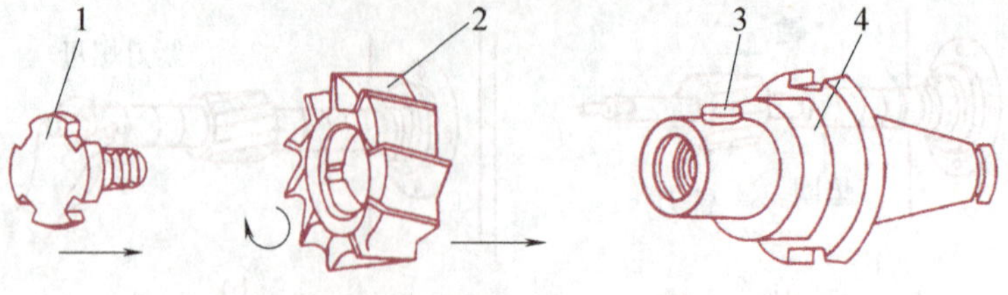

图 3-15　内孔带键槽的套式面铣刀的安装

1—紧刀螺钉　2—铣刀　3—键　4—铣刀杆

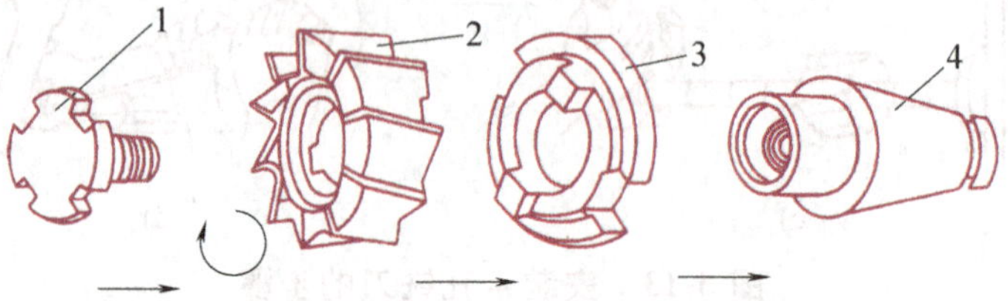

图 3-16　端面带槽的套式面铣刀的安装

1—紧刀螺钉　2—铣刀　3—凸缘　4—铣刀杆

铣刀和锥柄键槽铣刀等，其柄部一般采用莫氏锥度，有莫氏 1 号、2 号、3 号、4 号和 5 号五种，按铣刀直径的大小不同，制成不同号数的锥柄。直柄铣刀有立铣刀、T 形槽铣刀、键槽铣刀、半圆键槽铣刀和燕尾槽铣刀等，其柄部为圆柱形。

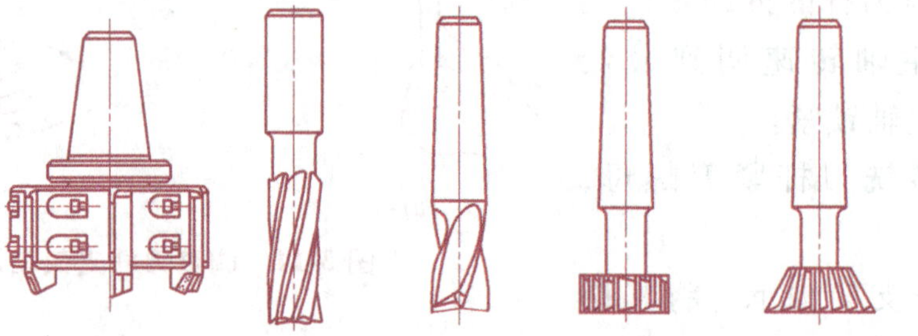

a) 镶齿面铣刀　b) 立铣刀　c) 键槽铣刀　d) T形槽铣刀　e) 燕尾槽铣刀

图 3-17　带柄铣刀

（1）锥柄铣刀的装卸　如果铣刀柄部的锥度和主轴锥孔锥度相同，擦净主轴锥孔和铣刀锥柄，用左手垫棉纱握住铣刀，将铣刀锥柄穿入主轴锥孔，然后用拉紧螺杆扳手旋紧拉紧螺杆，紧固铣刀，如图 3-18 所示。

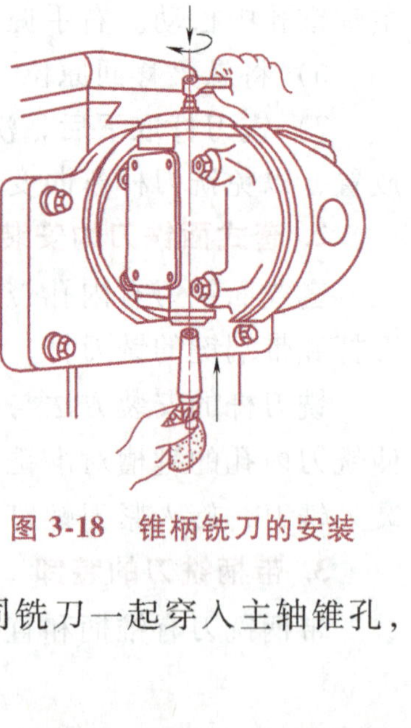

图 3-18　锥柄铣刀的安装

当铣刀柄部的锥度和主轴锥孔锥度不同时，需要借助中间锥套安装铣刀。中间锥套的外圆锥度与主轴锥孔锥度相同，而内孔锥度与铣刀锥柄锥度一致，如图 3-19a 所示。例如 X6132 型卧式万能升降台铣床的立铣头，主轴锥孔锥度为莫氏 4 号，安装直径为 25mm 铣刀锥柄的锥度为莫氏 3 号的立铣刀，这时应采用外圆锥度为莫氏 4 号、内孔锥度为莫氏 3 号的中间锥套。安装时，擦净主轴锥孔、中间锥套内外锥体和铣刀锥柄，先将铣刀插入中间锥套锥孔，然后将中间锥套连同铣刀一起穿入主轴锥孔，旋紧拉紧螺杆，紧固铣刀。

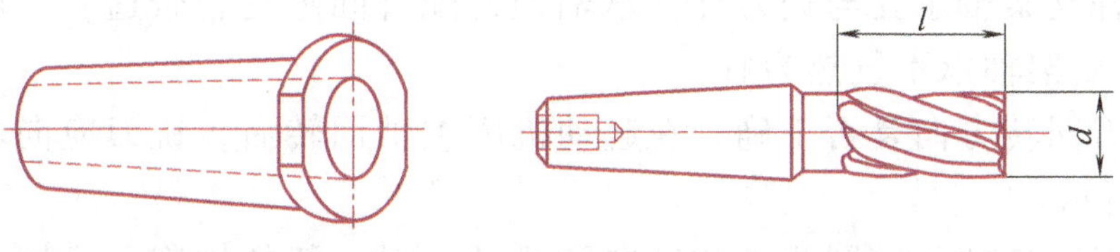

a) 中间锥套　　b) 铣刀

图 3-19　借助中间锥套安装铣刀

拆卸锥柄铣刀时，先将主轴转速调到最低或将主轴锁紧，然后用拉紧螺杆扳手旋松拉紧螺杆，如图 3-20 所示，当螺杆上阶台端面上升到贴平主轴端部背帽的下端平面后，继续用力旋转拉紧螺杆，在背帽限位的情形下，拉紧螺杆将铣刀向下推动，松开锥面的配合，用左手承托铣刀，继续旋转拉紧螺杆，直到取下铣刀。

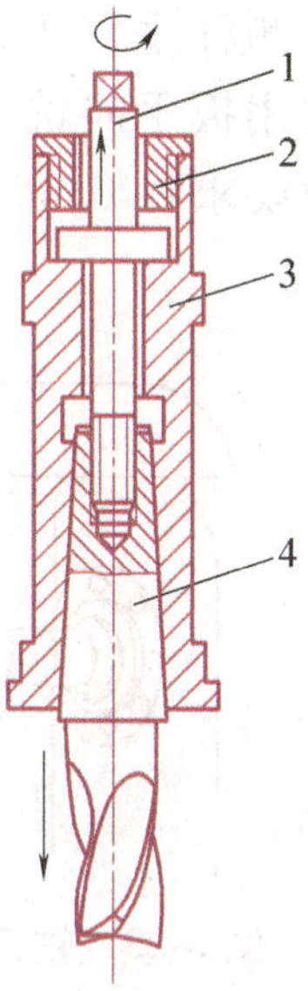

图 3-20　锥柄铣刀的拆卸

1—拉紧螺杆　2—背帽　3—主轴　4—铣刀

直柄铣刀的装卸

对于借助中间锥套安装的锥柄铣刀，在卸下铣刀后，若中间锥套仍留在主轴锥孔内，则可用扳手将中间锥套取下。

（2）直柄铣刀的装卸　直柄铣刀一般通过钻夹头或弹簧夹头安装在主轴锥孔内，如图 3-21 和图 3-22 所示。

使用弹簧夹头的装卸方法如下。

1）安装：根据直柄铣刀柄部的外圆尺寸选择匹配的卡簧，擦净直柄铣刀柄部和卡簧接触面，将直柄铣刀刀柄放入卡簧孔中，用螺母旋紧即可。

2）拆卸：松开螺母，用棉纱包住铣刀，用手将铣刀拔出即可。如果需要换夹不同柄部尺寸的直柄铣刀，需将卡簧取出，更换不同尺寸规格的卡簧，否则卸下直柄铣刀后不用取出卡簧。

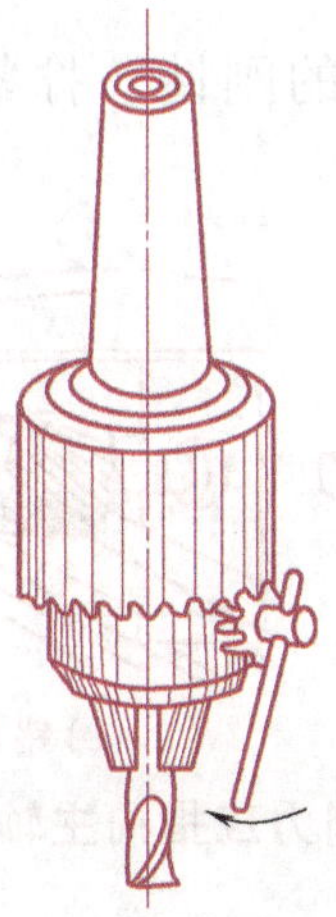

图 3-21　用钻夹头安装直柄铣刀

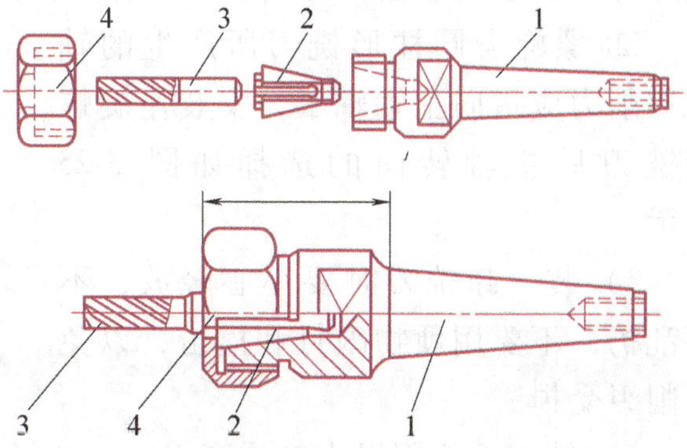

图 3-22　用弹簧夹头安装直柄铣刀

1—弹簧夹头锥柄　2—卡簧　3—铣刀　4—螺母

4. 铣刀安装后的检查

铣刀安装后，应做以下几方面检查：

1）检查铣刀装夹是否牢固。

2）检查刀杆支架轴承孔与铣刀杆支承轴颈的配合间隙是否合适，一般情形下以铣削时不振动、刀杆支架轴承不发热为宜。

3）检查铣刀回转方向是否正确，在起动机床主轴回转后，铣刀应向着前刀面方向回转，如图 3-23 所示。

4）检查铣刀刀齿的径向圆跳动和轴向圆跳动。对一般的铣削，可用目测法或凭经验确定铣刀刀齿的径向圆跳动和轴向圆跳动是否符合要求。对精密的铣削，可用百分表检测。如图 3-24 所示，将磁性表座吸在工作台台面上，使百分表的测头轻触铣刀的刃口部位，测杆垂直于铣刀轴线（检查径向圆跳动）或平行于铣刀轴线（检查轴向圆跳动），然后用扳手向铣刀后刀面方向回转铣刀，观察百分表指针在铣刀回转一周内的变化情况，一般要求在 0.05～0.06mm 范围内。

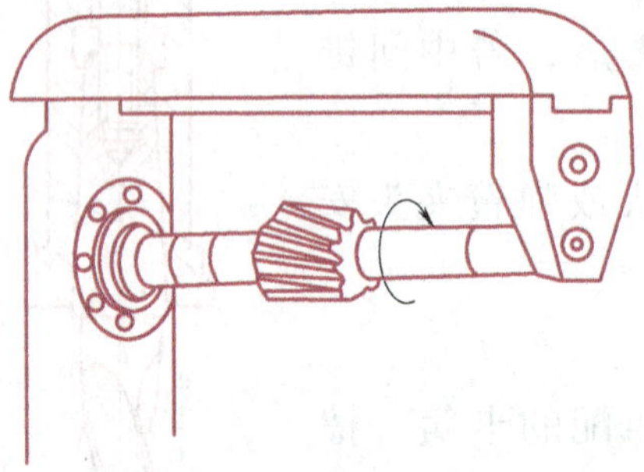

图 3-23 铣刀应向着前刀面方向回转

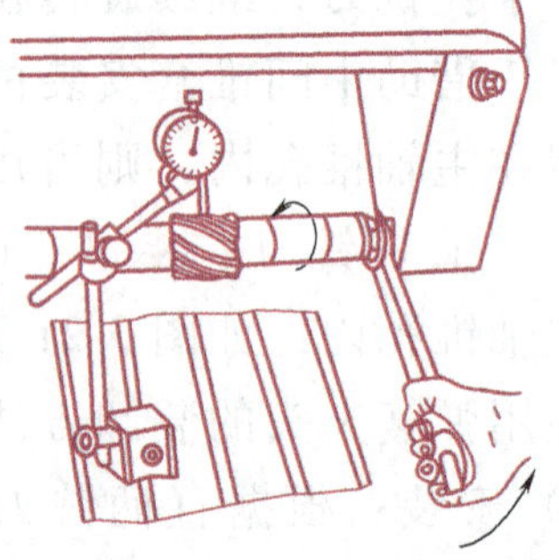

图 3-24 铣刀刀齿径向圆跳动的检查

5. 铣刀安装使用注意事项

1）为保证铣刀的安装质量，一定要将铣刀的接合面擦拭干净，使用完毕要将铣刀擦拭干净并涂上防锈油。

2）用长刀杆安装带孔铣刀时要注意下面两点：

① 铣刀应尽可能地靠近主轴或刀杆支架，以保证其有足够的刚性。拧紧刀杆的紧刀螺母时，必须先装上刀杆支架，以防刀杆受力弯曲。

② 螺旋齿圆柱形铣刀所产生的轴向切削力应指向主轴轴承，安装左旋螺旋铣刀后主轴转向的选择如图 3-25 所示。

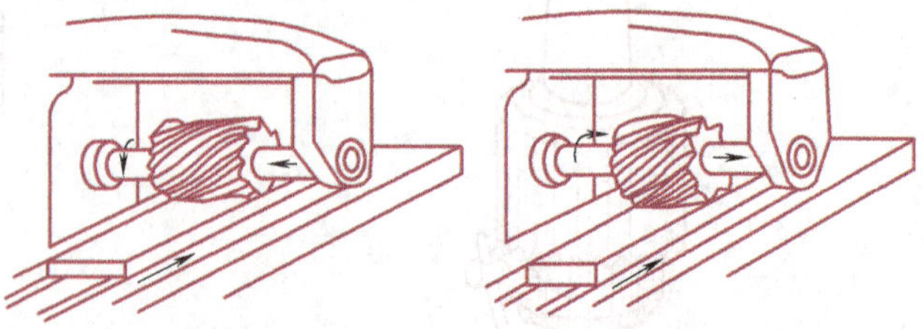

a) 正确　　b) 错误

图 3-25 轴向切削力应指向主轴轴承

3）装、卸铣刀时要小心轻放，不要乱扔，不要用硬物敲打和撞击，以免切削刃受损。

4）铣刀不能用得太钝才磨刃，以免增加刃磨量或损坏刀具。

七、铣刀的装卸训练

1. 圆柱形铣刀的装卸练习

（1）安装铣刀杆

1）根据铣刀杆长度调整悬梁伸出长度，紧固悬梁。

2）将主轴转速调至最低或锁紧主轴。

3）擦净铣刀杆锥柄和主轴锥孔。

4）安装并紧固铣刀杆。

（2）安装圆柱形铣刀

1）擦净铣刀杆、垫圈和圆柱形铣刀。

2）安装垫圈、圆柱形铣刀。旋上铣刀杆紧刀螺母。

3）擦净铣刀杆支承轴颈、刀杆支架轴承孔，注入润滑油。

4）擦净悬梁和刀杆支架的导轨面，安装刀杆支架并调整刀杆支架轴承间隙。

5）紧固刀杆支架。

6）紧固圆柱形铣刀。

（3）拆卸铣刀和铣刀杆

1）将主轴转速调至最低或锁紧主轴。

2）松开铣刀杆紧刀螺母。

3）调松刀杆支架轴承，松开并卸下刀杆支架。

4）旋下铣刀杆紧刀螺母，卸下圆柱形铣刀和垫圈。

5）松开拉紧螺杆的背紧螺母，用锤子轻击拉紧螺杆端部，使铣刀杆锥柄从主轴锥孔中松动。

6）旋出拉紧螺杆，取下铣刀杆。

7）将垫圈装在铣刀杆上，旋上紧刀螺母，涂油后将铣刀杆放回刀杆架原位。

2. 锥柄立铣刀的装卸练习

（1）莫氏 3 号锥柄立铣刀的安装

1）将主轴转速调至最低或锁紧主轴。

2）选择中间锥套。

3）擦净立铣刀锥柄、中间锥套和立铣头主轴锥孔。

4）使立铣刀锥柄装入中间锥套锥孔，将立铣刀连同中间锥套一起装入立铣头主轴锥孔，并用拉紧螺杆拉紧。

（2）拆卸立铣刀

1）旋松拉紧螺杆，使立铣刀脱离立铣头主轴锥孔。

2）卸下立铣刀。

3）用扳手卸下中间锥套。

3. 铣刀装卸训练中的注意事项

1）安装圆柱形铣刀或其他带孔铣刀时，应先紧固刀杆支架，再紧固铣刀。拆卸时应先松开铣刀，再松开刀杆支架。

2）装卸铣刀时，对圆柱形铣刀应以手持两端面，对立铣刀应垫棉纱握住圆周，以防止铣刀刃口划伤手。

3）安装铣刀时应擦净各接合表面，防止附有污物而影响安装精度。

4）拉紧螺杆的螺纹与铣刀杆或铣刀的螺孔要有足够的旋合长度。

5）刀杆支架轴承孔与铣刀杆支承轴颈应保持足够的配合长度。

6）安装铣刀后应检查安装情况是否正确。

课题二 工件的装夹

在铣床上加工中、小型工件时，一般采用平口钳来装夹；对大、中型工件，则大多直接在铣床工作台上用压板来装夹。在成批、大量生产中，为提高生产率和保证加工质量，应采用专用铣床夹具来装夹。为适应加工需要，可利用分度头和回转工作台等来装夹。

为了承受较大的铣削力和断续切削所产生的振动，不论采用哪种方法装夹，都必须保证工件装夹牢固，不产生工件（装夹）变形，不损坏工件上已加工好的表面和不影响铣削正常进行等，以免影响加工质量，损坏铣刀、铣床和发生人身安全事故。

一、机用平口钳

机用平口钳是铣床上常用来装夹工件的附件。铣削一般长方体工件的平面、阶台面、斜面和轴类工件的键槽时，都可以用机用平口钳进行装夹。

1. 机用平口钳的结构

常用的机用平口钳有回转式和非回转式两种。

如图 3-26 所示为回转式机用平口钳，主要由固定钳口、活动钳口和底座等组成。钳体能在底座上扳转任意角度。非回转式机用平口钳结构与回转式机用平口钳基本相同，只是底座没有转盘，钳体不能扳转。

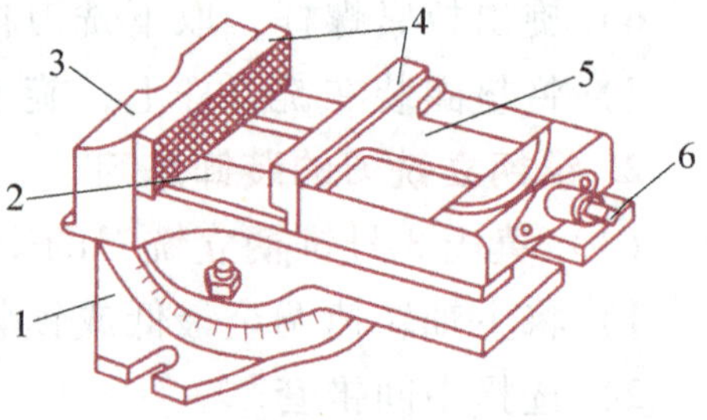

图 3-26 机用平口钳

1—底座 2—钳体 3—固定钳口 4—钳口铁 5—活动钳口 6—螺杆

回转式机用平口钳使用方便，适应性强，但由于多了一层转盘结构，高度增加，刚性相对较差，因此在铣削平面、垂直面和平行面时，一般都采用非回转式机用平口钳。

普通机用平口钳按钳口宽度的不同，可分为 100mm、125mm、136mm、160mm、200mm 和 250mm 六种规格。

2. 用机用平口钳装夹工件

（1）机用平口钳的安装和校正

1）机用平口钳的安装。

机用平口钳的安装

安装机用平口钳时，应擦净机用平口钳底座底面和铣床工作台台面。一般情况下，机用平口钳在工作台台面上的位置应处在工作台长度方向的中心偏左、宽度方向的中心，以方便操作。钳口方向应根据工件长度来确定，对于长的工件，在卧式铣床上钳口应与铣床主轴轴线垂直，如图 3-27a 所示；在立式铣床上应与进给方向平行。对于短的工件，在卧式铣床上钳口与铣床主轴轴线平行，如图 3-27b 所示；在立式铣床上应与进给方向垂直。在铣削时，应尽量使水平铣削力指向稳定牢固的固定钳口，如图 3-28 所示。

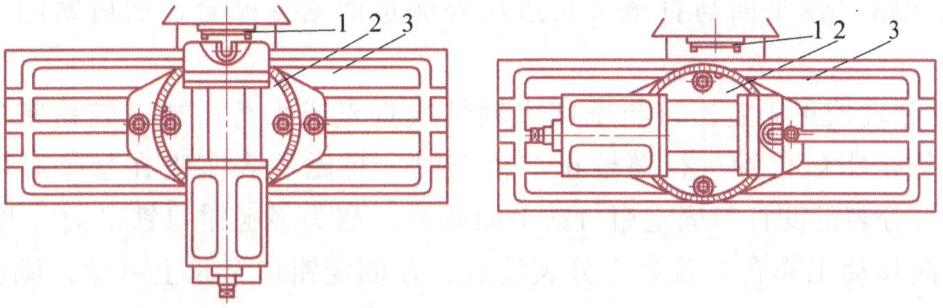

a) 固定钳口与主轴轴线垂直　　b) 固定钳口与主轴轴线平行

图 3-27　机用平口钳在卧式铣床上的安装位置

1—铣床主轴　2—平口钳　3—工作台

加工一般的工件时，机用平口钳可用定位键安装。安装时，将机用平口钳底座上的定位键放入工作台中央 T 形槽内，双手推动钳体，使两定位键的同一侧侧面靠在中央 T 形槽的一个侧面上，然后固定底座，再利用钳体上的零刻线与底座上的刻线相配合，转动钳体，使固定钳口与铣床主轴轴线垂直或平行，也可以按需调整成所要求的角度。

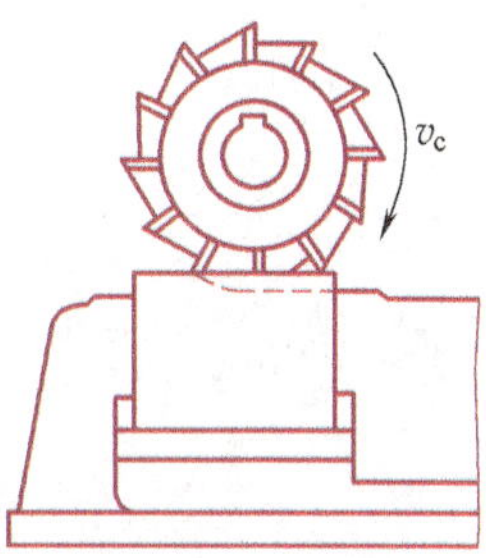

图 3-28　水平铣削分力指向

加工有较高相对位置精度要求的工件，如铣削沟槽等时，钳口与主轴轴线要求有较高的垂直度或平行度，这时应对固定钳口进行校正。

2）固定钳口的校正。

① 用划针校正固定钳口与铣床主轴轴线垂直：加工较长的工件，固定钳口一般采用与铣床主轴轴线垂直的安装方式，此时可用划针校正。如图 3-29 所示，将划针夹持在铣刀杆垫圈间，使划针针尖靠近固定钳口铁平面，纵向移动工作台，观察并调整平口钳位置使划针针尖与固定钳口铁平面的缝隙大小均匀，在钳口全长范围内一致，固定钳口就与铣床主轴轴线垂直。紧固钳体后，须进行复检，以免紧固时发生位移。用划针校正的方法精度较低，常用于粗校正。

② 用直角尺校正固定钳口与铣床主轴轴线平行：当要求机用平口钳固定钳口与铣床主轴轴线平行安装时，可用直角尺校正。如图 3-30 所示，校正时，松开钳体紧固螺母，使固定钳口平面大致与主轴轴线平行。将直角尺的尺座底面紧靠在床身的垂直导轨面上，

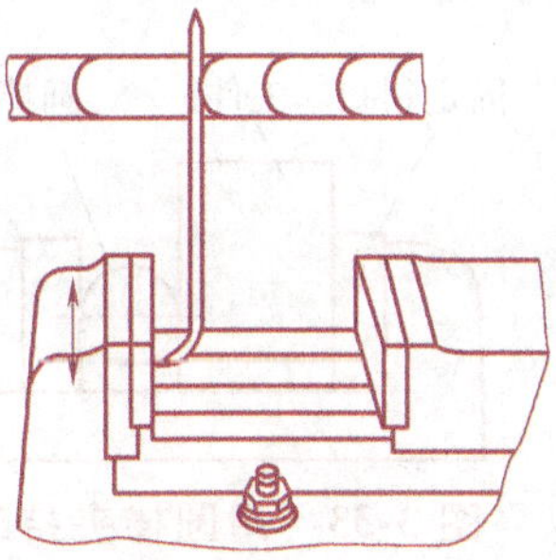

图 3-29　用划针校正固定钳口与铣床主轴轴线垂直

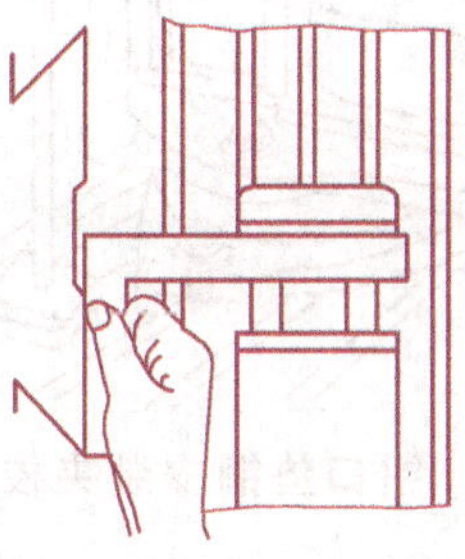

图 3-30　用直角尺校正固定钳口与铣床主轴轴线平行

调整钳体使固定钳口铁平面与直角尺长边尺外测量面紧密贴合，然后紧固钳体，并再次进行复检。

用百分表校正机用平口钳

③ 用百分表校正固定钳口与铣床主轴轴线垂直或平行：加工较精密的工件时，可用百分表对固定钳口位置进行精校正。校正时，将磁性表座吸在悬梁导轨面上，安装百分表，使百分表的测杆与固定钳口铁平面垂直，测头轻触钳口铁平面，测杆压缩 0.3~0.5mm，纵向移动工作台，观察百分表读数，在固定钳口全长上一致，则固定钳口与铣床主轴轴线垂直，如图 3-31a 所示。轻轻紧固钳体，进行复检合格后，用力紧固钳体。

用百分表校正固定钳口与铣床主轴轴线平行时，可将磁性表座吸在床身垂直导轨面上，横向移动工作台，校正的方法与上述过程相同，如图 3-31b 所示。

工件毛坯的装夹

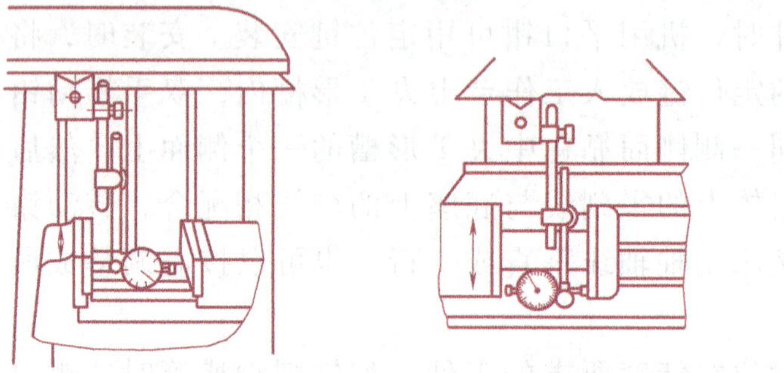

a) 固定钳口与铣床主线垂直　　b) 固定钳口与铣床主轴轴线平行

图 3-31　用百分表校正固定钳口

经粗加工的工件的装夹

（2）工件在机用平口钳上的装夹

1）工件毛坯的装夹。选择毛坯件上一个大而平整的毛坯面作为粗基准面，将其靠在固定钳口面上。为避免损伤钳口，可在钳口和工件毛坯面间垫上铜皮。轻夹工件，用划线盘校正毛坯上平面位置，符合要求后夹紧工件，如图 3-32 所示。

2）经粗加工的工件的装夹。选择工件上一个较大的粗加工表面作为基准面，将其靠向机用平口钳的固定钳口面或钳体导轨面上进行装夹。

工件的基准面靠向固定钳口面时，可在活动钳口与工件间放置一圆棒，圆棒要与钳口上平面平行，并处于钳口夹持工件部分的中间偏上位置，如图 3-33 所示。通过圆棒夹紧工件，能保证工件的基准面与固定钳口面很好地贴合。

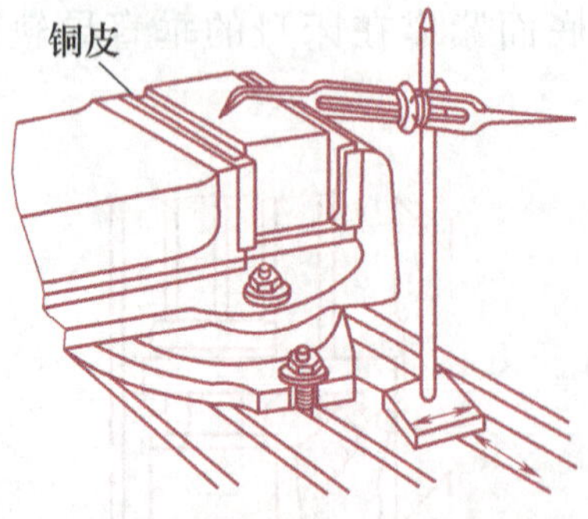

图 3-32　钳口垫铜皮装夹校正毛坯件

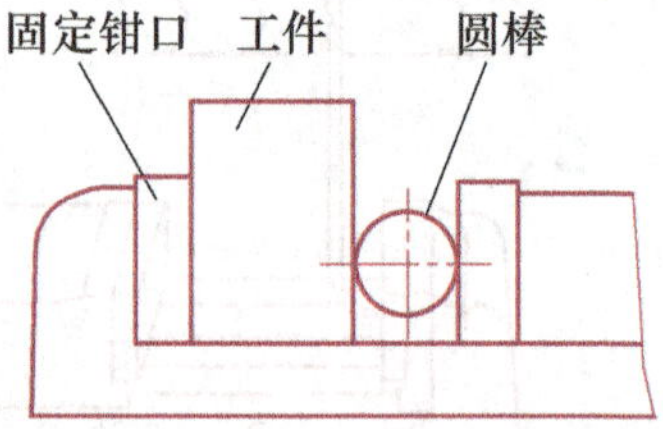

图 3-33　用圆棒夹持工件

工件的基准面靠向钳体导轨面时，在工件与导轨之间要垫平行垫铁，为了使工件基准面与导轨面平行，稍夹紧后可用橡皮锤或铜棒轻击工件上面，并用手试移平行垫铁，当其不松动时，说明与工件贴合良好，然后夹紧，如图 3-34 所示。

图 3-35 所示为使用机用平口钳装夹工件的几种情况。

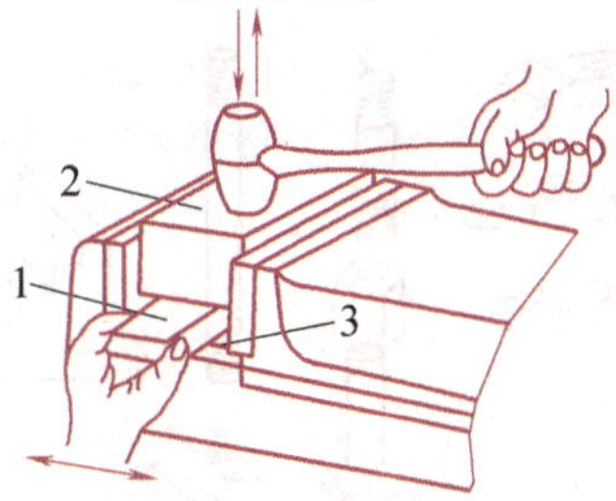

图 3-34 用平行垫铁装夹工件

1—平行垫铁 2—工件 3—钳体导轨面

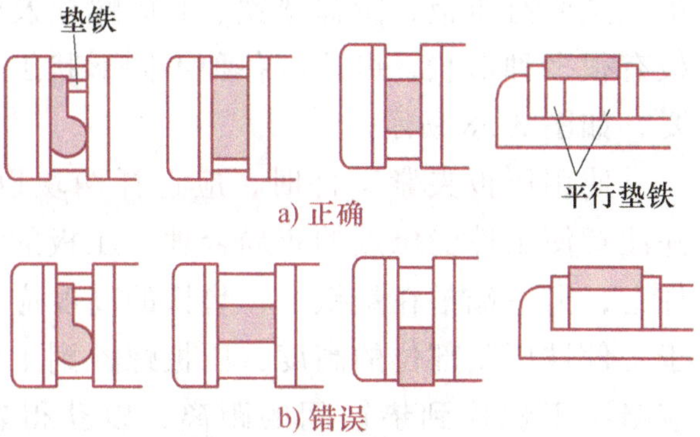

图 3-35 使用机用平口钳装夹工件的方法

(3) 在机用平口钳上装夹工件时的注意事项

1) 安装机用平口钳时，应擦净机用平口钳底座底面、工作台台面；安装工件时，应擦净钳口铁平面、钳体导轨面及工件表面。

2) 工件在机用平口钳上装夹时，放置的位置应适当，将工件的基准面紧贴固定钳口或钳体的导轨面，并用固定钳口承受铣削力。夹紧后钳口的受力应均匀。

3) 工件在机用平口钳上装夹时，待铣去的余量层应高出钳口上平面 3~5mm，高出的高度以铣削时铣刀不接触钳口上平面为宜，如图 3-36 所示。工件在高度方向尺寸较小时，应在工件下面垫上适当厚度的平行垫铁。工件不能装得太高，否则刚性会降低，铣削时易产生振动，工件形成波纹，严重时工件会飞出或损坏铣刀。对于较高的工件可在两钳口处加垫板，如图 3-37 所示。

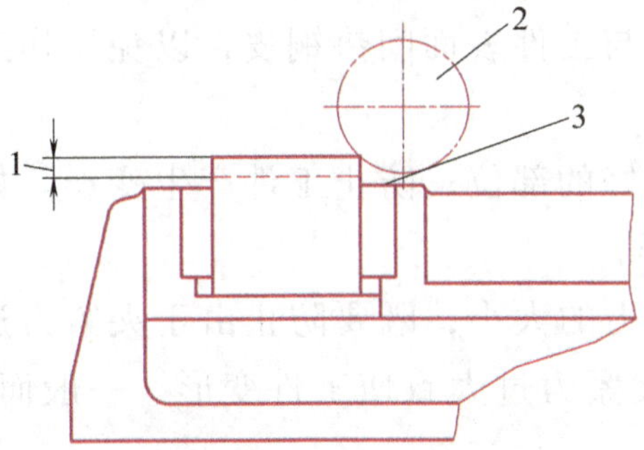

图 3-36 余量层应高出钳口上平面

1—待切除余量层 2—铣刀 3—钳口上平面

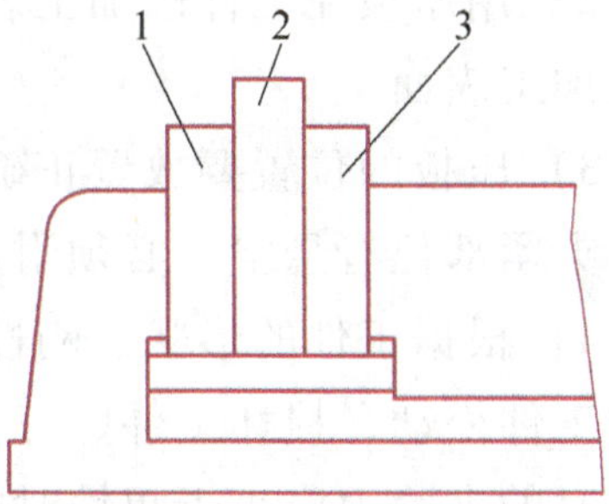

图 3-37 较高工件在机用平口钳上的装夹

1、3—垫板 2—工件

4) 用平行垫铁装夹工件时，所选垫铁的平面度、平行度和相邻表面的垂直度应符合要求。垫铁表面应具有一定的硬度。

二、压板

形状、尺寸较大或不便于用机用平口钳装夹的工件，常用压板压紧在铣床工作台上进行加工。

1. 用压板装夹工件

在铣床上用压板装夹工件，所用的工具比较简单，主要有压板、阶梯垫铁、T形螺栓及螺母等。压板有很多种形状，可适应各种不同形状工件装夹的需要，如图3-38所示。

使用压板夹紧工件时，应选择两块以上的压板，并注意使工件受压点的布局合理。压板的一端搭在工件上，另一端搭在垫铁上，垫铁的高度应等于或略高于工件被压紧部位的高度，压板螺栓到工件间的距离应略小于螺栓到垫铁间的距离，以获得较大的压紧力。使用压板时，螺母和压板平面之间应垫有垫圈，如图3-39所示。

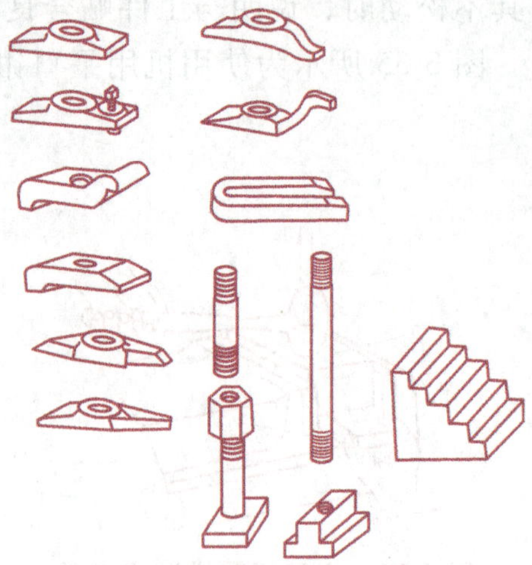

图3-38 多种形状的压板

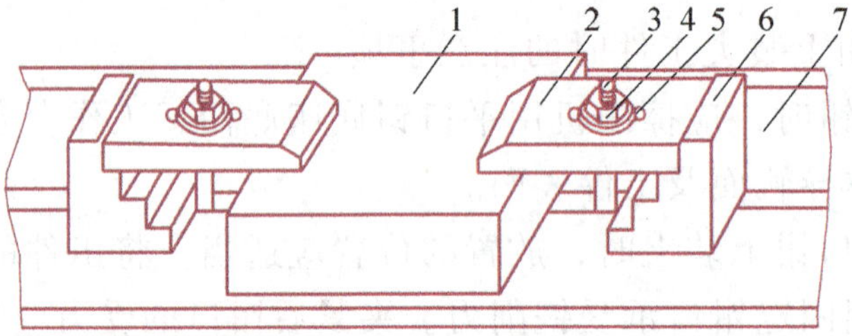

图3-39 用压板装夹工件

1—工件 2—压板 3—T形螺栓 4—螺母 5—垫圈 6—阶台垫铁 7—工作台台面

2. 用压板装夹工件时的注意事项

1）在铣床工作台台面上，不允许拖拉表面粗糙的铸件、锻件毛坯，夹紧时应在毛坯件与工作台台面间垫铜皮，以免损伤工作台台面。

2）用压板在工件已加工表面夹紧时，应在压板与工件表面间垫铜皮，以免压伤工件的已加工表面。

3）压板的位置要放置正确，应压在工件刚性最好的部位，防止工件产生变形。如果工件夹紧部位有悬空，必须附加垫片或用千斤顶支承。

4）根据工件的形状、刚性和加工特点确定夹紧力的大小，既要防止由于夹紧力过小造成工件松动，损坏工件、刀具和机床，又要避免夹紧力过大致使工件变形。一般而言，精铣时的夹紧力应小于粗铣时的夹紧力。

压板的使用方法如图3-40所示。

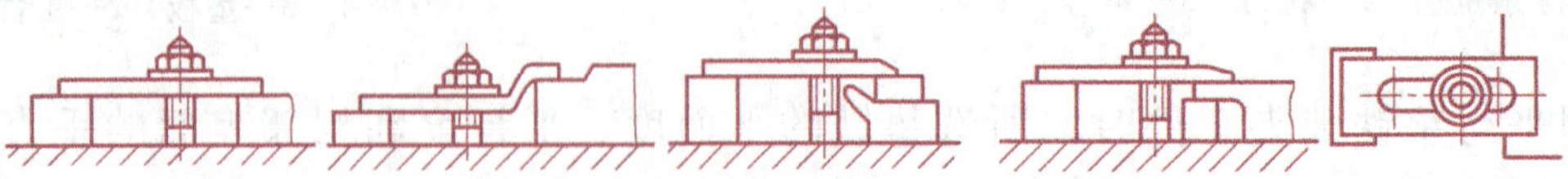

a) 正确

b) 错误

图3-40 压板的使用方法

三、专用夹具或辅助定位装置

在连接面数量较多的工件和批量生产中，常采用辅助定位装置或专用夹具装夹工件。如铣削平行面可利用工作台的T形槽直槽安装定位块，如图3-41a所示；铣削垂直面常利用角铁（弯板）装夹工件，如图3-41b所示；铣削斜面可利用倾斜垫块定位，如图3-41c所示；批量生产中铣削斜面利用专用夹具装夹工件，如图3-41d所示；铣削圆柱面上的小平面或键槽时，可使用V形块定位，以保证良好的对中性，如图3-41e所示。

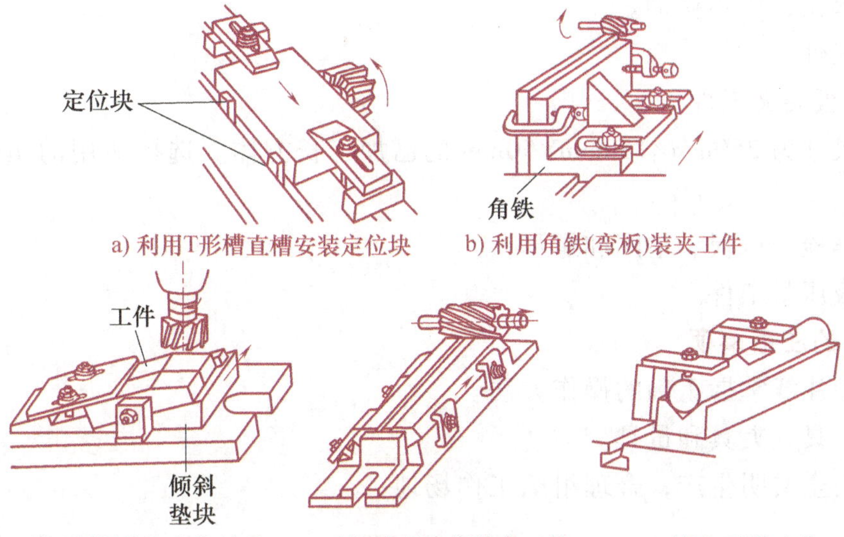

图3-41　用专用夹具或辅助定位装置装夹工件

四、校正机用平口钳、装夹工件技能训练

1. 校正机用平口钳练习

(1) 校正固定钳口与铣床主轴轴线平行

1) 安装机用平口钳。

2) 使固定钳口与主轴轴线大致平行。

3) 用直角尺校正固定钳口。

4) 紧固钳体。

5) 复检。

(2) 校正固定钳口与铣床主轴轴线垂直

1) 松开钳体紧固螺母，将钳体转动90°。

2) 在铣刀杆上垫圈间安装划针。

3) 用划针校正固定钳口。

4) 紧固钳体。

(3) 用百分表精校正

1) 取下划针，安装百分表。

2) 用百分表校正固定钳口与铣床主轴轴线垂直，保证在钳口全长范围内两端的读数差小于0.03mm。

2. 装夹工件练习

(1) 用机用平口钳装夹工件

1) 工件尺寸为40mm×60mm×150mm的已加工长方体。选择20mm×50mm×180mm的平行垫铁1条或20mm×20mm×180mm的平行垫铁2条。

2) 放置平行垫铁。

3) 安装工件，轻轻夹紧。

4) 用铜棒轻击工件上面，使工件与平行垫铁贴紧。

5) 检查垫铁，应不松动。

6) 夹紧工件。

(2) 用夹板装夹工件

1) 工件尺寸为250mm×150mm×50mm的已加工长方体。选择适用的压板、垫铁和螺栓螺母副。

2) 安装螺栓、压板、垫圈和螺母。

3) 用压板压紧工件。

3. 练习时的注意事项

1) 练习中注意掌握正确的操作方法。

2) 爱护工具、夹具和量具。

3) 注意安全文明生产，合理组织工作场地。

课题三　铣工常用量具

一、测量概述

测量是对被测量对象定量认识的过程，即将被测量（未知量）与已知的标准量进行比较，以得到被测量大小的过程。为保证加工后的工件各项技术参数符合设计要求，在加工前后及加工过程中，都必须用量具进行测量。

1. 量具的种类

用来测量、检验零件尺寸及形状的工具称为量具。量具的种类很多，根据其用途和特点，可分为下面三种类型。

1) 万能量具：这类量具一般都有刻度，在测量范围内可以测量零件形状及尺寸的具体数值，如钢直尺、游标卡尺、千分尺和游标万能角度尺等。

2) 专用量具：这类量具不能测量出实际尺寸，只能测定零件的形状及尺寸是否合格，如塞尺、半径样板等。

3) 标准量具：这类量具只能制成某一固定尺寸，通常用来校对和调整其他量具，也可以作为标准与被测量件进行比较，如量块等。

2. 长度的单位

我国法定长度计量单位的名称和代号见表3-1。

表 3-1　法定长度计量单位

单位名称	代　号	对基准单位的比	单位名称	代　号	对基准单位的比
米	m	基准单位	毫米	mm	10^{-3}
分米	dm	10^{-1}	微米	μm	10^{-6}
厘米	cm	10^{-2}			

实际生产中有时还采用丝米（dmm）、忽米（cmm）等非法定单位，$1\text{dmm}=10^{-4}\text{m}$，$1\text{cmm}=10^{-5}\text{m}$。习惯上把忽米叫做“丝”或“道”，即 1 丝（或 1 道）为 0.01mm，使用时应注意“丝”和“丝米”不是一个概念。

在实际工作中，有时还会遇到英制尺寸。英制尺寸的进位方法和名称如下：

$$1\text{ft}=12\text{in}\,(1英尺=12英寸)$$

英制尺寸常以英寸为单位，1in = 25.4mm。

3. 角度的单位

铣工工作中常用的角度度量制有角度制和弧度制两种。角度制是以“度”（°）为单位来度量角的单位制，弧度制是以“弧度”（rad）为单位来度量角的单位制。1°是圆周的1/360所对应的圆心角的大小，1rad是弧长等于半径长度的圆弧所对应的圆心角的大小，因此 $1\text{rad}\neq1°$。

$$1°=60'\,(1度=60分)$$

$$1'=60''\,(1分=60秒)$$

角度和弧度的换算方法如下：

$$1°=\frac{\pi}{180}\text{rad}\approx0.01745\text{rad}$$

$$1\text{rad}=\frac{180°}{\pi}\approx57.30°$$

二、游标卡尺

1. 游标卡尺的作用

游标卡尺是指示量具，一般简称为卡尺，可直接测量出工件的外尺寸、内尺寸和深度尺寸，如图 3-42 所示。常用卡尺的分度值为 0.02mm，是一种适合于测量中等精度尺寸的量具。

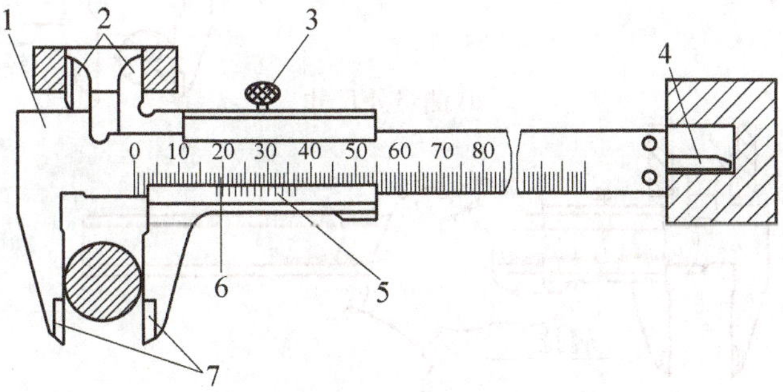

图 3-42　游标卡尺

1—尺身　2—刀口内测量爪　3—制动螺钉　4—深度尺　5—游标尺　6—主标尺　7—外测量爪

2. 游标卡尺读数方法

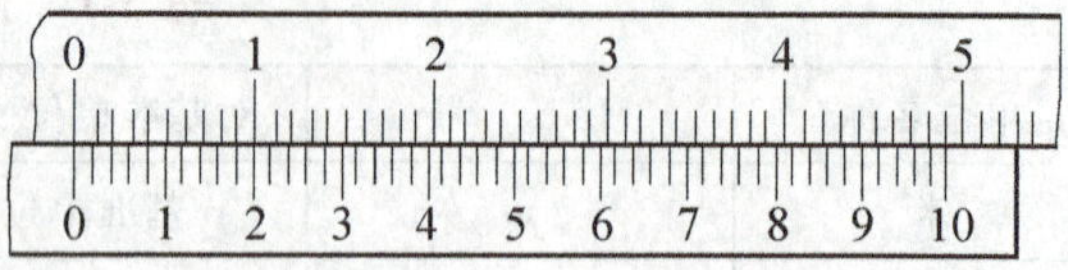

图 3-43　游标卡尺的刻线原理

（1）读数原理　分度值为 0.02mm 的卡尺，尺身 1 格为 1mm，当两测量爪并拢时，主标尺上的 49mm 正好对准游标尺上的 50 格，如图 3-43 所示，则游标尺每 1 格的值为 49mm/50=0.98mm，主标尺与游标尺每 1 格相差的值为 1mm−0.98mm=0.02mm。

（2）使用方法

1）测量前应将卡尺擦干净，测量爪贴合后，游标尺零线和主标尺零线应对齐，两测量面接触贴合后，应无透光现象（或有极微的均匀透光）。

2）测量时，只要条件允许，都不要只使用测量爪的部分测量面进行测量，否则不仅会加速测量爪的磨损，而且还会产生较大的测量误差，如图 3-44 所示。

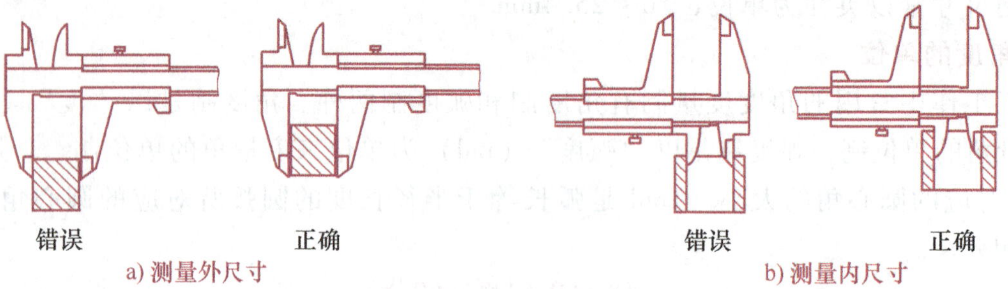

图 3-44　测量爪的测量位置

3）测量外尺寸（特别是外径尺寸）时，应将两测量爪张开到略大于被测尺寸，将固定测量爪的测量面贴靠着工件，然后轻轻推动游标尺，使活动测量爪的测量面也紧靠工件，同时轻轻摆动卡尺以找到最小尺寸点，然后读数，如图 3-45a 所示。测量内尺寸（特别是内径尺寸）时，应将两测量爪调整到略小于被测尺寸，待推入被测部分后将固定测量爪的测量面贴靠着工件，再轻轻拉动游标尺，使活动测量爪也接触到测量面，拉动游标尺的拇指加少许的拉力，轻轻摆动卡尺以找到最大尺寸点，然后读数，如图 3-45b 所示。

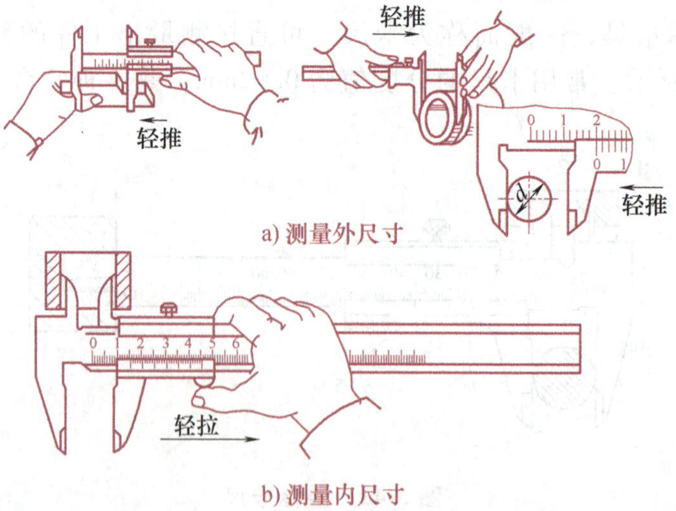

图 3-45　卡尺的测量方法

4）测量时，要防止卡尺歪斜，如图 3-46 所示，否则读数会产生误差。

5）测量调整准确后，应尽可能地在卡尺处于测量状态下读出测量值，然后拉动（测量外尺寸时）或推动（测量内尺寸时）游标尺，使测量爪离开被测量面后再小心地将卡尺退出。若测量爪没离开测量面就强行退出，则会损伤测量爪或被测工件的测量面。

不准将游标卡尺固定住尺寸，再卡入工件（相当于用作卡规）进行测量，如图 3-47 所示。

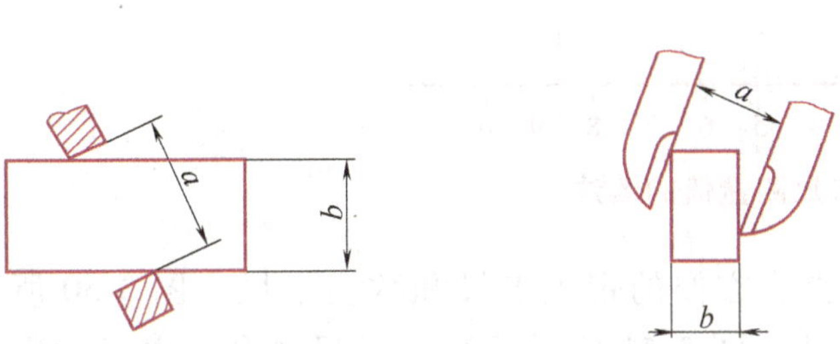

图 3-46 卡尺测量面与工件的错误接触

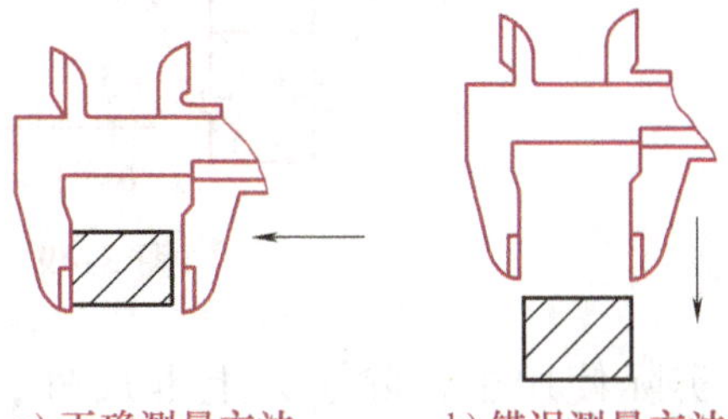

a) 正确测量方法 b) 错误测量方法

图 3-47 不能定住卡尺尺寸，再卡入工件测量

对于较大的工件或按上述方法较难读出测量数值时，应用制动螺钉将游标尺固定后，再轻轻地退出卡尺，读出数值。读数时，应将卡尺水平拿着，在光线充足的地方，视线垂直于刻线表面，避免由于斜视角造成的读数误差。

6）测量深度尺寸时，先移动卡尺的游标尺，使其深度尺伸出的长度略小于要测量的深度值。然后，将深度尺插入凹槽内，并使卡尺深度尺一端的尺身端面抵靠在凹槽的外沿上，保持深度尺与凹槽端面垂直，一只手稳定住尺身，另一只手轻推（或拉）卡尺的游标尺，使深度尺接触到凹槽的底部，然后读数，如图 3-48a 所示。应注意尺身不要歪斜，否则将造成读数错误，如图 3-48b 所示。同时，要注意深度尺的下端有缺口的一面应靠在被测工件的侧面，如图 3-48c 所示，否则有可能因工件的底部根角处不是直角（是圆弧或其他不规则形状），使深度尺的测量面达不到真正的底部而造成测量值小于实际值的问题，如图 3-48d 所示。

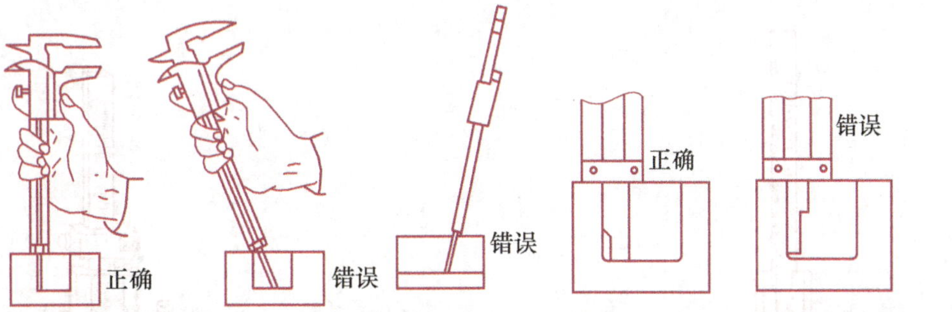

a) 卡尺垂直 b) 卡尺倾斜 c) 深度尺方向正确 d) 深度尺方向不正确

图 3-48 用卡尺测量深度

（3）读数方法

1）读出在游标零线的左面，尺身上的整数毫米数，图 3-49 所示为 28mm。

2）在游标尺上找出与主标尺刻线对齐的那一条刻线，读出尺寸的毫米小数值，图中为 0.86mm。

3）将主标尺上读出的整数和游标尺上读出的小数相加，即得测量值，图 3-49 所示为 28mm+0. 86mm = 28. 86mm。

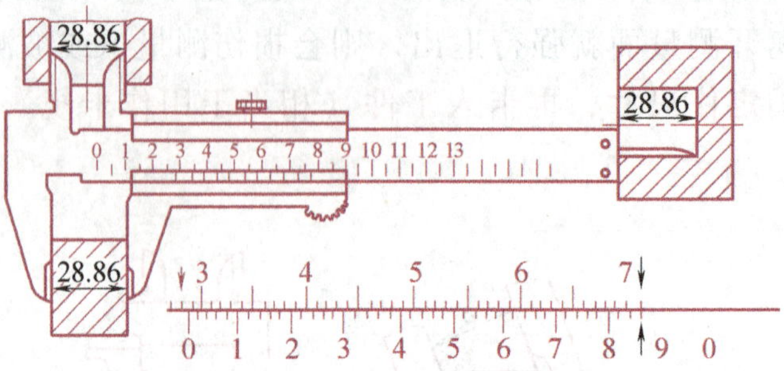

图 3-49　游标卡尺测量值的读法

在实际使用中，除了以上卡尺外，还有更为方便的带表卡尺和数显卡尺。图 3-50 所示的带表卡尺可以通过指示表读出测量的尺寸；图 3-51 所示的数显卡尺是利用电子数字显示原理，对两测量爪相对移动的距离进行读数的一种长度测量工具。

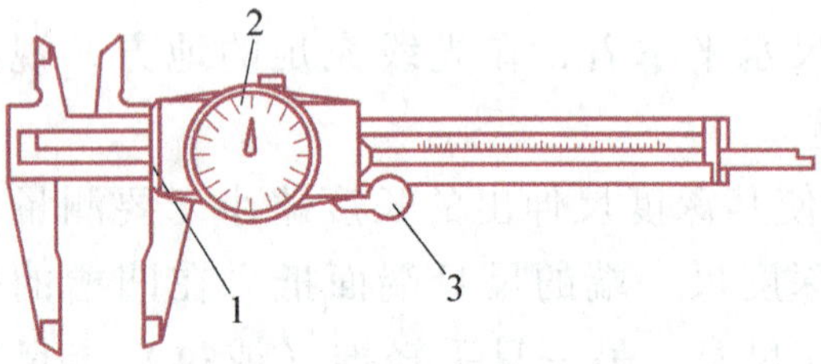

图 3-50　带表卡尺

1—读数部位　2—指示表　3—微动装置

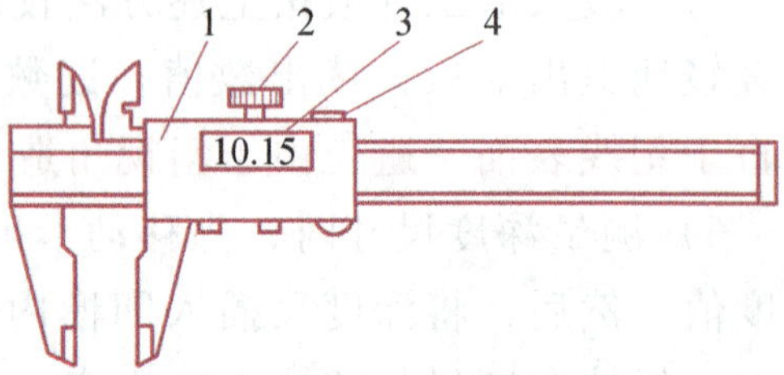

图 3-51　数显卡尺

1—尺框　2—紧固螺钉　3—显示器　4—输出端口

三、游标深度卡尺和游标高度卡尺

图 3-52 所示的游标深度卡尺是用于测量深度的专用量具，图 3-53 所示的游标高度卡尺除测量高度外，还可作精密划线用。在不引起混淆的情况下，通常简称深度尺和高度尺。

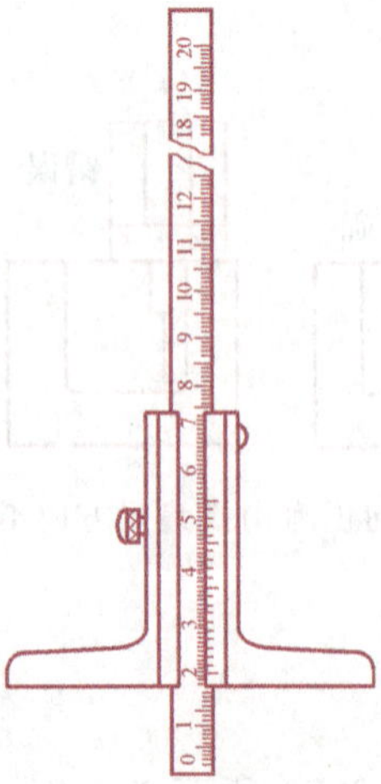

图 3-52　游标深度卡尺

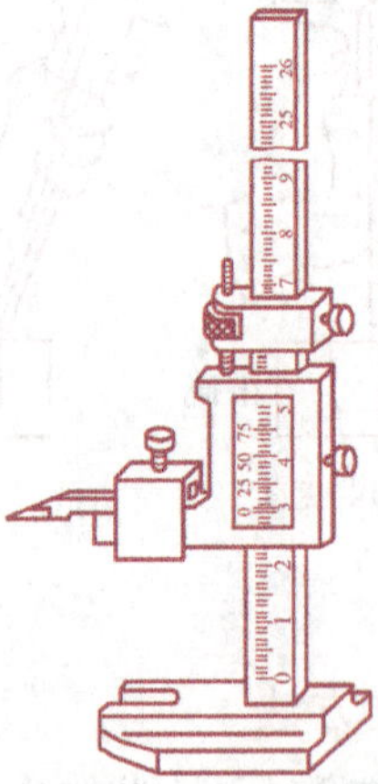

图 3-53　游标高度卡尺

游标深度卡尺和游标高度卡尺的读数方法与游标卡尺相同。

四、千分尺

1. 千分尺的结构及刻线原理

(1) 千分尺的结构　千分尺是一种以螺杆作为运动零件进行长度测量的量具。常用外径千分尺如图 3-54 所示，其规格按测量范围分为 0～25mm、25～50mm、50～75mm、75～100mm、100～125mm 等。使用时可按被测工件的尺寸选用。

(2) 千分尺的读数原理　千分尺螺杆的螺距为 0.5mm，当微分筒转 1 周时，测微螺杆轴向移动 0.5mm。固定套管（主尺）上每格刻度为 0.5mm，微分筒圆锥周上均匀刻有 50 格，因此当微分筒转 1 格时，测微螺杆就移动 0.5mm/50＝0.01mm。

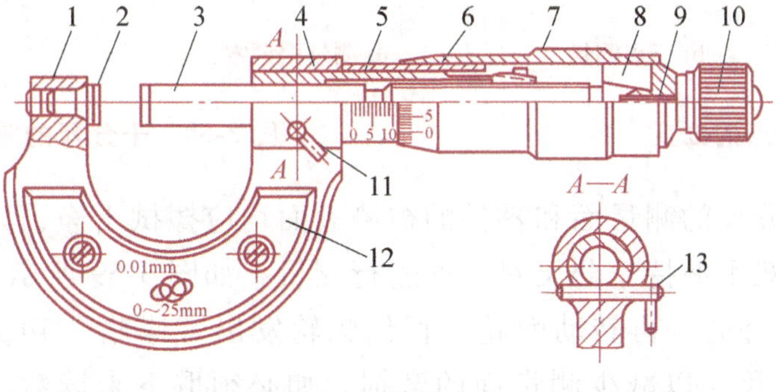

图 3-54　外径千分尺

1—尺架　2—测砧　3—测微螺杆　4—螺纹轴套　5—固定套管　6—微分筒　7—调节螺母
8—接头　9—垫片　10—棘轮　11—测微螺杆锁紧装置　12—绝热片　13—锁紧轴

2. 千分尺的读数方法

使用千分尺测量尺寸时，要先看固定套管露出的数值（毫米或半毫米）是多少，然后再看微分筒的刻线和固定套管的横刻线所对齐的数值，最后将两个数值相加就是千分尺对工件的测量值，读数方法如图 3-55 所示。

a) L=7mm+0.08mm=7.08mm　b) L=29.5mm+0.35mm=29.85mm

图 3-55　千分尺的读数方法

在使用千分尺进行测量时，有时微分筒的刻线与固定套筒的横刻线不一定能对齐，这时就需要对读数进行估计，如图 3-56 所示。

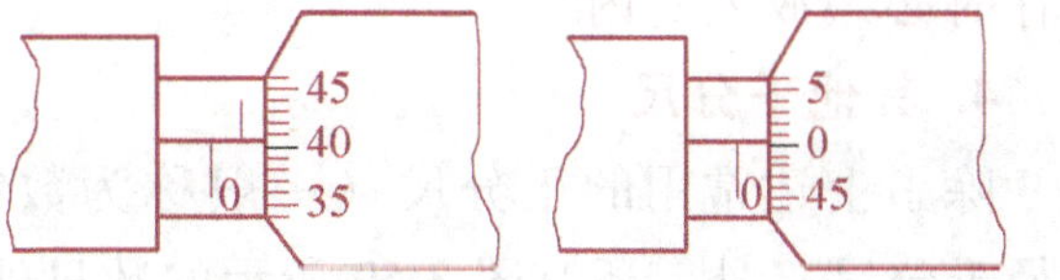

a) L=0+0.5+0.405=0.905mm　b) L=0+0.5+0.004=0.504mm

图 3-56　千分尺读数的估计

3. 千分尺的使用

(1) 千分尺的测量点位置　由于千分尺的测量面较小，为使测量结果比较准确，在测量较大平面时，应在被测面的四角及中间共测五个点，如图 3-57a 所示；对于狭长平面，可只测三个点，如图 3-57b 所示。

(2) 千分尺的使用

1) 测量前应检查零位的准确性，如果是0~25mm的规格，可以将两测量面轻轻接触进行检查，如图3-58a所示，否则必须使用专用的测量棒，如图3-58b所示。

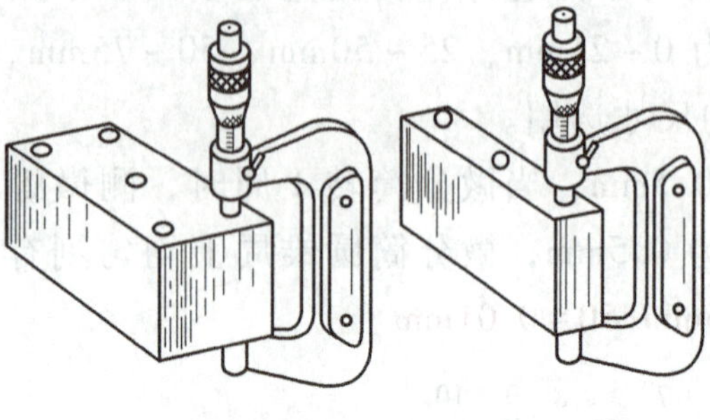

a) 五点测量　b) 三点测量

图3-57 测量点的位置

a) 测量面调零　b) 测量棒调零

图3-58 千分尺的零位检查

2) 测量时，千分尺的测量面和零件的被测表面均应擦拭干净，以保证测量准确。

3) 可用单手或双手握持千分尺对工件进行测量，如图3-59所示。测量时先转动微分筒，当测量面接近工件时，再转动棘轮，直到棘轮发出“嗒嗒”声为止。读数时尽量不要从工件上拿下千分尺，以减少测量面的磨损。如必须取下来读数，则应先锁紧测微螺杆锁紧装置，以免测微螺杆移动而造成读数不准。

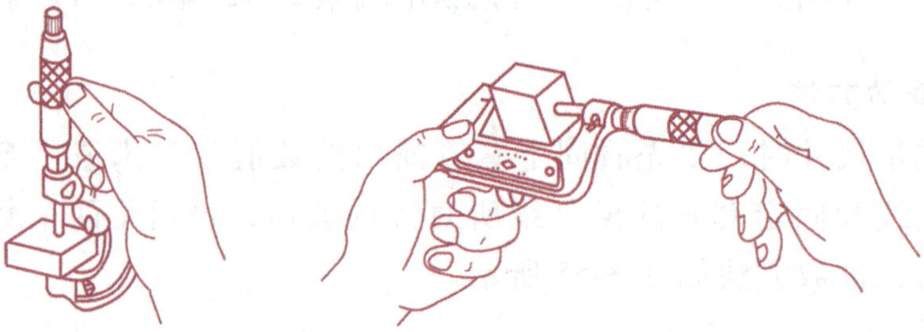

a) 单手测量　b) 双手测量

图3-59 千分尺的使用方法

4) 使用完千分尺后应用干净的布将其擦拭干净，并将测量面涂油防锈。

5) 千分尺不可与工具、刀具和工件混放，保存时必须放入盒内。

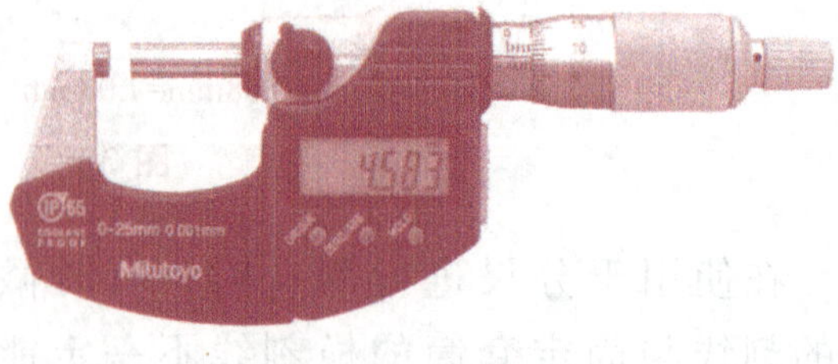

图3-60 数显外径千分尺

4. 其他千分尺

除了上述常用的千分尺（一般称为数字式外径千分尺）外，还有图3-60所示的数显外径千分尺、图3-61所示的内径千分尺、图3-62所示的深度千分尺、图3-63所示的壁厚千分尺等。

五、百分表

百分表可用来检验机床精度和测量工件的尺寸、形位误差。

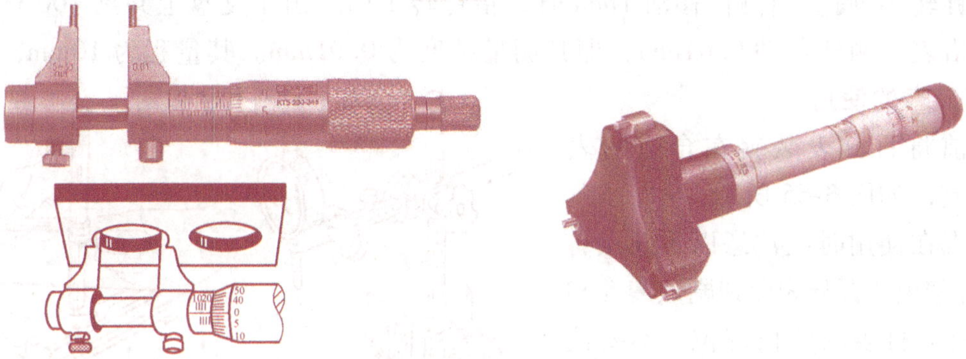

a) 小尺寸内径千分尺　　b) 大尺寸内径千分尺

图 3-61　内径千分尺

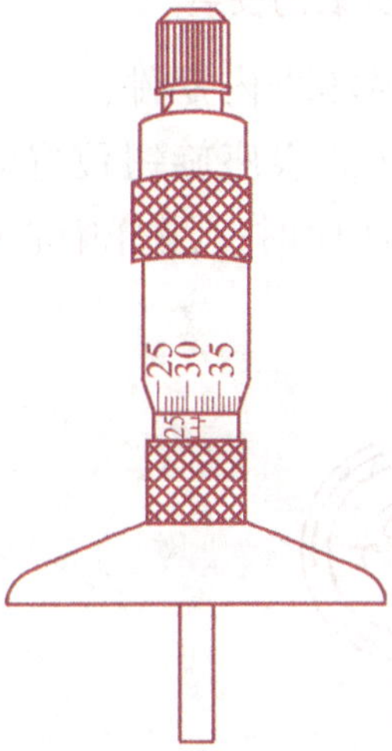

图 3-62　深度千分尺

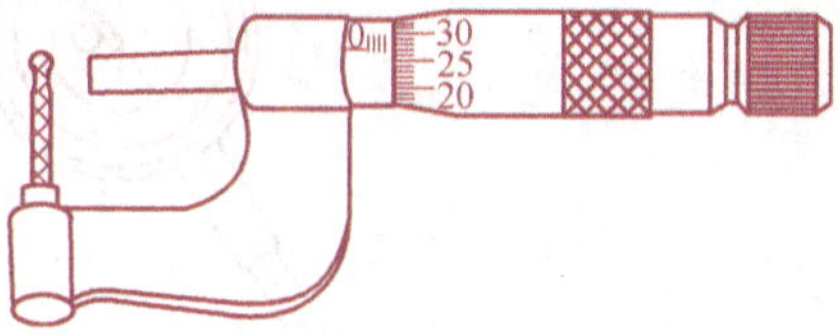

图 3-63　壁厚千分尺

1. 百分表的结构

百分表的结构如图 3-64 所示。淬硬的测头用螺纹旋入测杆的下端。测杆的上端有齿。当测杆上升时，带动齿数为 16 的小齿轮转动，在小齿轮的同轴上装有齿数为 100 的大齿轮，再由这个齿轮带动中间的齿数为 10 的小齿轮转动。在小齿轮（10 齿）的同轴上装有指针，因此指针可随之一起转动。小齿轮（10 齿）同时与另一个大齿轮啮合，同轴上装有转数指针，用来记录指针的转数（指针转 1 周时转数指针转 1 格）。在其轴下端装有游丝，用来消除齿轮间的间隙，以保证其精度。拉簧的作用是使齿杆回到原位。在度盘上刻有沿圆周均匀分布的刻线，共分 100 格。转动表圈，可调整度盘刻线与指针的相对位置。

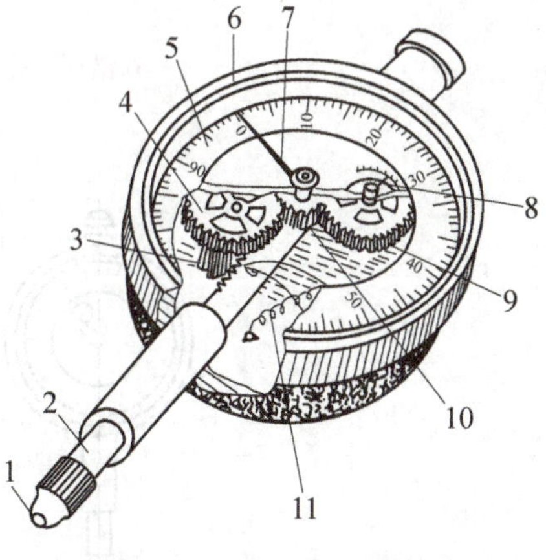

图 3-64　百分表的结构

1—测头　2—测杆　3—小齿轮（16 齿）　4—大齿轮（100 齿）　5—度盘　6—表圈　7—指针　8—转数指针　9—大齿轮　10—小齿轮（10 齿）　11—拉簧

2. 百分表的读数原理

百分表内的测杆和齿轮的齿距是 0.625mm。当测杆上升 16 齿时（即 0.625mm×16＝10mm），16 齿小齿轮转 1 周，同时齿数为 100 的大齿轮也转 1 周，就带动齿数为 10 的小齿轮和指针转 10 周。当测杆移动 1mm 时，指针转 1 周。由于度盘上共刻 100 格，因此指针每转 1 格表示测杆移动 0.01mm，即其测量精度为 0.01mm。其量程为 10mm。

3. 百分表的使用

使用前将百分表装夹在合适的表夹和表座上，如图 3-65 所示。

百分表在使用时应注意以下几点：

1）应避免使百分表受到剧烈震动和碰撞，不要敲打表的任何部位，不要使表的测头突然与被测表面冲击接触。

2）不准用百分表检测粗糙不平的工件表面。

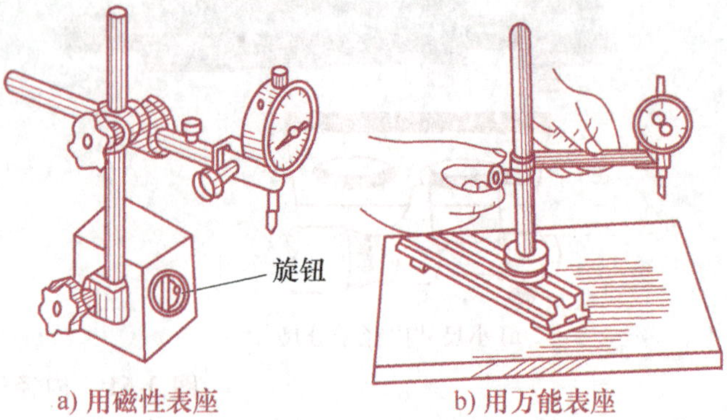

图 3-65　百分表的安装

3）检测时，测杆的移动距离不能超出表的测量范围，以免损坏表内零件。

4）表架要放稳，以免百分表落地摔坏，使用磁性表座时要注意表座旋钮位置。

5）测平面时，测杆要与被测面垂直，如图 3-66 所示；测圆柱面时，测杆中心必须通过工件的中心，如图 3-67 所示。

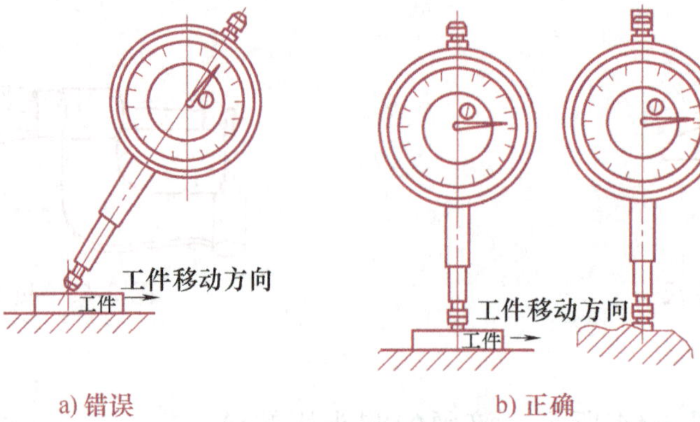

图 3-66　用百分表测量平面

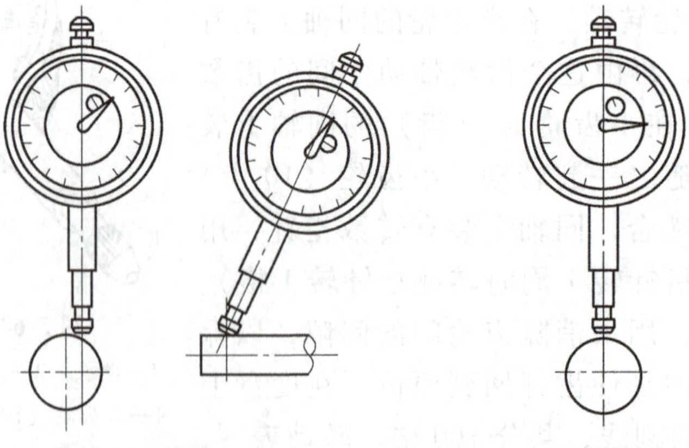

图 3-67　用百分表测量圆柱面

6）测量时先将测杆轻轻提起，把表架或工件移到测量位置后，缓慢放下测杆，使测头与被测面接触，不可强制将测头推上被测面。转动度盘使其零位对正指针，此时要多次重复提起测杆，观察指针是否都在零位上，在不产生位移的情况下才能读数，如图 3-68 所示。

7）严防水、油、灰尘进入百分表内，不要随便拆卸百分表的后盖。

8）百分表使用完毕，要擦净放回盒内，让测杆处于自由状态，避免表内拉簧失效。

4. 百分表的读数

百分表在测量时指针和转数指针的位置都在变化。测杆移动 1mm 时，转数指针就转动 1 格，所以被测值毫米的整数部分可以从转数指示盘上读出，如图 3-69 所示读数，其毫米的整数部分为 1mm。测杆移动 0.01mm 时，指针转 1 格，因此被测值的小数部分可以从度盘上读出。为便于读数，可在测量前旋转度盘，使度盘的零刻线对准指针，这样就不必记住指针的起始位置，直接从度盘上读数。若指针停在两条刻线之间，可用估读法得出数值。如图 3-69 所示，被测值的小数部分为 0.345mm，将整数部分和小数部分相加，就是被测尺寸，即 $S=1\text{mm}+0.345\text{mm}=1.345\text{mm}$。

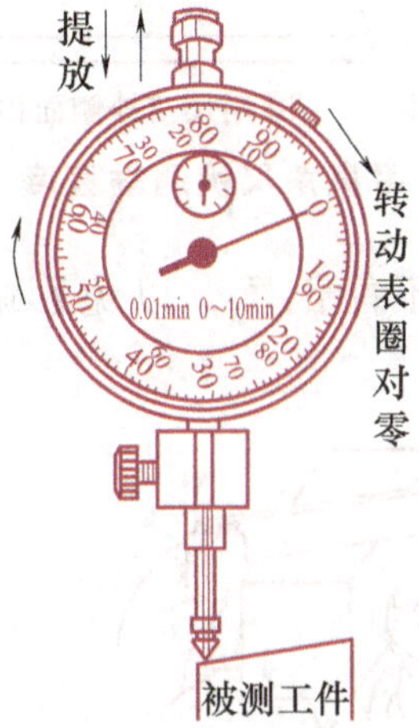

图 3-68　百分表的使用

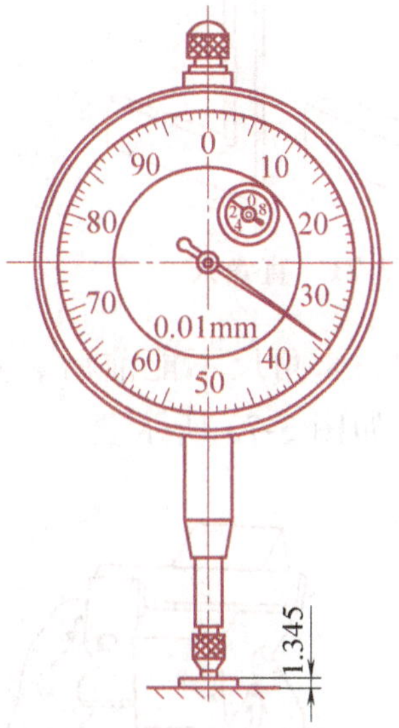

图 3-69　百分表的读数

5. 杠杆百分表

在铣工工作中还经常使用杠杆百分表，其结构形式按度盘位置与测杆运动方向的关系，主要分为正面式和端面式两种，如图 3-70 所示。

杠杆百分表的度盘是对刻度的，每小格表示 0.01mm。它的测量范围较小（不大于 1mm），指针至多能转 1 圈，所以没有转数指示盘。为方便读数可以转动表圈来对零位。

测量时，测杆的球面测量端靠在被测表面上，当被测尺寸引起测量端微小位移（摆动）时，经过杠杆—齿轮传动机构的放大作用，使指针产生较大幅度的摆动，因而可从度盘上读出被测数值。

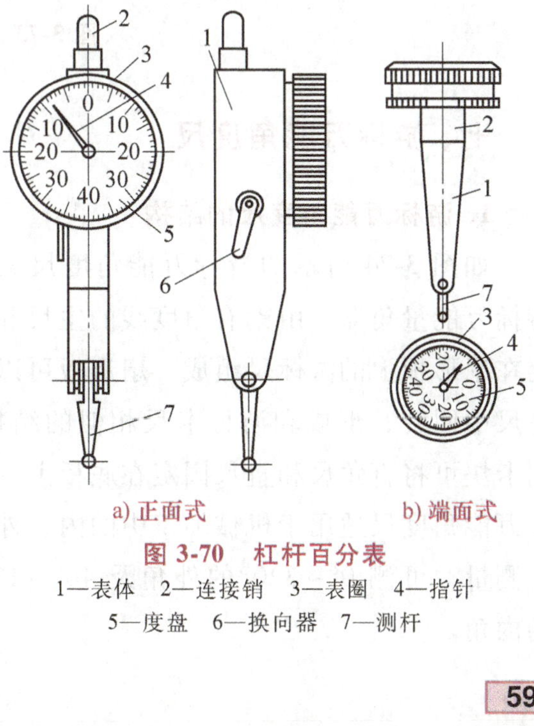

图 3-70　杠杆百分表

1—表体　2—连接销　3—表圈　4—指针
5—度盘　6—换向器　7—测杆

拨动换向器（两个档位）可以使测杆改变测量方向；测杆还可以扳动成不同的角度进行测量。连接销（或称夹持柄）是用来将杠杆百分表装夹在表座上的。

六、直角尺

如图 3-71 所示的直角尺可用来检测工件相邻表面的垂直度。直角尺由尺座与长边尺组成，测量时，使尺座内侧面或外侧面贴紧被测对象的基准面，长边尺内侧面或外侧面紧靠被测对象被测表面，观察其间透光缝隙的大小，判断相邻表面间的垂直度误差，如图 3-72 所示。

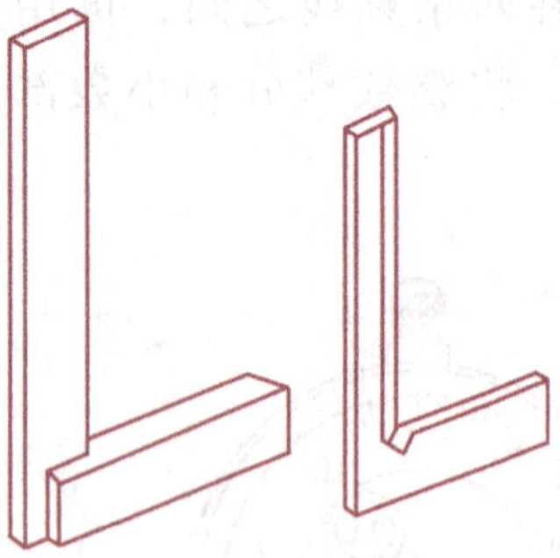

图 3-71　直角尺

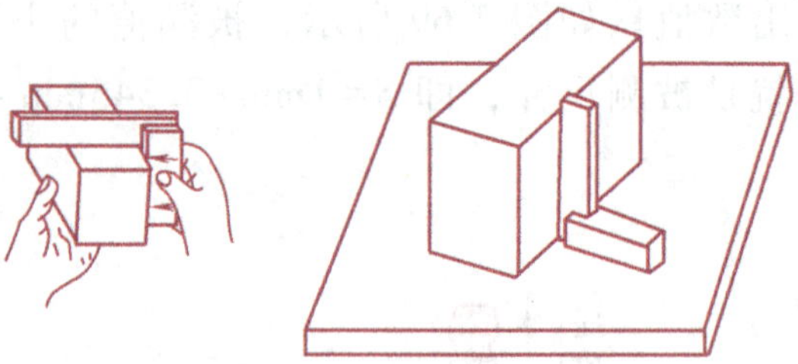

a) 用尺苗内侧面检测　　b) 用尺苗外侧面检测

图 3-72　用直角尺检测垂直度

测量时，直角尺不能前后、左右歪斜，尺座、长边尺不能倒置，以免影响检测结果的正确性，如图 3-73 所示。

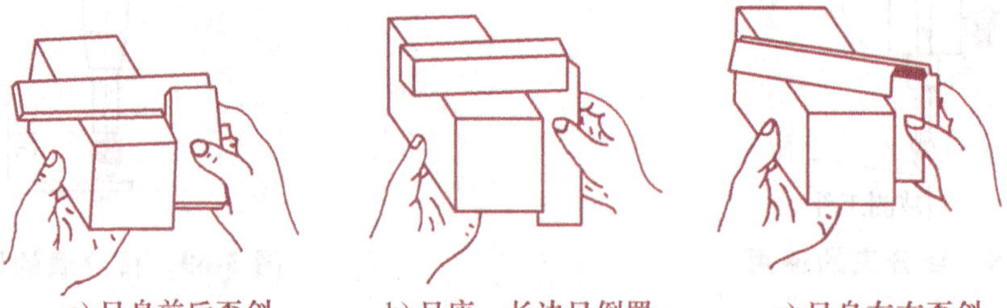

a) 尺身前后歪斜　　b) 尺座、长边尺倒置　　c) 尺身左右歪斜

图 3-73　错误使用直角尺

七、游标万能角度尺

1. 游标万能角度尺的结构

如图 3-74 所示的游标万能角度尺又称游标万能量角器，由刻有角度线的主尺和固定在扇形板上的游标尺组成。扇形板可以在主尺中回转，形成和游标卡尺相似的结构。用卡块可将直角尺和直尺固定在底板上。游标万能角度尺适用于机械加工中的内、外角度测量，可测 0°～320°的外角及 40°～130°的内角。

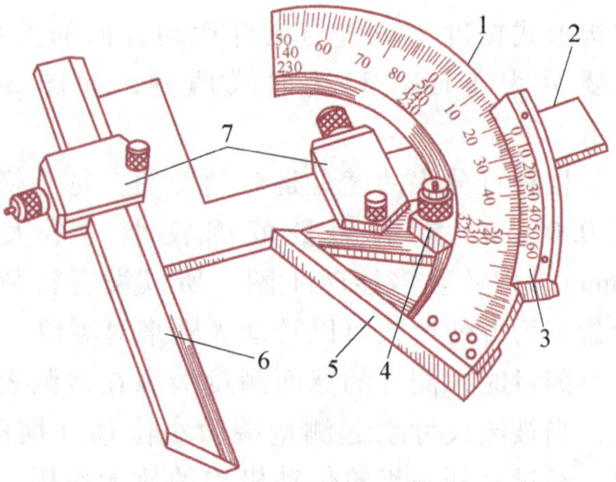

图 3-74　游标万能角度尺

1—主尺　2—直角尺　3—游标尺　4—锁紧装置
5—基尺　6—直尺　7—卡块

2. 游标万能角度尺的读数方法

（1）读数原理　分度值为2′的游标万能角度尺的扇形板上刻有120格刻线，间隔为1°。游标尺上刻有30格刻线，对应扇形板上的度数为29°，则游标尺上每格度数为29°/30＝58′。扇形板与游标尺每格相差的度数为1°－58′＝2′。

（2）使用方法

1）使用前应检查零位。

2）测量时，应使游标万能角度尺的两个测量面与被测对象表面在全长上保持良好接触，然后拧紧锁紧装置上的螺母后进行读数。

3）游标万能角度尺的读数方法和游标卡尺相似，先从主尺上读出游标尺零线前的整度数，再从游标尺上读出角度“分”的数值，两者相加就是被测工件的角度值，如图3-75所示。

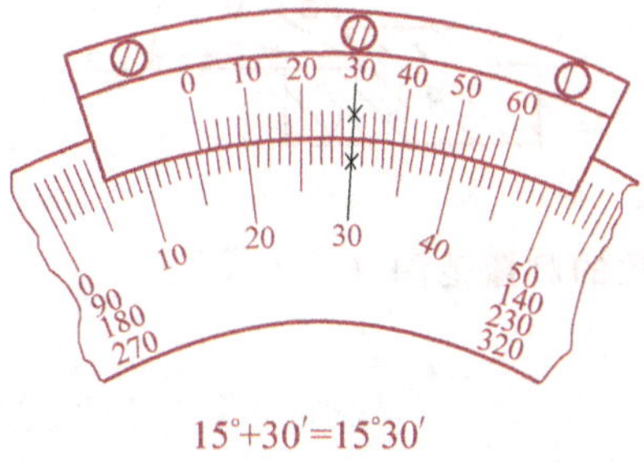

图3-75　游标万能角度尺的读数

4）测量角度在0°～50°范围内的，应装上直角尺和直尺；在50°～140°范围内的，应装上直尺；在140°～230°范围内的，应装上直角尺；在230°～320°范围内的，不装直角尺和直尺，如图3-76所示。

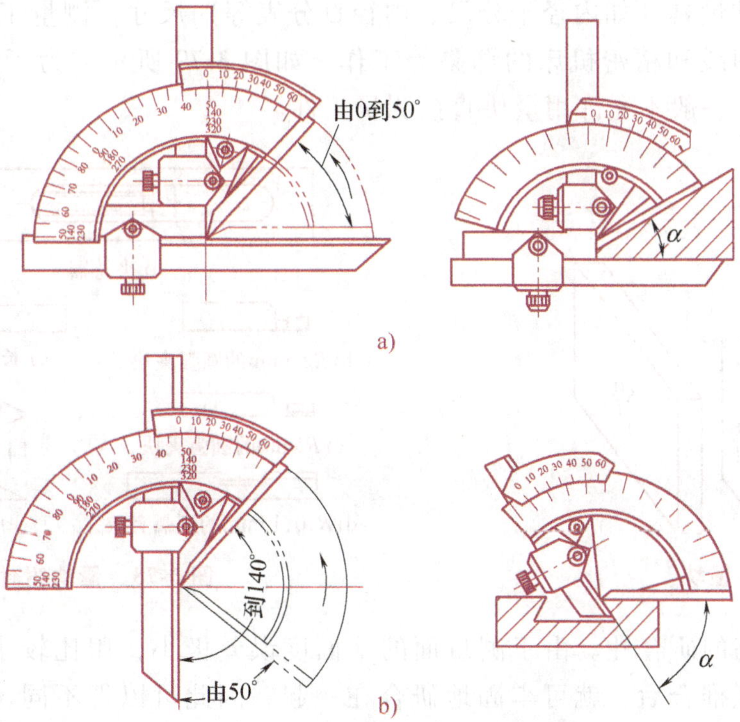

图3-76　游标万能角度尺的测量范围

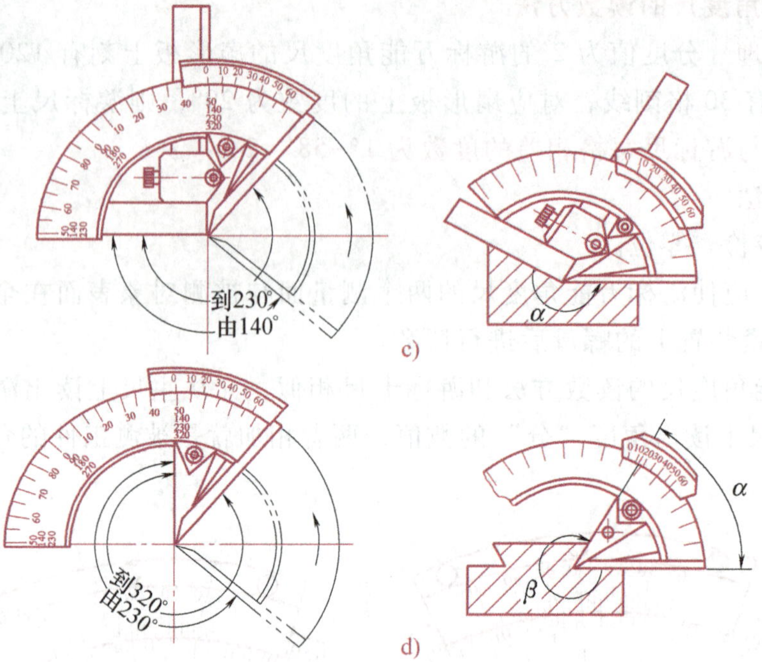

图 3-76 游标万能角度尺的测量范围（续）

八、量块

量块又称块规，是机械制造中长度尺寸的标准。量块是用不易变形的耐磨材料（如铬锰钢）制成的长方形六面体，如图 3-77 所示。它有两个工作面和四个非工作面，工作面是一对相互平行而且平面度误差极小的平面，又称测量面。量块可以对量具和量仪进行检验校正，也可以用于精密划线和精密机床的调整。量块与图 3-78 所示的量块附件配合使用，可以校准量具（如内径千分尺、内径百分表等）尺寸，测量工件的轴径、孔径、高度，进行精密划线和精密机床的调整等工作，如图 3-79 所示。为了保持量块的精度，延长其使用寿命，一般不允许用量块直接测量工件。

图 3-77 量块

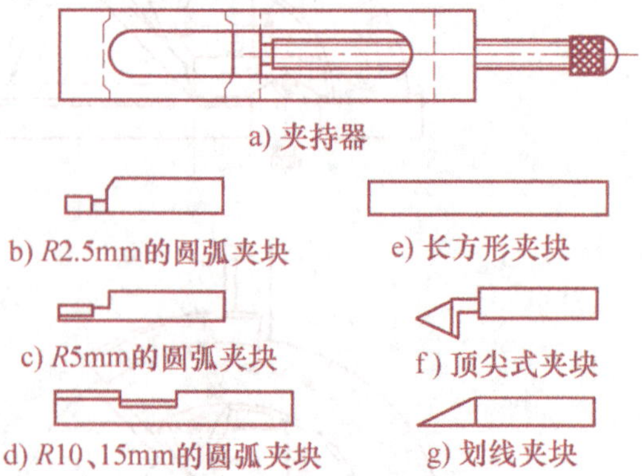

图 3-78 量块附件

量块具有较高的研合性。由于测量面的平面度误差极小，用比较小的压力，把两块量块的测量面相互推合后，就可牢固地研合在一起，因此可以把不同尺寸的量块组合成量块组得到需要的尺寸。研合的方法是将两量块呈 30°交叉贴在一起，用手前后微量地错

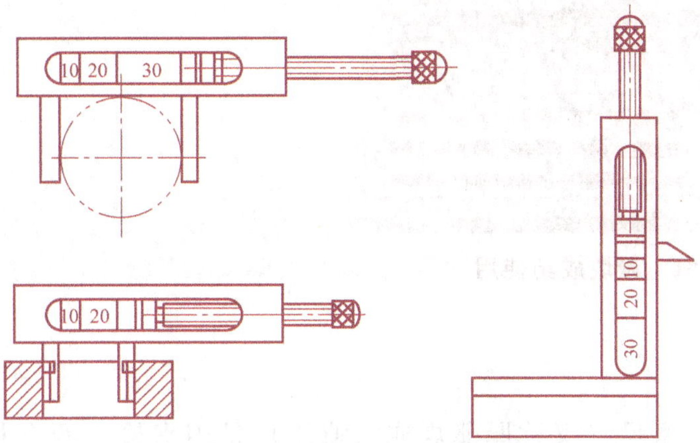

图 3-79 量块附件的应用

动上面的量块，同时旋转，如图 3-80a 所示，使两工作面转到互相平行的方向，然后沿工作面长边方向平行向前推进量块，如图 3-80b 所示，直到两工作面全部贴合在一起，如图 3-80c 所示。

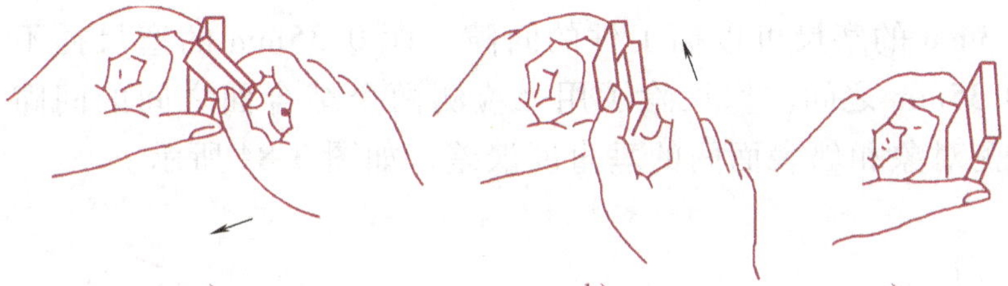

a) b) c)

图 3-80 量块的研合

量块一般由不同的尺寸组成一套，装在特制的木盒内，如图 3-81 所示。量块有 42 块一套和 87 块一套等几种，它的公称尺寸见表 3-2。

表 3-2 量块的公称尺寸

87 块量块			42 块量块		
量块公称尺寸/mm	间距/mm	块数	量块公称尺寸/mm	间距/mm	块数
1.005	—	1	1.005	—	1
1.01;1.02;……;1.49	0.01	49	1.01;1.02;……;1.09	0.01	9
1.6;1.7;1.8;1.9	0.1	4	1.1;1.2;……;1.9	0.1	9
0.5;1;……;9.5	0.5	19	1;2;……;9	1	9
10;20;……;100	10	10	10;20;……;100	10	10
1;1;1.5;1.5	0.5	4	1;1;1.5;1.5	0.5	4

为了工作方便，减少累积误差，选用量块时，应尽可能采用最少的块数，用 87 块一套的量块，一般不要超过 4 块；用 42 块一套的量块，一般不超过 5 块。在计算时，选取第一块时应根据所需尺寸的最后一位数字选取，以后各块依次类推。以从 87 块一套的量块中选取 48.245mm 的尺寸为例，选取步骤如图 3-82 所示，依次选取测量值为 1.005、1.24、6、40 的 4 块量块。

图 3-81　量块成组使用

48.245
−1.005
47.24
−1.24
46
−6
40

图 3-82　量块选择

九、塞尺

如图 3-83 所示的塞尺（又称厚薄规或间隙片）是用来检验两个相结合面之间间隙大小的片状量规。

塞尺有两个平行的测量平面，其长度为 50mm、100mm 或 200mm，由若干片叠合在夹板里。厚度为 0. 02～0. 1mm 的塞尺，相邻两片的尺寸间隔为 0. 01mm；厚度为 0. 1～1mm 的塞尺，相邻两片的尺寸间隔为 0. 05mm。

使用塞尺时，根据间隙的大小，用一片或数片重叠在一起插入间隙内以对间隙进行测量。例如用 0. 3mm 的塞尺可以插工件的间隙，而 0. 35mm 的塞尺插不进去，说明零件的间隙在 0. 3～0. 35mm 之间。塞尺除了用来检测两个结合面之间的间隙大小外，还可配合直角尺测量被测对象相邻表面间的垂直度误差，如图 3-84 所示。

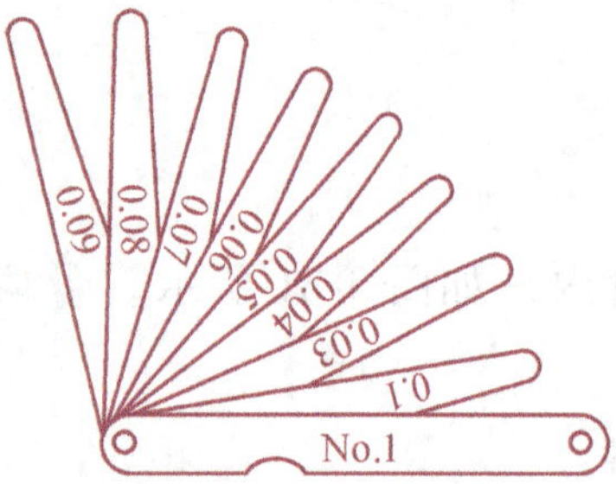

图 3-83　塞尺

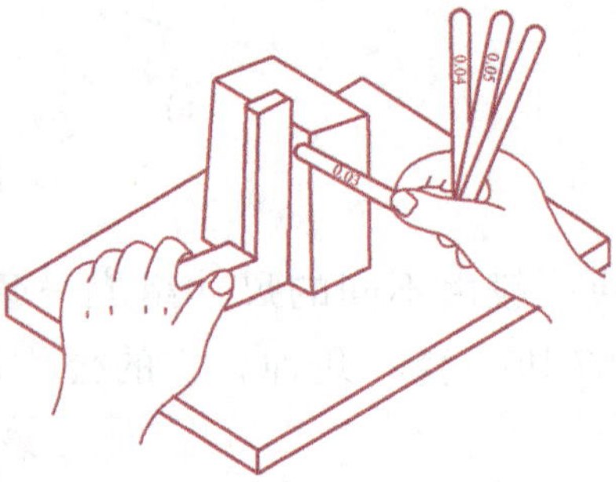

图 3-84　用塞尺和直角尺检测工件垂直度误差

塞尺很薄，容易弯曲和折断，测量时用力不能太大。还应注意不能测量温度较高的工件。用完后要擦拭干净，及时合到夹板中去。

十、量具使用注意事项

为了保持量具的精度，延长其寿命，应注意对量具的维护和保养。

1）测量前应将量具的测量面和工件表面擦拭干净，以免影响测量精度和加快量具的磨损。

2）测量时不能用力过猛过大，一方面防止损坏量具，另一方面也避免因测量力过大而造成测量不准。

3）量具不要和工具、刀具放在一起，以免被损坏。不能使用精密量具测量毛坯。

4）使用量具时要轻拿轻放，不能乱扔乱放，更不能把量具当工具使用。

5）机床开动时，不要用量具测量工件。

6）不要把量具放在温度高的地方，以免受热变形。量具不能测量高温工件。

7）量具用完后，应及时擦拭干净、涂油，放在专用盒中，防止生锈。

8）精密量具应定期鉴定和保养，使用时发现精密量具有不正常现象时，应及时送交计量部门检修。

课题四　铣工常用量具的使用练习

一、游标卡尺的读数练习

使用游标卡尺对如图 3-85 所示的零件进行测量，熟悉游标卡尺的使用方法和读数方法。

为提高卡尺的读数熟练程度，可利用身边的各种物品进行练习，如钢笔笔杆的直径、笔套的深度和纸张的厚度等。

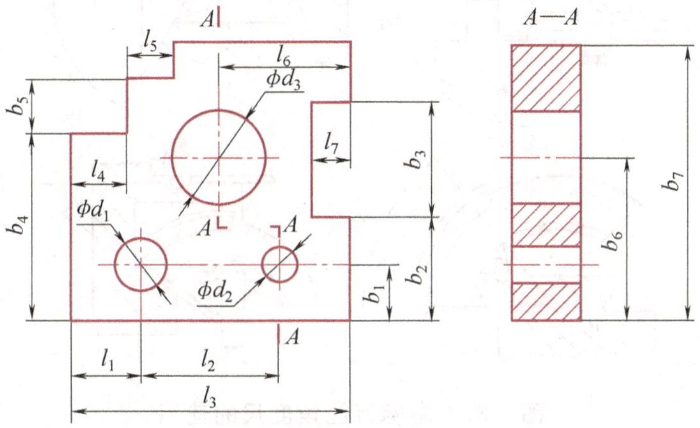

图 3-85　零件的测量

二、千分尺的结构和读数练习

1. 千分尺的结构

将千分尺进行拆分，对照图 3-86 认识各部分的名称，熟悉千分尺的结构。注意各零件的保管，以免散落丢失。

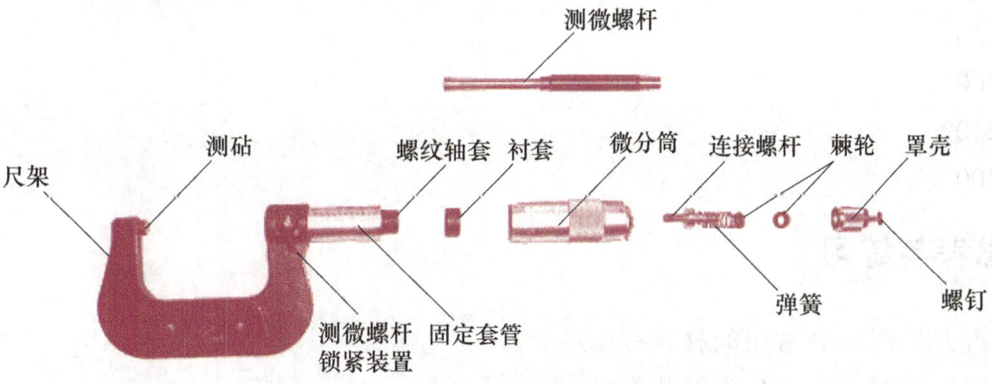

图 3-86　千分尺的结构组成

2. 千分尺的读数练习

根据千分尺的规格，对符合其量程的物品进行测量，熟练掌握其读数方法。

三、游标万能角度尺的结构和读数练习

1. 游标万能角度尺的结构

将游标万能角度尺的各组成部分进行拆分，熟悉各部分的连接。

2. 游标万能角度尺的使用练习

1）对照图 3-87 组装游标万能角度尺，熟悉各部分的连接、测量方法及测量角度范围。

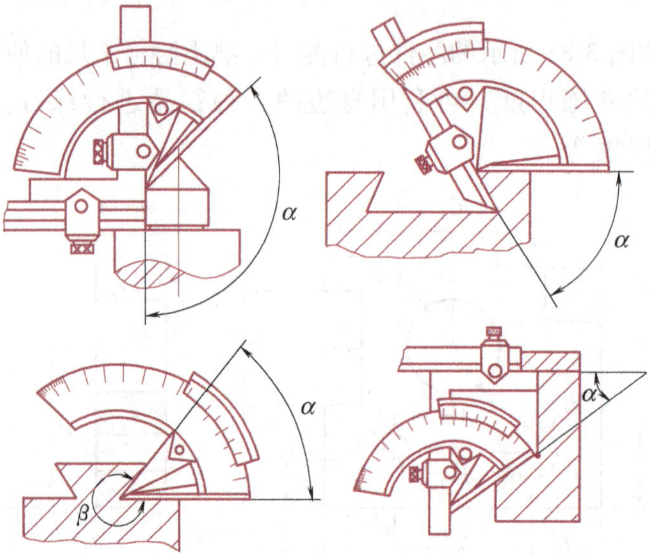

图 3-87　游标万能角度尺的使用

2）利用游标万能角度尺设置如下角度，通过练习熟练掌握游标万能角度尺的使用方法。

① 30°。

② 45°。

③ 60°。

④ 120°。

⑤ 150°。

⑥ 200°。

⑦ 240°。

⑧ 300°。

思考与练习

1. 铣刀切削部分常用的材料有哪些？

2. 铣刀按其用途可分为哪几类？

3. 为什么铣刀要制成多齿刀具？为什么多数铣刀制成螺旋齿形状？

4. 如何根据铣削的工作条件选择铣刀的前角和后角？

5. 选择铣刀齿数时应考虑哪些因素？

6. 安装铣刀后需进行哪些项目的检查？

7. 铣刀的安装使用有哪些注意事项？

8. 在机用平口钳上装夹工件时有哪些注意事项？

9. 如何校正机用平口钳的位置？

10. 使用压板装夹工件时有哪些注意事项？

11. 简述分度值为 0.02mm 的游标卡尺的读数原理。

12. 读出图 3-88 所示游标卡尺的数值。

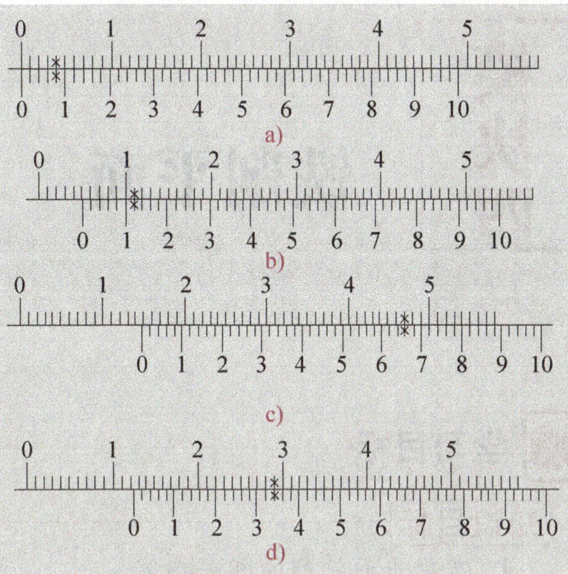

图 3-88　题 12 图

13. 简述千分尺的读数原理。

14. 读出图 3-89 所示千分尺的数值。

15. 简述百分表的读数原理。

16. 简述分度值为 2′的游标万能角度尺的读数原理。

17. 试用量块组配下列尺寸（假设使用 87 块一套的量块）：

36.43mm；62.315mm；87.545mm。

18. 使用量具时有哪些注意事项？

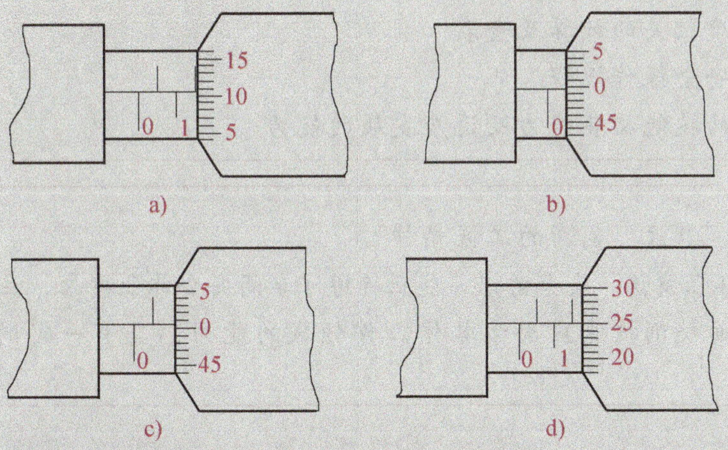

图 3-89　题 14 图

模块四 铣削平面

学习目标

知识目标

1. 掌握平面铣削的相关内容。
2. 掌握垂直面铣削的相关内容。
3. 掌握平行面铣削的相关内容。
4. 掌握斜面铣削的相关内容。

技能目标

1. 掌握平面铣削方法。
2. 能进行平面铣削质量分析。
3. 掌握垂直面铣削方法。
4. 掌握平行面铣削方法。
5. 掌握斜面铣削方法。
6. 能进行连接面铣削质量分析。
7. 会进行斜度相关的计算及查表。
8. 掌握铣削安全操作规程。
9. 具备一定的技能拓展能力及适应发展的能力。

素养目标

1. 培养敬业、专注、创新的工匠精神。
2. 增强节能环保意识、安全意识，能正确遵守车间安全作业要求，注重个人安全防护。
3. 具备将平面铣削技能应用于具体工作领域的能力，具有一定的分析问题和解决问题的能力。

课题一 铣平面

一、平面铣削方法

用铣削方法加工工件的平面称为铣平面。平面是构成机械零件的基本表面之一。铣平面是铣床加工的基本工作内容，也是进一步掌握铣削其他各种复杂表面的基础。

平面质量的好坏，主要从平面的平整程度和表面质量两个方面来衡量，分别用形状公差平面度和表面粗糙度值来考核。

平面的铣削方法主要有周铣和端铣两种。

1. 周铣

周铣是使用圆柱形铣刀在卧式铣床上进行铣削加工的方法，铣出的平面与铣床工作台台面平行，如图 4-1 所示。

由于圆柱形铣刀是由若干个切削刃组成的，因此铣出的平面有微小的波纹，如图 4-2 所示。要使被加工表面能获得较小的表面粗糙度值，工件的进给速度应慢一些，而铣刀的转速应适当加快。

用周铣方法铣出的平面，其平面度的大小，主要取决于铣刀的圆柱度。在精铣平面时，必须保证铣刀有较高的形状精度，即圆柱度误差要小。

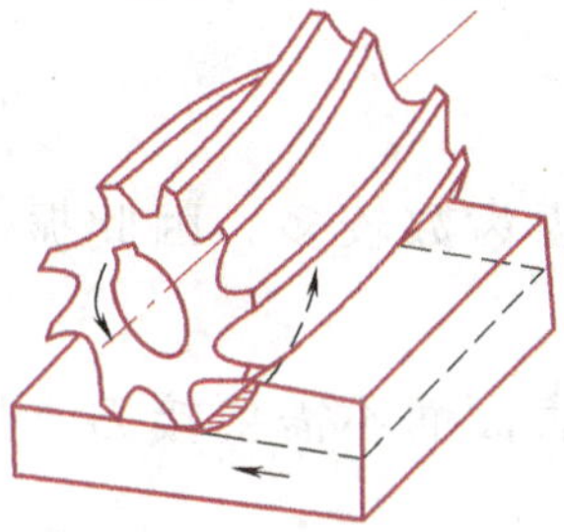

图 4-1 用圆柱形铣刀铣平面

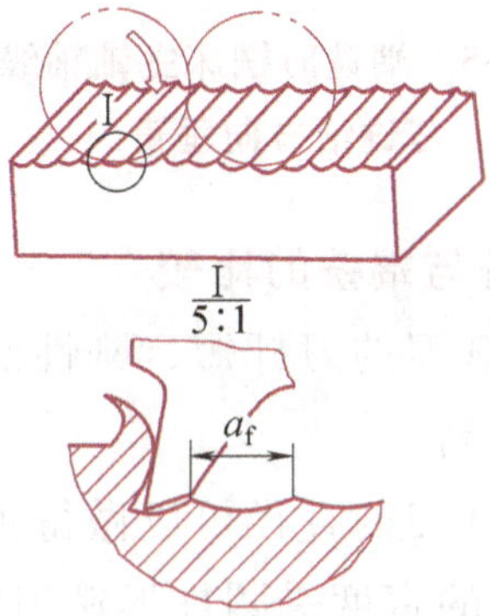

图 4-2 周铣的表面特征

2. 端铣

端铣是利用分布在铣刀端面上的切削刃来铣削并形成平面的。端铣一般使用面铣刀并在立式铣床上进行，铣出的平面与铣床工作台台面平行，如图 4-3a 所示。端铣也可以在卧式铣床上进行，铣出的平面与铣床工作台台面垂直，如图 4-3b 所示。

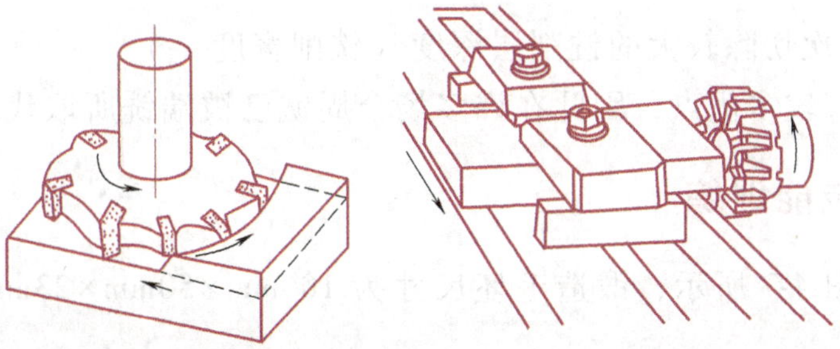

a) 在立式铣床上用面铣刀铣平面　b) 在卧式铣床上用面铣刀铣平面

图 4-3 端铣

用端铣方法铣出的平面，也有一条条刀纹，如图 4-4 所示。刀纹的粗细（影响表面粗糙度值的大小）与工件进给速度的快慢和铣刀转速的高低等诸因素有关。

用端铣方法铣出的平面，其平面度的大小，主要取决于铣床主轴轴线与进给方向的垂直度。若主轴轴线与进给方向垂直，铣刀刀尖会在工件表面铣出呈网状的刀纹，如图4-5所示。若主轴轴线与进给方向不垂直，铣刀刀尖会在工件表面铣出单向的弧形刀纹，工件表面铣出一个凹面，如图4-6所示。如果铣削时进给方向是从刀尖高的一端移向刀尖低的一端，还会产生“拖刀”现象；反之，则可避免“拖刀”。因此，用端铣方法铣削平面时，应进行铣床主轴轴线与进给方向垂直度的校正。

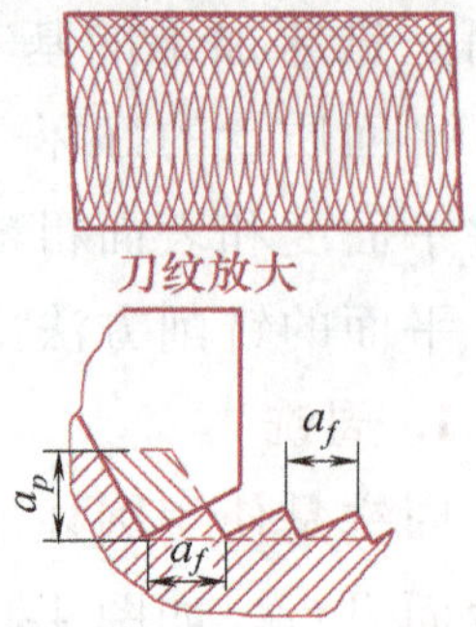

图4-4　端铣的表面特征

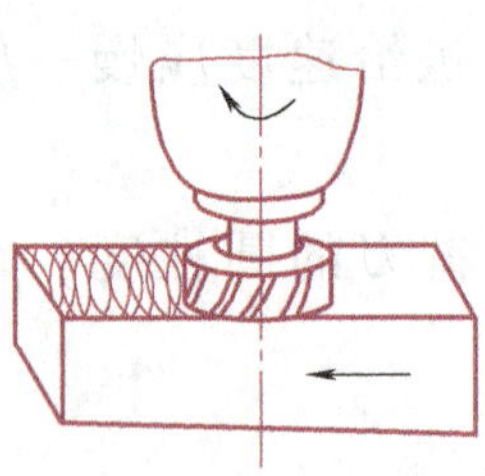
图4-5　端铣时铣床主轴轴线与进给方向垂直

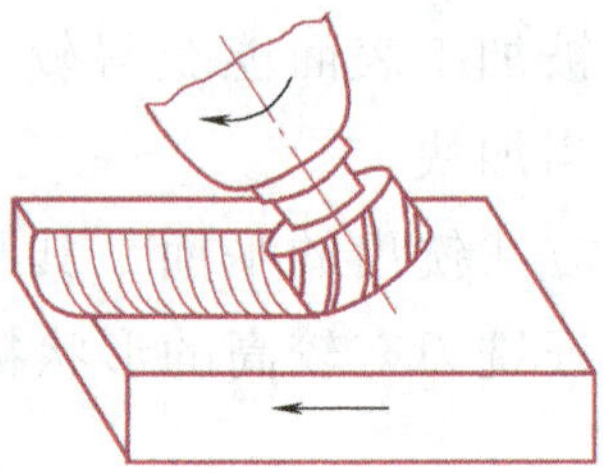
图4-6　端铣时铣床主轴轴线与进给方向不垂直

3. 周铣与端铣的比较

1）面铣刀的刀杆短，刚性好，且同时参与切削的刀齿齿数较多，因此振动小，铣削平稳，效率高。

2）面铣刀的直径可以做得很大，能一次铣出较宽的表面而不需要接刀。周铣时，工件加工表面的宽度受圆柱形铣刀宽度的限制而不能太宽。

3）面铣刀的刀片装夹方便、刚性好，适宜进行高速铣削和强力铣削，可提高生产率和降低表面粗糙度值。

4）面铣刀每个刀齿所切下的切屑厚度变化较小，因此端铣时铣削力变化小。

5）在相同的铣削层宽度、铣削层深度和每齿进给量的条件下，面铣刀不采用修光刃和高速铣削等措施情况进行铣削时，用周铣加工的表面比用端铣加工的表面粗糙度值要小。

6）周铣时，能一次切除较大的铣削层深度（铣削宽度 a_e）。

由于端铣平面具有较多优点，因此在许多场合周铣已被端铣所取代。

二、平面铣削技能训练

铣削平面零件如图4-7所示，锻造毛坯尺寸为106mm×50mm×23mm，经退火或正火热处理。

1. 操作步骤

1）确定加工工艺。在卧式铣床上使用圆柱形铣刀（80mm×63mm）进行铣削加工。作为外形尺寸不大的矩形坯件，可使用机用平口钳进行装夹。

2）读零件图。检查毛坯尺寸，判断是否有足够的加工余量。

3）在铣床工作台台面上安装机用平口钳，校正固定钳口与铣床主轴轴线垂直。

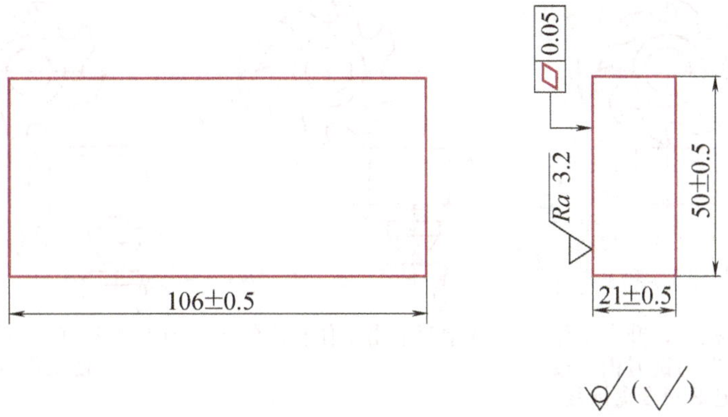

图 4-7 铣削平面

4）安装铣刀。

5）选择并调整切削用量（取主轴转速 $n=118\text{r/min}$，进给速度 $v_f=47.5\text{mm/min}$ 或 60mm/min，切削宽度 $a_e=2\text{mm}$）。

6）安装并找正工件（应垫铜皮）。

7）起动铣床，调整工作台，使铣刀处于工件上方，对刀后按对刀调整铣削宽度（即切削层深度）上升工作台，开始铣削工件。

8）铣削完毕后，停车、降落工作台并退出工件。

9）测量并卸下工件，去除飞边。

有条件时，可采用端铣方法再加工一件。

2. 操作中的注意事项

1）用机用平口钳装夹工件完毕，应取下机用平口钳扳手，方能进行铣削。

2）通常不允许直接在工件表面进刀。在对刀时，起动铣床，转动工作台手柄使工作台慢慢靠近铣刀，当铣刀与工件表面轻轻接触后记下工作台刻度，作为进刀起始点，再退出铣刀，以便进刀。铣削平面可用图 4-8 所示的步骤简要表示。

3）调整铣削宽度时，若手柄摇过头，应注意消除丝杠与螺母间的间隙，以免尺寸出错。

4）铣削中不准用手触碰工件和铣刀，不准测量工件，不准变换进给速度。

5）铣削中不准停止铣刀旋转和工作台自动进给，以免损坏刀具、啃伤工件。若因故必须停机时，应先降落工作台，使工件与铣刀脱离接触后再停止工作台自动进给和铣刀旋转。

6）进给结束后，工件不能立即在铣刀旋转的状态下退回，应先降落工作台后再退出。

7）铣削时不使用的进给机构应紧固，工作完毕再松开。

三、平面铣削质量分析

平面的铣削质量不仅与铣削时所用的铣床、夹具和铣刀的质量有关，还与铣削用量和切削液的合理选用等诸多因素有关。

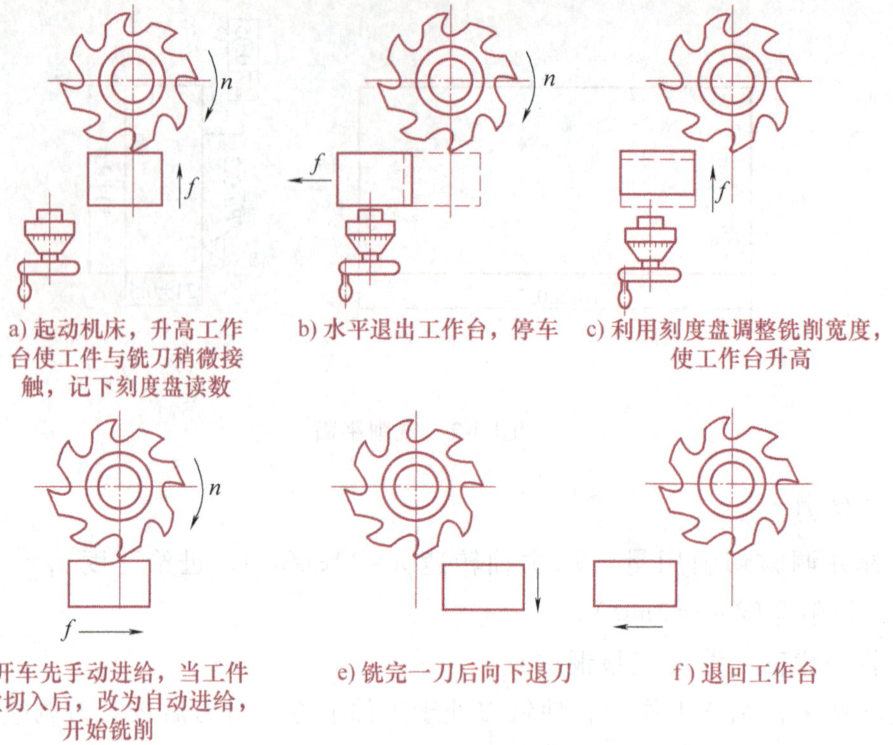

a) 起动机床，升高工作台使工件与铣刀稍微接触，记下刻度盘读数　b) 水平退出工作台，停车　c) 利用刻度盘调整铣削宽度，使工作台升高

d) 开车先手动进给，当工件稍微切入后，改为自动进给，开始铣削　e) 铣完一刀后向下退刀　f) 退回工作台

图 4-8　铣削平面的步骤

1. 影响平面度的因素

1）采用周铣方式铣削平面时，圆柱形铣刀的圆柱度误差较大。

2）采用端铣方式铣削平面时，铣床主轴轴线与进给方向不垂直。

3）工件受夹紧力和铣削力的作用产生变形。

4）工件自身存在内应力，在表面层材料被切除后产生变形。

5）铣床工作台进给运动的直线性差。

6）铣床主轴轴承的轴向和径向间隙大。

7）铣削中，由铣削热引起工件的热变形。

8）铣削时，由于圆柱形铣刀的宽度或面铣刀的直径小于被加工面的宽度而接刀，产生接刀痕。

2. 影响表面粗糙度的因素

1）铣刀磨损，刀具刃口变钝。

2）铣削时，进给量太大。

3）铣削时，切削层深度太大。

4）铣刀的几何参数选择不当。

5）铣削时，切削液选择不当。

6）铣削时有振动。

7）铣削时，有积屑瘤产生或切屑有粘刀现象。

8）铣削时有“拖刀”现象。

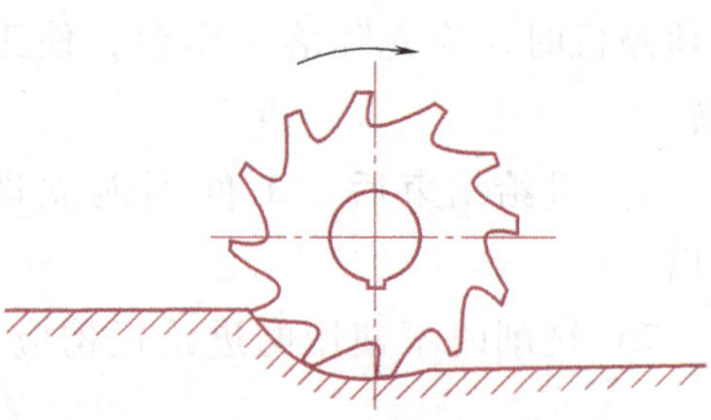

图 4-9　深啃现触

9）铣削过程中因进给停顿，铣削力突然减小，会使铣刀下沉，在工件加工面上切出凹坑，称为“深啃”，如图 4-9 所示。

课题二 铣削垂直面和平行面

连接面是指相互直接或间接交接，且不在同一平面上的表面，这些表面可以相互垂直、平行或成任意角度倾斜。连接面（垂直面、平行面和斜面）是相对于某个已经确定的平面而言的，这个已确定的平面称为基准面。加工连接面时，应先加工基准面。

连接面的加工除了与单一平面加工一样需保证平面度和表面粗糙度要求外，还需要保证相对于基准面的位置精度（垂直度、平行度和倾斜度等）以及与基准面间的尺寸精度要求等。

一、用周铣铣削垂直面和平行面

保证连接面加工精度的关键，是工件的正确定位和装夹。

1. 铣削垂直面

垂直面是指与基准面垂直的平面。用周铣铣削垂直面的方法如下。

（1）在卧式铣床上用机用平口钳装夹进行铣削　用机用平口钳装夹铣削垂直面，如图 4-10 所示。这种方法适宜加工较小的工件。当工件长度大于圆柱形铣刀宽度时，机用平口钳的安装应使固定钳口与铣床主轴轴线垂直，以避免接刀；当工件长度较短时，机用平口钳固定钳口应与铣床主轴轴线平行。铣削时，影响垂直度的主要因素有下列几个方面。

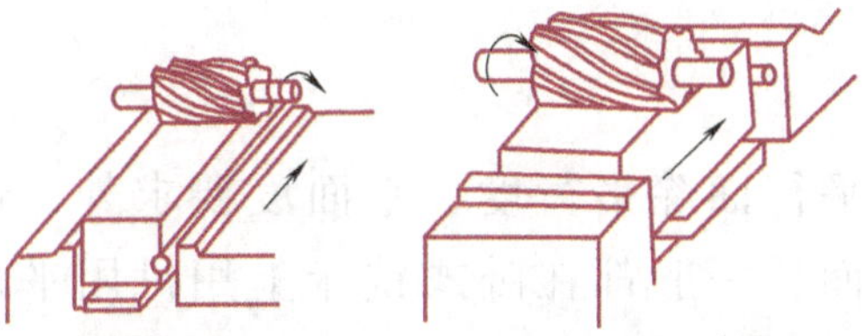
a) 固定钳口与主轴轴线垂直　b) 固定钳口与主轴轴线平行

图 4-10　用机用平口钳装夹铣削垂直面

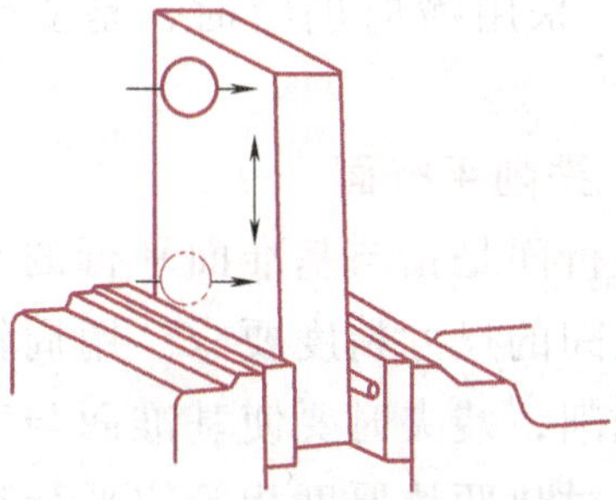
图 4-11　校正固定钳口的垂直度

1）固定钳口面与工作台台面不垂直。造成这一问题的原因主要是机用平口钳使用过程中钳口的磨损和机用平口钳底座有飞边或切屑。在铣削垂直度要求较高的垂直面时，需要进行调整，方法如下：

① 安装机用平口钳时，必须去除机用平口钳底座的飞边并将机用平口钳底面及工作台台面擦拭干净。

② 在固定钳口处垫铜皮或纸片。对于判断垫物厚度是否准确，可先进行试切，测量后，再决定增添或减少。这种方法操作麻烦，且不易垫准确，因此仅是单件生产时的一种临时性措施。

③ 在机用平口钳底面垫铜皮或纸片。这种方法也是一种临时性措施，但加工一批工件只需垫一次。

④ 校正固定钳口的钳口铁。校正时，用一块表面磨得很平整、光滑的平行铁，将其光洁平整的一面紧贴固定钳口，在活动钳口处放置一圆棒，将平行铁夹牢，再用百分表校验贴牢固定钳口的一面，使工作台做垂直运动，如图 4-11 所示。在上下移动 200mm 的范围内，百分表的读数应在 0.03mm 以内变动为合适。如果读数变动量超出 0.03mm，可把固定钳口铁卸下，根据差值方向进行修磨直至达到要求。

2）基准面没有与固定钳口贴合。造成这一问题的原因主要是工件基准面与固定钳口之间有切屑或工件的两对面不平行，造成夹紧时基准面与固定钳口不是面接触而是线接触。解决方法是将钳口与基准面擦拭干净，装夹时在活动钳口处轧一圆棒。

3）圆柱形铣刀的圆柱度误差大。当固定钳口安装成与主轴轴线垂直时，圆柱形铣刀如果有锥度（刃磨成圆锥形），则铣出的平面与基准面不垂直。

4）基准面的平面度误差大。影响工件安装时的位置精度。

5）夹紧力太大，使固定钳口向外倾斜。夹紧力太大会使平口钳变形，造成固定钳口面因外倾而与工作台台面不垂直，这是产生垂直度误差的重要因素。尤其是在精铣时夹紧力不能太大，禁止用接长手柄夹紧工件。

（2）在卧式铣床上用角铁装夹进行铣削　用角铁装夹铣垂直面，适用于基准面比较宽而加工面比较窄的工件上垂直面的铣削，如图 3-41b 所示。

（3）在立式铣床上用立铣刀进行铣削　对基准面宽而长、加工面较窄的工件，可以在立式铣床上用立铣刀加工，如图 4-12 所示。

影响垂直度的主要因素如下：

1）采用纵向进给时，是立铣刀的圆柱度。

2）采用横向进给时，是立铣刀的圆柱度和立铣头主轴轴线与纵向进给方向的垂直度。

2. 铣削平行面

平行面是指与基准面平行的平面。铣削平行面除平行度、平面度要求外，还有两平行面之间的尺寸精度要求。用周铣铣削平行面，一般都在卧式铣床上用机用平口钳装夹进行铣削，装夹时要使基准面与工作台台面平行，因此在基准面与机用平口钳钳体导轨面之间衬垫两块厚度相等的平行垫铁，如图 4-13 所示。对较厚的工件，最好垫上两条厚度相等的薄铜皮，以便检查基准面是否与机用平口钳导轨平行。

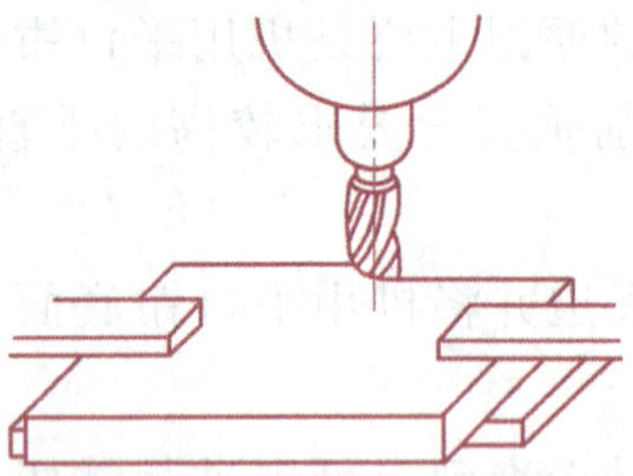

图 4-12　用立铣刀铣垂直面

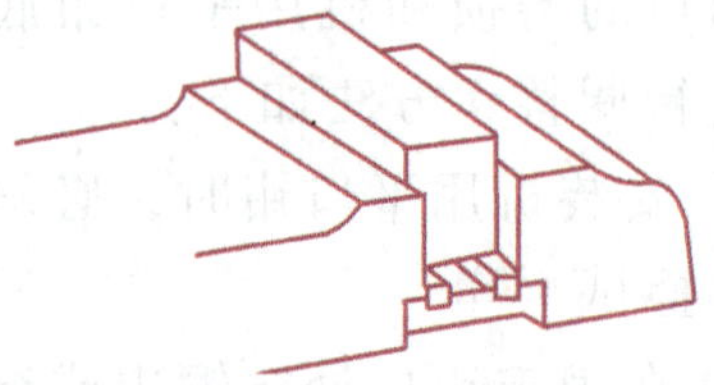

图 4-13　用平行垫铁装夹工件铣平行面

用这种装夹方法加工时，影响平行度的主要因素如下。

（1）基准面与机用平口钳钳体导轨面不平行　这是影响铣平行面质量的主要原因。造成基准面与机用平口钳钳体导轨面不平行的原因如下：

1）平行垫铁的厚度不相等。为保证用于加工平行面的两块平行垫铁厚度相等，应在平面磨床上同时磨出。

2）平行垫铁的上下表面与工件基准面和机用平口钳钳体导轨面之间有杂物。在安放平行垫铁和装夹工件时必须将各相关表面擦拭干净。

3）工件上与固定钳口相贴合的平面与基准面不垂直，装夹工件时，工件与固定钳口面紧密贴合，则基准面与机用平口钳钳体导轨面和铣床工作台台面之间必然不平行。除保证和固定钳口相贴合的平面与基准面垂直外，在铣削平行面时，通常可在活动钳口处放置圆棒进行夹紧。

4）活动钳口与机用平口钳钳体导轨间存在间隙，在夹紧工件时活动钳口受力上翘，使活动钳口一侧的工件随之上抬；此外，当铣刀在活动钳口一侧接触工件时，垂直向上的铣削分力也会使工件和活动钳口上抬，从而使工件基准面与平口钳钳体导轨面不平行。因此，在装夹工件时，夹紧后须用铜棒或木锤轻轻敲击工件顶面，直到两平行垫铁的四端均没有松动现象为止。

（2）机用平口钳钳体导轨面与铣床工作台台面不平行　产生这种现象的原因是机用平口钳底面与工作台台面之间有杂物，以及机用平口钳钳体导轨面本身与底面不平行。因此，应注意清除飞边和切屑，必要时需检查机用平口钳钳体导轨面与工作台台面间的平行度。

（3）圆柱形铣刀的圆柱度误差大　铣削平行面时，无论机用平口钳固定钳口的安装位置与铣床主轴轴线平行还是垂直，铣刀的圆柱度误差都将影响平行面的平行度误差。此外，铣刀杆轴线与工作台台面不平行，也会影响加工面对基准面的平行度。

铣削平行面时，还需要保证两平行平面之间的尺寸精度要求。在单件生产时，平行面的加工一般采取“铣削—测量—再铣削……”的循环方式进行，直至达到规定的尺寸要求为止。因此，控制尺寸精度必须注意，粗铣时切削抗力大，铣刀受力抬起量大；精铣时切削抗力小，铣刀受力抬起量小。在调整工作台上升距离时，应对此加以考虑。当尺寸精度要求较高时，应在粗铣与精铣之间增加一次半精铣（余量以 0.5mm 为宜），再根据余量大小借助百分表调整工作台升高量。经粗铣或半精铣后，一般应在机用平口钳上测量工件尺寸，不要卸下工件。

二、用端铣铣削垂直面和平行面

1. 铣削垂直面

（1）用机用平口钳装夹端铣垂直面　用端铣的方法铣削较小工件的垂直面，工件一般采用机用平口钳装夹，可在立式铣床或卧式铣床上进行。用面铣刀铣削时，工件在机用平口钳内的装夹方法，以及影响垂直度的因素和调整的方法与周铣垂直面时基本相同。不同之处在于用圆柱形铣刀铣削时，铣刀的圆柱度误差会影响加工面与基准面之间的垂直度和平行度，而用面铣刀铣削时则无此情况，但铣床主轴轴线与进给方向的垂直度误差会影响加工面与基准面之间的垂直度和平行度。在立式铣床上端铣时，若立铣头的“零位”不准，当横向进给时，会铣出一个与工作台台面倾斜的平面；当纵向进给做非对称铣削时，则会铣出一个不对称的凹面。在卧式铣床上端铣时，若工作台“零位”不准，当垂向进给时会铣出一个斜面；当纵向进给做非对称铣削时，则会铣出一个不对称的凹面。

（2）在卧式铣床工作台台面上装夹端铣垂直面　较大尺寸的垂直面，用面铣刀在卧式铣床上铣削较为准确和简便，如图 4-14 所示。用这种方法铣削，铣出的平面与工作台台面垂直。当采用垂向进给时，由于不受工作台“零位”准确度的影响，因此铣削加工精度更高。

2. 铣削平行面

（1）在立式铣床上端铣平行面　当工件有阶台时，可直接用压板将工件装夹在立式铣床的工作台台面上，使基准面与工作台台面贴合，如图 4-15 所示。

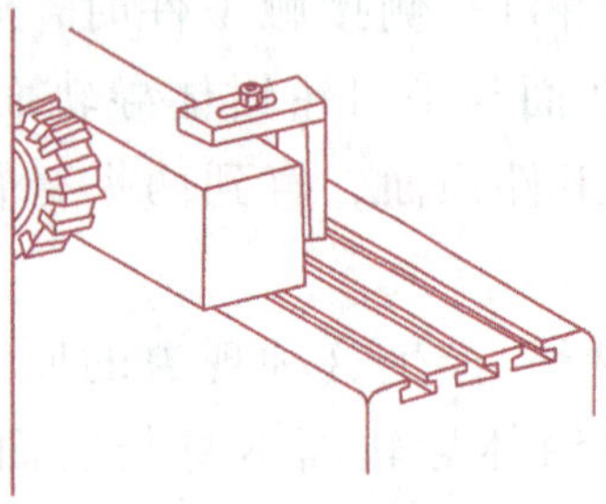

图 4-14　在卧式铣床上用面铣刀铣削垂直面

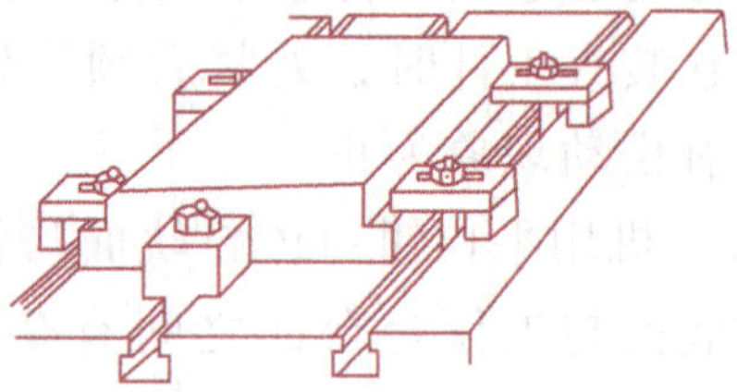

图 4-15　在立式铣床上用面铣刀铣削平行面

（2）在卧式铣床上端铣平行面　当工件上没有阶台时，可在卧式铣床上用面铣刀铣削平行面。装夹时，可采用定位键定位，使基准面与纵向进给方向平行，如图 3-41a 所示。如果工件底面与基准面垂直，就不需要再找正；如果底面与基准面不垂直，则需要垫准或将底面重新铣准（使之与基准面垂直）。采用垫准的方法时，需用直角尺或百分表校正基准面。

三、垂直面和平行面铣削技能训练

铣削图 4-16 所示的长方体零件，材料为 45 钢。

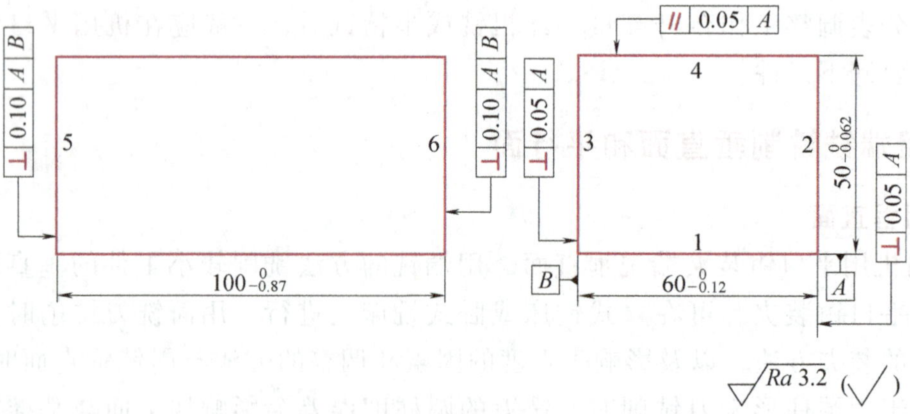

图 4-16　铣削长方体

1. 工艺分析及加工准备

1）确定加工工艺：在卧式铣床上使用圆柱形铣刀进行铣削加工，使用机用平口钳装夹工件。

2）读零件图：看懂零件图样，了解图样上有关加工部位的尺寸标注、精度要求、表面形状与位置精度和表面粗糙度要求，以及其他方面的技术要求。

3）检查毛坯：对照零件图样检查毛坯尺寸和形状，了解毛坯余量的大小。

4）确定基准面：选择零件上较大的面或图样上的设计基准面作定位基准面。应首先加工这个基准面，并用其作为加工其余各面时的基准面。加工过程中，这个基准面应靠向平口钳的固定钳口或钳体导轨面，以保证其余各加工面对这个基准面的垂直度、平行度要求。此处选择设计基准面 *A* 作为定位基准面。

2. 加工步骤

1）铣削基准面 *A*（面 1）：机用平口钳固定钳口与铣床主轴轴线垂直安装。选择较平直、光滑的毛坯表面 2 作为粗基准，靠向固定钳口，两钳口与工件间垫铜皮装夹工件，如图 4-17a 所示。

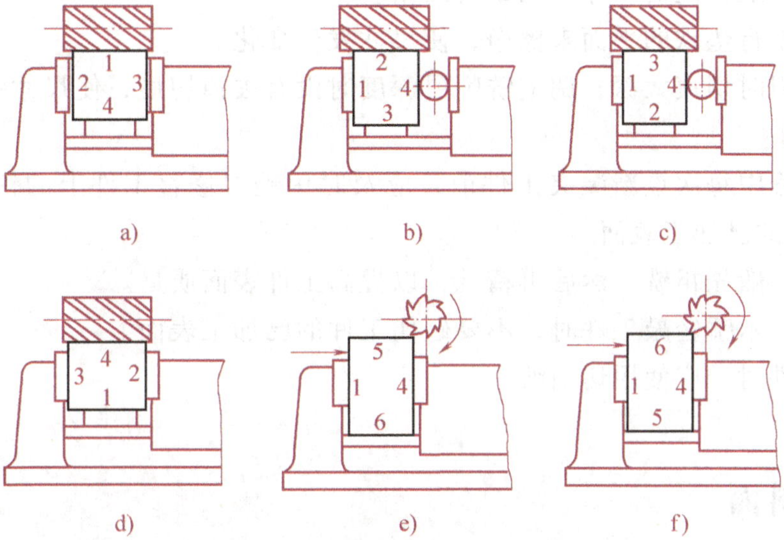

图 4-17 长方体的铣削顺序

2）铣削面 2：以面 1 为精基准靠向固定钳口，为保证精基准能与固定钳口紧密贴合，需在活动钳口与工件间加圆棒装夹工件，如图 4-17b 所示。

3）铣削面 3：仍以面 1 为基准装夹工件，在活动钳口与工件间加圆棒装夹工件，如图 4-17c 所示。

4）铣削面 4：面 3 靠向固定钳口装夹工件，面 1 与平行垫铁贴合，以保证铣出的面 4 与面 1 相互平行，如图 4-17d 所示。

5）铣削面 5：调整机用平口钳，使固定钳口与铣床主轴轴线平行安装，面 1 靠向固定钳口，如图 4-17e 所示。由于此时面 6 尚未加工，为使面 2 或面 3 与工作台台面垂直，用直角尺校正工件面 2 或面 3 与平口钳钳体导轨面垂直，如图 4-18 所示。

6）铣削面 6：面 1 靠向固定钳口，面 5 靠向机用平口钳钳体导轨面装夹工件，以保证铣出的面 6 与面 5 相互平行，如图 4-17f 所示。

7）去除飞边，全面复核工件。

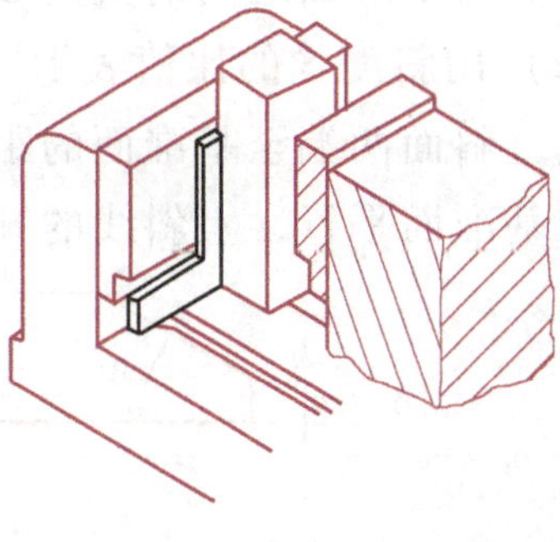

图 4-18 用直角尺校正工件铣长方体端面

四、垂直面和平行面的铣削质量分析

1. 影响垂直度和平行度的因素

1）机用平口钳固定钳口与工作台台面不垂直，铣出的平面与基准面不垂直。

2）平行垫铁不平行或圆柱形铣刀有锥度，铣出的平面与基准面不垂直或不平行。

3）铣端面时钳口未校正好，铣出的端面与基准面不垂直。

4）装夹时夹紧力过大，引起工件变形，铣出的平面与基准面不垂直或不平行。

2. 影响平行面之间尺寸精度的因素

1）调整铣削层深度时看错刻度盘，当手柄摇过头时，没有消除丝杠螺母副的间隙，直接退回，造成尺寸铣错。

2）读错图样上标注的尺寸，测量时出错。

3）工件或平行垫铁的平面未擦净，使尺寸发生变化。

4）精铣对刀时切痕太深，调整铣削层深度时没有去掉切痕，使尺寸铣小。

3. 注意事项

1）铣削过程中每次重新装夹工件前，应及时用锉刀修整工件上的锐边和去除飞边，但不应锉伤工件的已加工表面。

2）铣削时一般先粗铣，然后再精铣，以提高工件表面质量。

3）用铜棒、木锤轻敲工件时，不要砸伤工件的已加工表面。

4）铣削钢件时，应使用切削液。

课题三 铣削斜面

一、斜面及其铣削方法

1. 斜面及其在图样上的表示方法

斜面是指零件上与基准面成任意一个倾斜角度的平面。斜面相对基准面倾斜的程度用斜度来衡量，在图样上有两种表示方法：

（1）用倾斜角度 β 的度数（°）表示　主要用于倾斜程度大的斜面。如图 4-19a 所示，斜面与基准面之间的夹角 $\beta=30°$。

（2）用斜度 S 的比值表示　主要用于倾斜程度小的斜面。如图 4-19b 所示，在 50mm 长度上，斜面两端至基准面的距离相差 1mm，用“∠1∶50”表示。斜度符号∠或⦣的下横线与基准面平行，上斜线的倾斜方向应与斜面倾斜方向一致，不能画反。

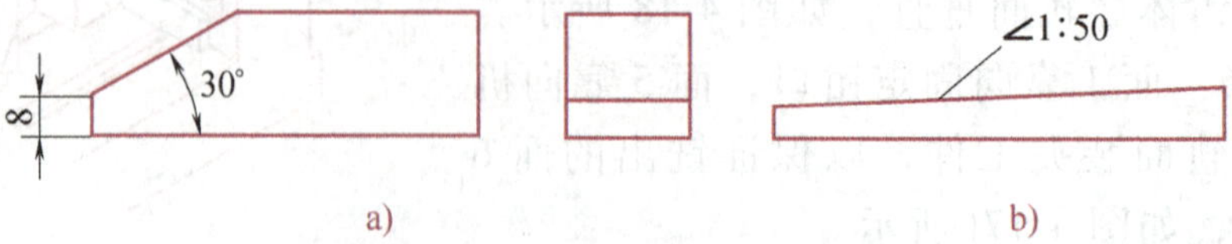

图 4-19　斜度的表示方法

两种表示方法的相互关系为

$$S=\tan\beta$$

式中 S——斜度，用符号∠或⊵和比值表示；

β——斜面与基准面之间的夹角，单位为（°）。

GB/T 4096.1—2022《产品几何量技术规范（GPS） 楔体 第1部分：角度与斜度系列》中规定的一般用途楔体的角度与斜度的公称值及其所对应的楔体比率、楔体斜度的推荐值见表4-1。选用楔体角度时，应优先选用系列1，其次选用系列2，以减少具有楔体特征的工件在生产过程中所需的工具、量规和测量仪器的数量。

表4-1 楔体角度、楔体斜度、楔体比率的公称值和推算值

公称值							推算值			
楔体角度						楔体斜度	楔体比率	楔体斜度	楔体角度
系列1		系列2		特殊楔体					
β	$\beta/2$	β	$\beta/2$	β	$\beta/2$	S	C③	S④	β
120°	60°	—	—	—	—	—	1：0.288675	1：−0.577350	—
—	—	—	—	108°①	54°	—	1：0.363271	1：−0.324920	—
90°	45°	—	—	—	—	—	1：0.500000	—	—
—	—	75°	37°30′	—	—	—	1：0.651613	1：0.267949	—
—	—	—	—	72°①	36°	—	1：0.688190	1：0.324920	—
60°	30°	—	—	—	—	—	1：0.866025	1：0.577350	—
—	—	—	—	50°②	—	—	1：1.072253	1：0.839100	—
45°	22°30′	—	—	—	—	—	1：1.207107	1：1.000000	—
—	—	40°	20°	—	—	—	1：1.373739	1：1.191754	—
30°	15°	—	—	—	—	—	1：1.866025	1：1.732051	—
20°	10°	—	—	—	—	—	1：2.835641	1：2.747477	—
15°	7°30′	—	—	—	—	—	1：3.797877	1：3.732051	—
—	—	10°	5°	—	—	—	1：5.715026	1：5.671282	—
—	—	8°	4°	—	—	—	1：7.150333	1：7.115370	—
—	—	7°	3°30′	—	—	—	1：8.174928	1：8.144346	—
—	—	6°	3°	—	—	—	1：9.540568	1：9.514364	—
—	—	—	—	—	—	1：10	—	—	5°42′38.1″
5°	2°30′	—	—	—	—	—	1：11.451883	1：11.430052	—
—	—	4°	2°	—	—	—	1：14.318127	1：14.300666	—
—	—	3°	1°30′	—	—	—	1：19.094230	1：19.081137	—
—	—	—	—	—	—	1：20	—	—	2°51′44.7″
—	—	2°	1°	—	—	—	1：28.644981	1：28.636253	—
—	—	—	—	—	—	1：50	—	—	1°8′44.7″
—	—	1°	0°30′	—	—	—	1：57.294325	1：57.289962	—

（续）

公称值							推算值		
楔体角度						楔体斜度	楔体比率	楔体斜度	楔体角度
系列 1		系列 2		特殊楔体					
β	$\beta/2$	β	$\beta/2$	β	$\beta/2$	S	C③	S④	β
—	—	—	—	—	—	1∶100	—	—	34′22.6″
—	—	0°30′	0°15′	—	—	—	1∶114.590832	1∶114.588650	—
—	—	—	—	—	—	1∶200	—	—	17′11.3″
—	—	—	—	—	—	1∶500	—	—	6′52.5″

注：① 适用于 V 形体。
② 适用于燕尾体。
③ C 表示为 $1:1/C$。
④ S 表示为 $1:1/S$。

2. 斜面的铣削方法

铣削斜面时，工件、机床与刀具之间关系必须满足两个条件：一是工件的斜面应平行于铣削时铣床工作台的进给方向。二是工件的斜面应与铣刀切削刃的切削位置相吻合，即用圆周铣刀铣削时，斜面与铣刀的外圆柱面相切；用端面铣刀铣削时，斜面与铣刀的端面重合。

在铣床上铣斜面的方法有工件倾斜、铣刀倾斜和使用角度铣刀三种。

（1）将工件倾斜所需角度安装　在卧式铣床或在立铣头不能转动角度的立式铣床上铣斜面时，可将工件倾斜所需角度安装，铣削斜面常用的方法有以下几种：

1）根据划线装夹工件：单件生产时，先在工件上划出斜面的加工线，然后用机用平口钳装夹工件，用划线盘校正工件上所划加工线与工作台进给方向平行，用圆柱形铣刀或面铣刀铣出斜面，如图 4-20 所示。

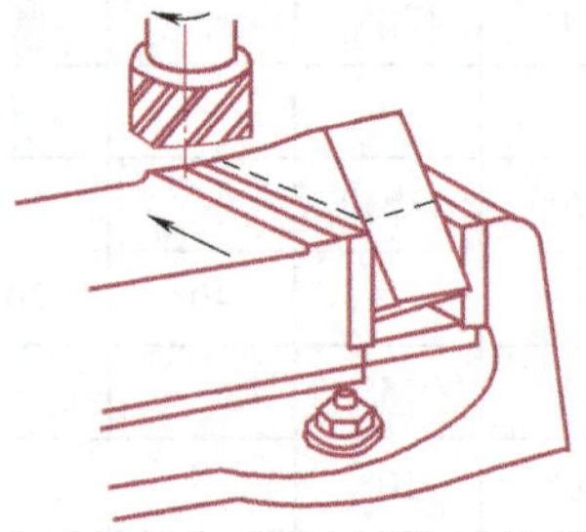

图 4-20　按划线装夹工件铣斜面

2）调转机用平口钳钳体角度装夹工件：安装机用平口钳，先校正固定钳口与铣床主轴轴线垂直或平行后，再通过机用平口钳底座上的刻线将钳体调转到要求的角度装夹工件，铣出要求的斜面，如图 4-21 所示。其中，图 4-21a 所示是先校正固定钳口与主轴轴线垂直，再调转钳体 α 角，横向进

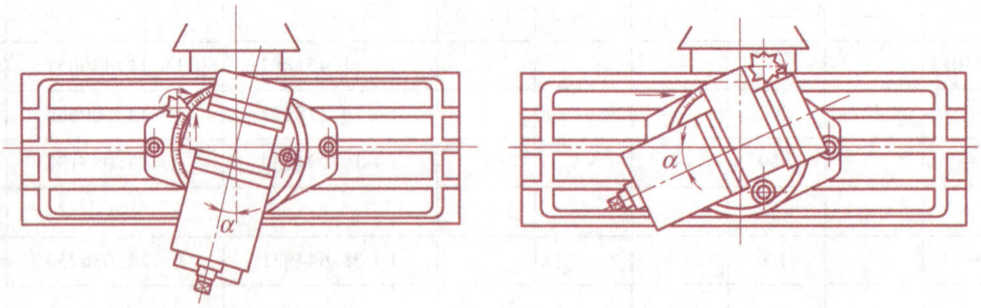

a) 斜面与横向进给方向平行　　b) 斜面与纵向进给方向平行

图 4-21　调转钳体角度装夹工件铣斜面

给用立铣刀铣出斜面；图 4-21b 所示是先校正固定钳口与主轴轴线平行，再调转钳体 α 角，纵向进给用立铣刀或面铣刀铣出斜面。

3）用倾斜垫铁装夹工件：使用倾斜垫铁使工件基准面倾斜，用机用平口钳装夹工件，铣出斜面，如图 4-22 所示。所用垫铁的倾斜程度需与斜面的倾斜程度相同，垫铁的宽度应小于工件宽度。这种方法铣斜面，装夹、找正工件方便，倾斜垫铁制造容易，且铣削一批工件时，铣削深度不需要随工件更换而重新调整，适用于小批量生产。在大批、大量生产中，常使用专用夹具装夹工件铣斜面，以达到优质高效的目的。

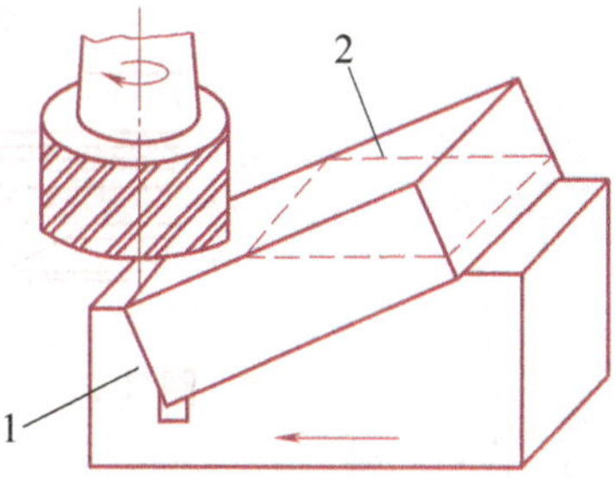

图 4-22 用倾斜垫铁装夹工件铣斜面

1—倾斜垫铁 2—工件

（2）将铣刀倾斜所需角度 在立铣头主轴可转动角度的立式铣床上，安装立铣刀或面铣刀，用机用平口钳或压板装夹工件，可以铣削要求的斜面。用机用平口钳装夹工件时，常用的方法有以下两种：

1）工件的基准面与工作台台面平行装夹工件：用立铣刀的圆周刃铣削斜面时，立铣头应扳转的角度 $\alpha=90°-\theta$，如图 4-23 所示；用面铣刀或立铣刀的端面刃铣削斜面时，立铣头应扳转的角度 $\alpha=\theta$，如图 4-24 所示。

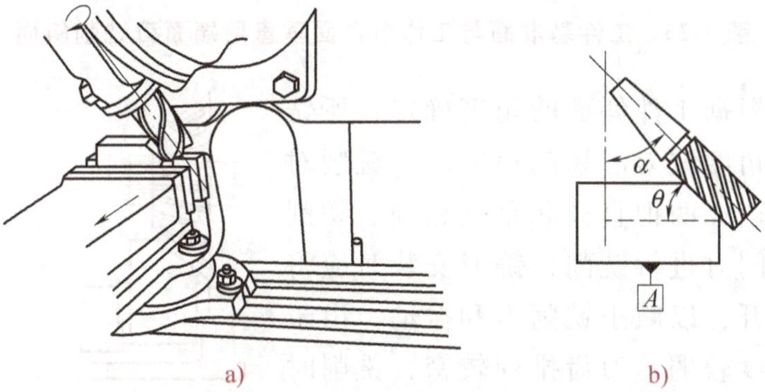

图 4-23 工件基准面与工作台台面平行用圆周刃铣削斜面

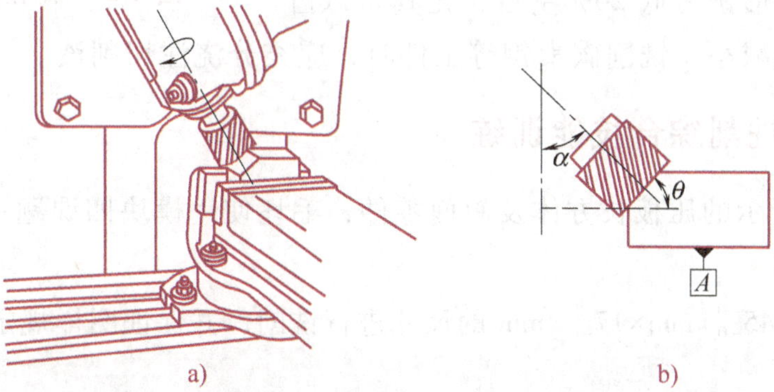

图 4-24 工件基准面与工作台台面平行用端面刃铣削斜面

2）工件的基准面与工作台台面垂直装夹工件：用立铣刀的圆周刃铣削斜面时，立铣头应扳转的角度 $\alpha=\theta$，如图 4-25 所示；用面铣刀或立铣刀的端面刃铣削斜面时，立铣头应扳转的角度 $\alpha=90°-\theta$，如图 4-26 所示。

（3）使用角度铣刀 宽度较窄的斜面，可用角度铣刀铣削，如图 4-27 所示。选择角

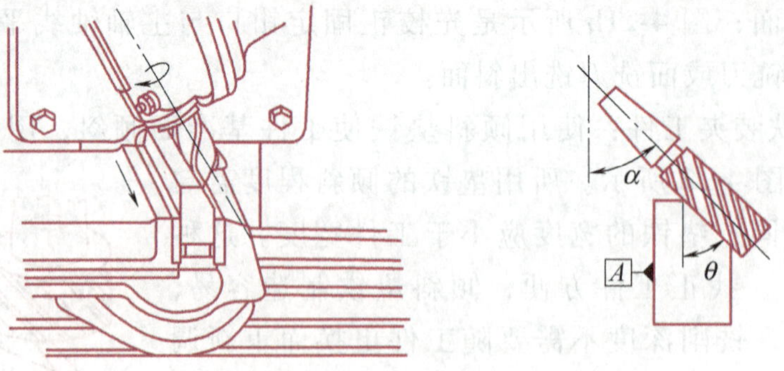

a) b)

图 4-25 工件基准面与工作台台面垂直用圆周刃铣削斜面

a) b)

图 4-26 工件基准面与工作台台面垂直用端面刃铣削斜面

度铣刀的角度时应根据工件斜面的角度确定，所铣斜面的宽度应小于角度铣刀的切削刃宽度。铣削对称的双斜面时，应选择两把直径和角度相同、切削刃相反的角度铣刀同时进行铣削，铣刀安装时应将两把铣刀的刃齿错开，以减小铣削力和振动。由于角度铣刀的刀齿强度较弱，刀齿排列较密，铣削时排屑较困难，因此在使用角度铣刀铣削时，选择的铣削用量应比圆柱形铣刀低 20%左右，尤其是每齿进给量 f_z 更要适当减小。铣削碳素钢等工件时，应充分浇注切削液。

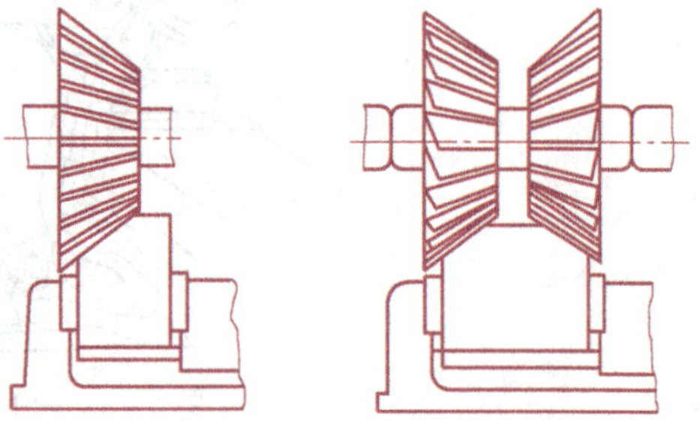

a) 铣削单斜面 b) 铣削双斜面

图 4-27 用角度铣刀铣斜面

二、连接面铣削综合技能训练

铣削图 4-28 所示的压板长方体及斜面零件，毛坯使用模块四课题一的加工件。

1. 铣削长方体

按 $100_{-0.3}^{\ 0}$mm×$45_{-0.2}^{\ 0}$mm×$17_{-0.2}^{\ 0}$mm 的尺寸进行铣削，并保证图样规定的位置公差要求。

2. 铣 30°斜面

1）校正机用平口钳固定钳口与铣床主轴轴线垂直。

2）选择并安装铣刀（选择直径 80mm 的镶齿面铣刀）。

3）装夹并找正工件（工件基准面与工作台台面平行）。

4）调整铣削用量（取 $n=150$r/min，$v_f=60$mm/min，a_p 分次适量）。

5）调转立铣头角度 $\alpha=30°$。

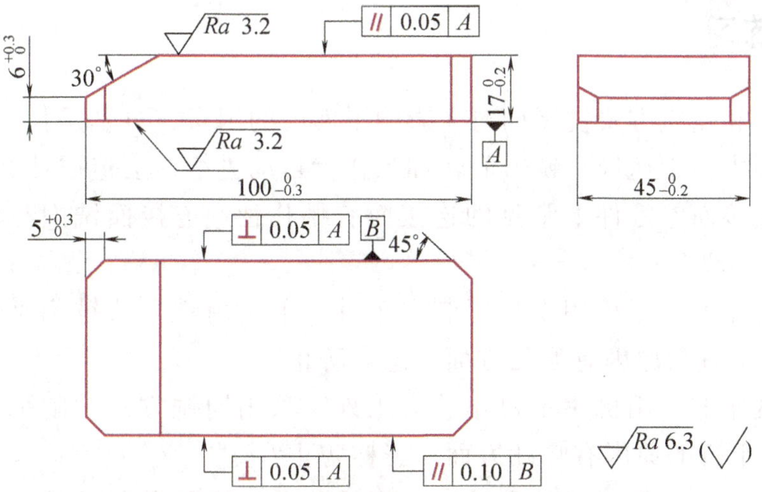

图 4-28 铣削压板长方体及斜面

6）对刀铣削工件（对刀调整铣削深度 a_p 后紧固纵向进给，用横向进给分数次进给铣出 30°斜面）。

3. 铣 45°斜面

1）换装直径为 20~25mm 的立铣刀。

2）调转立铣头角度 $\alpha=45°$。

3）将工件基准面（底面）靠向机用平口钳固定钳口装夹工件。

4）对刀，调整铣削宽度 a_e（即切深），铣出 45°斜面。

5）分次装夹工件，铣出其余三个 45°斜面。

三、斜面铣削质量分析

1. 影响斜面倾斜角度的因素

1）立铣头转动角度不准确。

2）按划线装夹工件铣削时，划线不准确或铣削时工件产生位移。

3）采用周铣时，铣刀圆柱度误差大（有锥度）。

4）用角度铣刀铣削时，铣刀角度不对。

5）工件装夹时，机用平口钳钳口、钳体导轨面及工件表面未擦净。

2. 影响斜面尺寸的因素

1）看错刻度或摇错手柄转数，以及没有消除丝杠螺母副的间隙。

2）测量不准，使尺寸铣错。

3）铣削过程中，工件有松动现象。

3. 影响表面粗糙度的因素

1）进给量过大。

2）铣刀不锋利。

3）机床、夹具刚性差，铣削中有振动。

4）铣削过程中，工作台进给或主轴回转突然停止，啃伤工件表面。

5）铣削钢件时未使用切削液，或切削液选用不当。

思考与练习

1. 采用周铣和端铣方式铣平面时，影响平面度的因素，分别是什么？

2. 铣削过程中，中途停止铣刀回转和工作台自动进给，会造成什么影响？

3. 什么是连接面？零件上常见的连接面有哪几种？连接面铣削与单一平面铣削比较有什么不同？

4. 在卧式铣床上，用机用平口钳装夹工件，采用周铣方式铣削垂直面时，铣出的平面与基准面不垂直的原因有哪几方面？怎样防止？

5. 在卧式铣床上，用机用平口钳装夹工件，采用周铣方式铣削平行面时，铣出的平面与基准面不平行的原因有哪几方面？怎样防止？

6. 铣削斜面时，工件、刀具和机床之间的关系应满足哪些条件？斜面的铣削方法有哪几种？

7. 将铣刀倾斜铣斜面时，其角度值如何确定？

模块五 铣削阶台和沟槽

学习目标

知识目标

1. 掌握阶台铣削的相关内容。
2. 掌握直角沟槽铣削的相关内容。
3. 掌握键槽铣削的相关内容。
4. 掌握 V 形槽铣削的相关内容。
5. 掌握 T 形槽铣削的相关内容。
6. 掌握燕尾槽铣削的相关内容。

技能目标

1. 掌握阶台铣削方法，能进行质量分析。
2. 掌握直角沟槽铣削方法，能进行质量分析。
3. 掌握键槽铣削方法，能进行检测、质量分析。
4. 掌握 V 形槽、T 形槽、燕尾槽铣削方法。
5. 能进行特形沟槽质量分析。
6. 会进行键槽、各种特形沟槽相关的计算及查表。
7. 掌握铣削安全操作规程。
8. 具备一定的技能拓展能力及适应发展的能力。

素养目标

1. 培养敬业、专注、创新的工匠精神。
2. 增强节能环保意识、安全意识，能正确遵守车间安全作业要求，注重个人安全防护。
3. 具备将阶台和沟槽铣削技能应用于具体工作领域的能力，具有一定的分析问题和解决问题的能力。

铣削阶台、沟槽是铣工的主要工作内容之一，其工作量仅次于铣削平面。

阶台、沟槽主要由平面组成。这些平面应具有较好的平面度和较小的表面粗糙度值。对于与其他零件相配合的阶台、直角沟槽的配合面，除了应达到更好的平面度和更小的表面粗糙度值要求外，还必须满足较高的尺寸精度（根据配合精度要求确定）和较高的位置精度（平行度、垂直度、对称度和倾斜度等）。

课题一 铣削阶台

图 5-1 所示为常见阶台的类型。

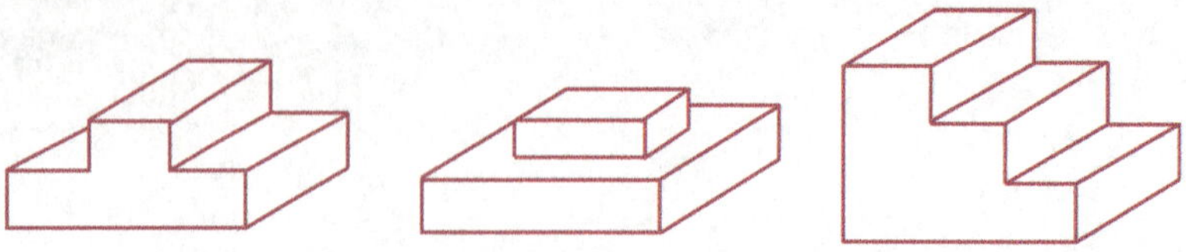

a) 普通阶台　　b) 回字形阶台　　c) 阶梯台

图 5-1 常见阶台的类型

一、阶台的铣削方法

零件上的阶台，根据其结构和尺寸大小不同，通常可在卧式铣床上用三面刃铣刀和立式铣床上用面铣刀或立铣刀进行加工。

1. 用三面刃铣刀铣削阶台

三面刃铣刀有直齿和错齿两种，如图 3-2b、c 所示。直径大的错齿三面刃铣刀，大多是镶齿式结构，当某一刀齿损坏后，只需对损坏的刀齿进行更换即可。由于三面刃铣刀的直径和刀齿尺寸都比较大，容屑槽也较大，所以刀齿的强度大，排屑、冷却条件较好，生产率较高，因此在铣削宽度不太大（受三面刃铣刀规格限制，一般 $B<25$mm）的阶台时，一般都采用三面刃铣刀加工。

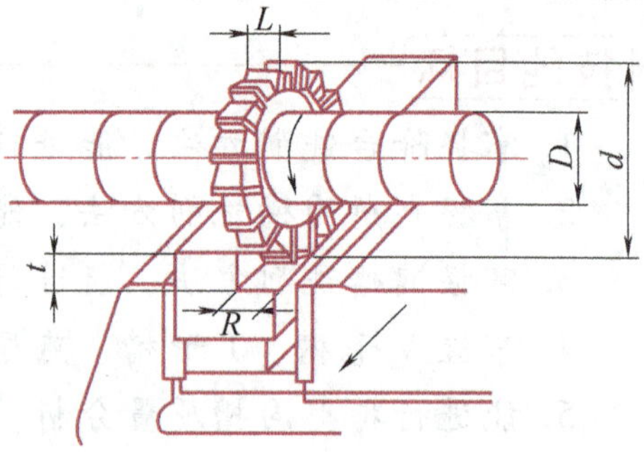

图 5-2 用一把三面刃铣刀铣削阶台

（1）用一把三面刃铣刀铣削阶台

1）铣刀选择。主要选择三面刃铣刀的宽度 L 和直径 d，如图 5-2 所示。三面刃铣刀的宽度应大于阶台宽度，即 $L>B$，以便在一次进给中铣出阶台的宽度。铣削中，为使阶台的上平面能在回转的铣刀杆下通过，三面刃铣刀的直径应按下式计算确定：

$$d>D+2t \tag{5-1}$$

式中 d——三面刃铣刀直径，单位为 mm；

D——铣刀杆垫圈直径，单位为 mm；

t——阶台深度，单位为 mm。

在满足式（5-1）的条件下，应选用直径较小的三面刃铣刀。

2）工件的装夹和找正。一般情况下工件可用机用平口钳装夹，尺寸较大的工件可用压板装夹，形状复杂的工件或大批量生产时可用专用夹具装夹。采用机用平口钳装夹工件时，应校正固定钳口与铣床主轴轴线垂直。装夹工件时，应使工件的侧面靠向固定钳口，工件的底面靠向钳体导轨面，铣削的阶台底面应高出钳口的上平面，以免铣削中铣刀铣削钳口。

3）铣削方法。工件装夹找正后，手摇各进给手柄，使回转中的铣刀的侧面刃擦着阶台侧面的浸油薄纸，如图 5-3a 所示；然后垂直降落工作台，如图 5-3b 所示，横向移动工作台一个阶台宽度的距离 B，并紧固横向进给；再上升工作台，使铣刀的圆柱面切削刃擦着工件上表面的浸油薄纸，如图 5-3c 所示；手摇工作台纵向进给手柄，退出工件，上升工作台一个阶台深度 t，摇动纵向进给手柄使工件靠近铣刀，手动或自动纵向进给铣出阶台，如图 5-3d 所示。

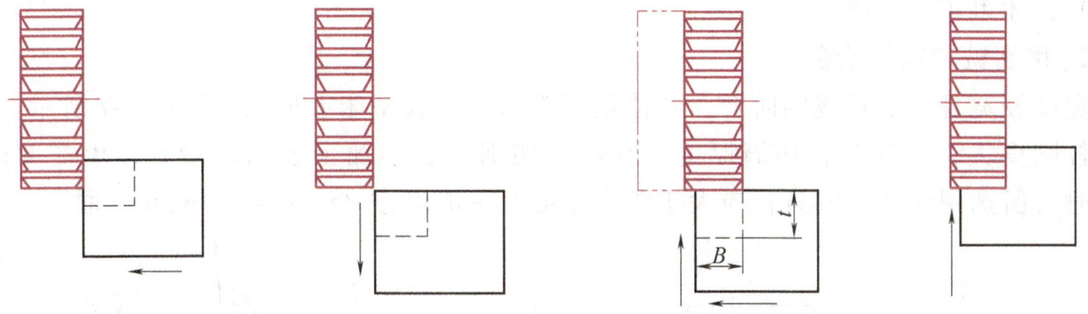

图 5-3　阶台的铣削方法

铣削阶台时，由于铣刀只有一个侧面的切削刃及圆柱面上的部分切削刃参与切削，在铣刀两侧面上受到的铣削力是不相等的，铣刀在铣削中容易朝不受力的一侧偏让，通常称为“让刀”。在用直径大而宽度小的直齿三面刃铣刀铣削时，这种“让刀”现象尤为明显。为保证加工质量，当阶台的深度较深时，可将阶台侧面留有 0.5～1.0mm 余量，分次铣出阶台深度，最后一次进给时，将阶台底面和侧面同时精铣到尺寸要求，如图 5-4 所示。

4）用一把三面刃铣刀铣削双面阶台。铣削时，可先铣出一侧的阶台，并保证尺寸要求，然后退出工件，将工作台横向进给移动一个距离 A（$A=L+C$），紧固横向进给后，铣出另一侧阶台，如图 5-5 所示。

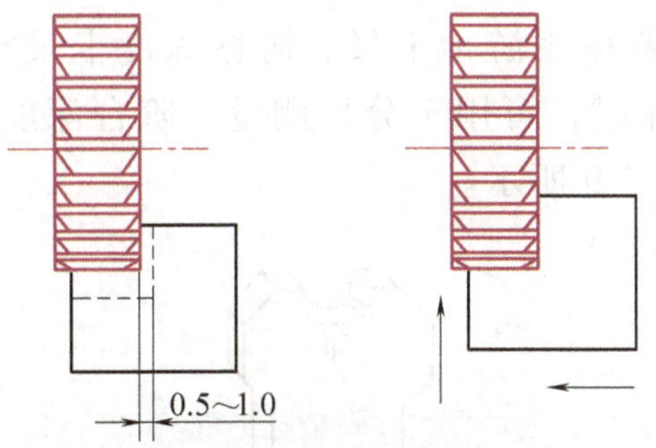

图 5-4　铣削较深的阶台

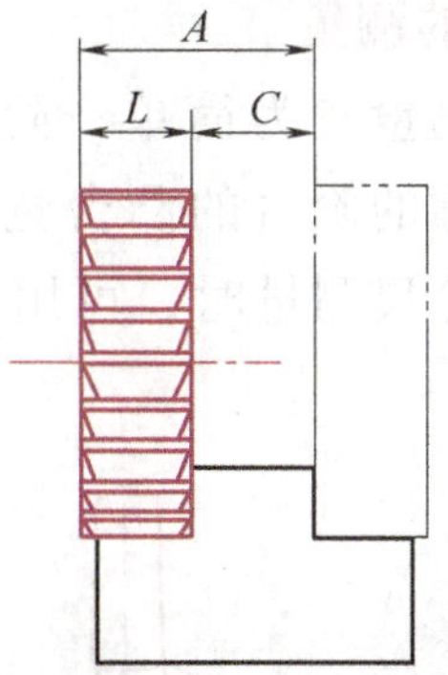

图 5-5　用一把三面刃铣刀铣削双面阶台

另一种方法是在一侧的阶台铣好后，松开机用平口钳，将工件调转 180°后重新装夹，再铣另一侧阶台。用这种方法铣削，阶台的凸台宽度尺寸受工件宽度尺寸精度的影响较大，但铣出的两阶台能获得较高的对称度。

（2）用组合三面刃铣刀铣削阶台　成批生产时，常采用图 5-6 所示的由两把三面刃铣刀组合铣削双面阶台工件的方法，不仅可提高生产率，而且操作简单，并能保证工件质量。

用组合三面刃铣刀铣削时，两把三面刃铣刀的直径应相同（必要时应一起装夹同时刃磨外圆），直径大小按式（5-1）确定。用铣刀杆垫圈调整两把三面刃铣刀内侧切削刃间的距离，使其等于阶台凸台的宽度尺寸。装刀时，两把铣刀应错开半个齿，以减小铣削中的振幅。加工前，应使用废料进行试铣，确认两把三面刃铣刀组合的间距符合工件要求时，才可正式铣削。

2. 用面铣刀铣削阶台

宽度较宽且深度较浅的阶台，常使用面铣刀在立式铣床上加工，如图 5-7 所示。面铣刀刀杆刚度大，铣削时，切屑厚度变化小，切削平稳，加工表面质量好，生产率较高。铣削时，所选用面铣刀的直径应大于阶台宽度，一般可按 $d=(1.4\sim1.6)B$ 选取。

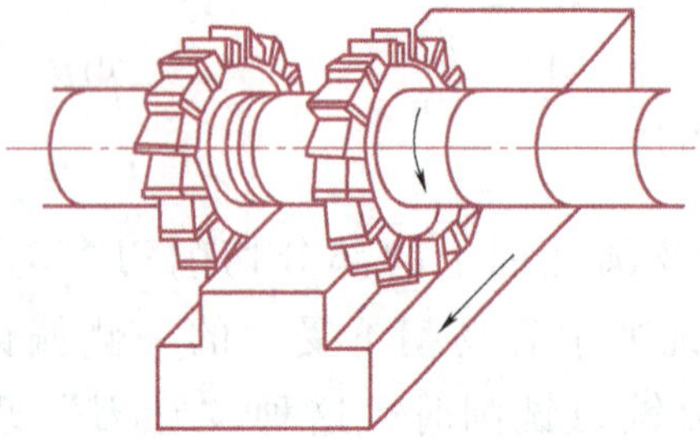

图 5-6　用组合三面刃铣刀铣削阶台

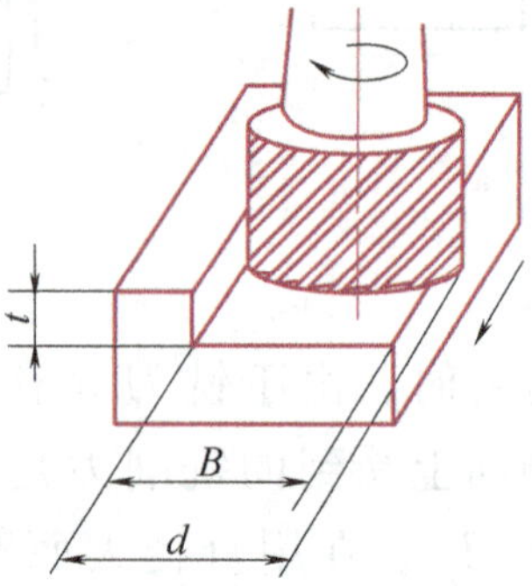

图 5-7　用面铣刀铣削阶台

3. 用立铣刀铣削阶台

深度较深的阶台或多级阶台，可用立铣刀在立式铣床上加工，如图 5-8 所示。铣削时，立铣刀的圆周刃起主要切削作用，端面刃起修光作用。由于立铣刀刚度小，强度较弱，铣削时选用的铣削用量要比使用三面刃铣刀铣削时小，否则容易产生“让刀”，甚至折断铣刀。因此，在条件许可的情况下，应选择直径较大的立铣刀，以提高铣削效率。

4. 阶台的测量

阶台的测量较为简单，阶台的宽度和深度一般可用游标卡尺、游标深度卡尺测量。对于两边对称的阶台的凸台宽度，当阶台深度较深时，可用千分尺测量，阶台深度较浅不便使用千分尺测量时，可用极限量规测量，如图 5-9 所示。

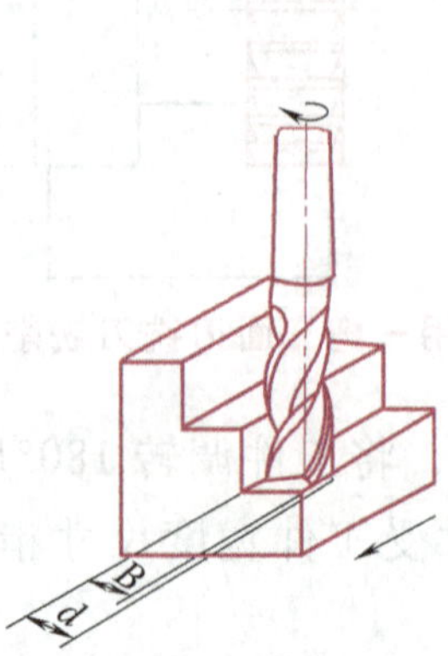

图 5-8　用立铣刀铣削阶台

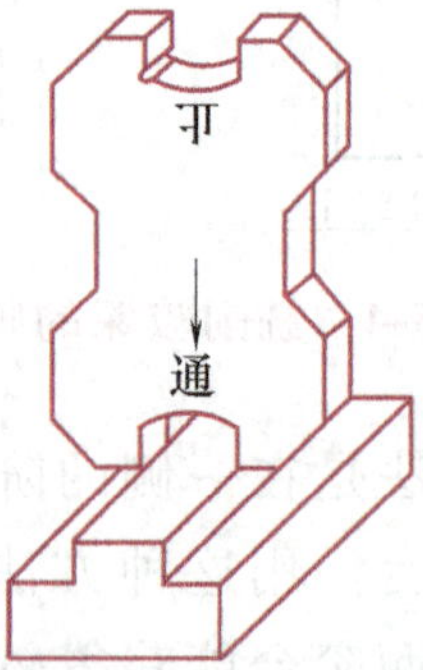

图 5-9　用极限量规测量阶台的凸台宽度

二、阶台铣削技能训练

图 5-10 所示阶台键的材料为 45 钢。一件在卧式铣床用三面刃铣刀加工；另一件在立式铣床用面铣刀加工。

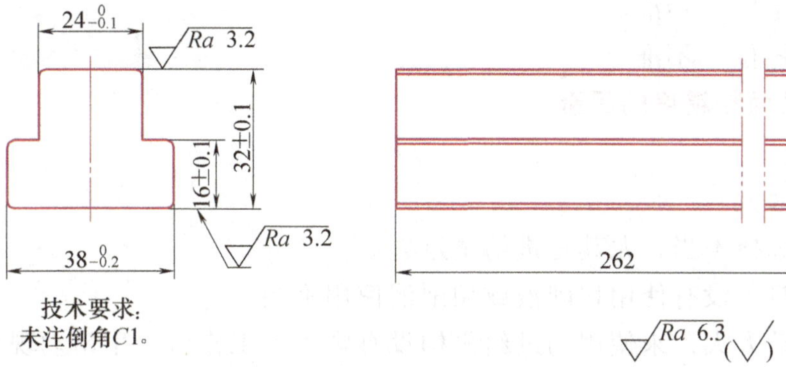

图 5-10　铣削阶台

1. 使用卧式铣床铣削阶台

1）安装机用平口钳，校正固定钳口与铣床主轴轴线垂直。

2）选择并安装圆柱形铣刀。

3）铣四面至尺寸 $38_{-0.2}^{0}$mm×(32±0.1)mm。

4）换装三面刃铣刀（80mm×12mm）。

5）铣一侧阶台至尺寸。

6）铣另一侧阶台至尺寸。

7）换装倒角铣刀倒角。

8）测量，卸下工件。

2. 使用立式铣床铣削阶台

1）安装机用平口钳，校正固定钳口与工作台纵向进给方向平行。

2）选择并安装面铣刀（套式面铣刀，63mm×40mm）。

3）调整切削用量（取 $n=118$r/min，$v_f=60$mm/min）。

4）铣四面至尺寸。

5）铣两阶台面至尺寸。

6）倒角。

7）测量，卸下工件。

三、阶台铣削质量分析

1. 影响阶台尺寸的因素

1）移动工作台调整尺寸时摇得不准。

2）测量不准。

3）铣削中，铣刀受力不均匀出现“让刀”现象。

4）铣刀摆差太大。

5）工作台“零位”不准。

2. 影响阶台形状、位置精度的因素

1）机用平口钳固定钳口未校正，或用压板装夹时工件未找正，铣出的阶台产生歪斜。

2）工作台“零位”不准。

3）立铣头“零位”不准。

3. 影响阶台表面粗糙度的因素

1）铣刀变钝。

2）铣刀摆差太大。

3）铣削用量选择不当，尤其是进给量过大。

4）铣削钢件时，没有使用切削液或切削液使用不当。

5）铣削时振动太大，未使用的进给机构没有紧固，工作台产生窜动现象。

课题二 铣削直角沟槽

一、直角沟槽的铣削方法

直角沟槽有通槽、半通槽和封闭槽等三种形式，如图 5-11 所示。直角通槽主要用三面刃铣刀铣削，也可用立铣刀、槽铣刀等铣削；半通槽和封闭槽则采用立铣刀或键槽铣刀铣削。

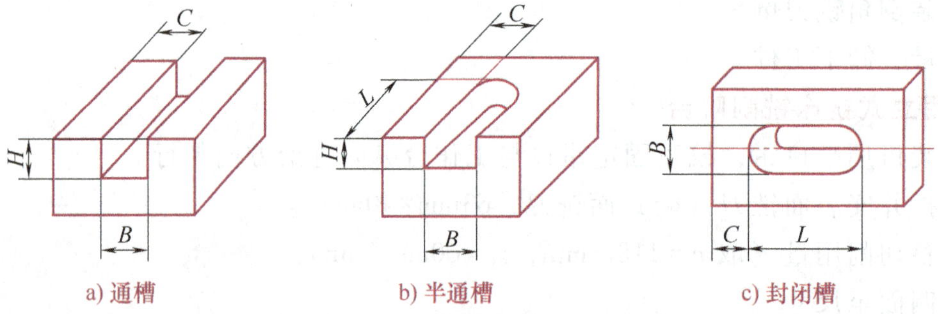

图 5-11 直角沟槽的种类

1. 用三面刃铣刀铣削直角通槽

图 5-12 所示为使用三面刃铣刀铣直角通槽。

（1）铣刀的选择 如图 5-13 所示，所选三面刃铣刀的宽度 L 应等于或小于所加工的槽宽 B，即 $L \leqslant B$；三面刃铣刀的直径 d 应大于铣刀杆垫圈直径 D 与 2 倍的沟槽深度 H 之和，即 $d>D+2H$。对槽宽 B 尺寸精度要求较高的沟槽，通常选择宽度小于槽宽的三面刃铣刀，采用扩大法，分两次或多次铣削至尺寸要求。

（2）工件的装夹与找正 一般情况下，采用机用平口钳装夹工件。在窄长的工件上铣长直角通槽时，机用平口钳的固定钳口应与铣床主轴轴线垂直；在窄长的工件上铣与工件长度方向垂直的直角通槽时，机用平口钳的固定钳口应与铣床主轴轴线平行。这样

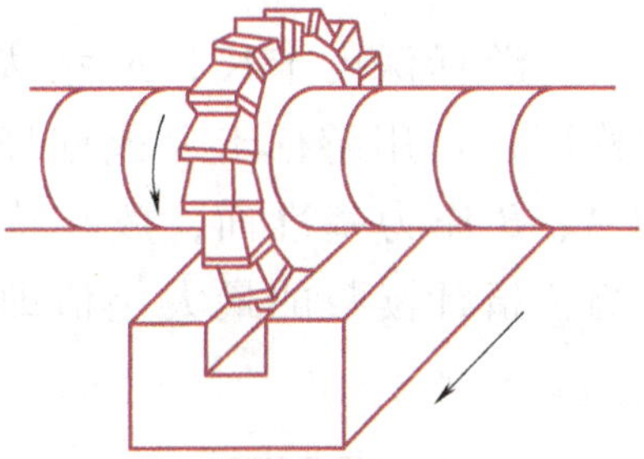

图 5-12　用三面刃铣刀铣削直角通槽

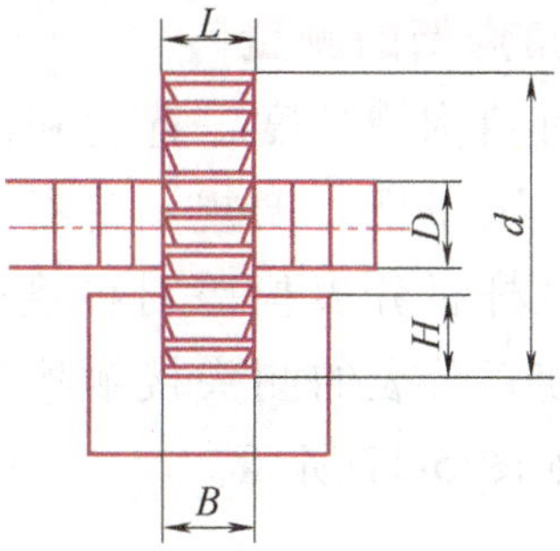

图 5-13　铣刀的选择

可保证铣出的直角通槽两侧面与工件的基准侧面平行或垂直。

(3) 对刀方法　常用的对刀方法有两种。

1) 划线对刀法：在工件的加工部位划出直角通槽的尺寸、位置线，装夹找正工件后，调整铣床，使三面刃铣刀侧面切削刃对准工件上所划的宽度线，将横向进给紧固后，分次进给铣出直角通槽。

2) 侧面对刀法：装夹找正工件后，调整机床，使回转中的三面刃铣刀侧面切削刃轻擦工件侧面浸油薄纸，垂直降落工作台，工作台横向移动一个位移量 A，位移量为铣刀宽度 L 与工件侧面到槽侧距离 C 之和，即 $A=L+C$，如图 5-14 所示。将横向进给紧固后，调整好铣削宽度 a_e（即槽深 H），铣出直角通槽。

2. 用立铣刀铣削半通槽和封闭槽

如图 5-15 所示，用立铣刀铣半通槽时，所选立铣刀直径应等于或小于槽的宽度。由于立铣刀刚性较差，铣削时容易产生“让刀”现象，加工深度较深的槽时，应分几次铣到要求深度，以免受力过大引起铣刀折断。铣到深度后，再将槽两侧扩铣至要求尺寸。扩铣时应避免顺铣，防止损坏铣刀和啃伤工件。

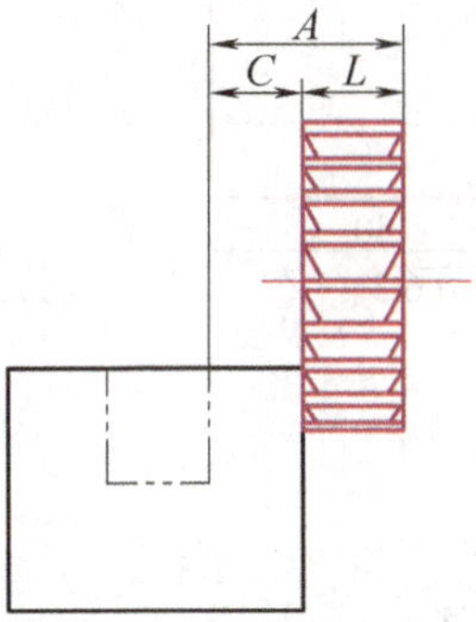

图 5-14　侧面对刀铣削直角通槽

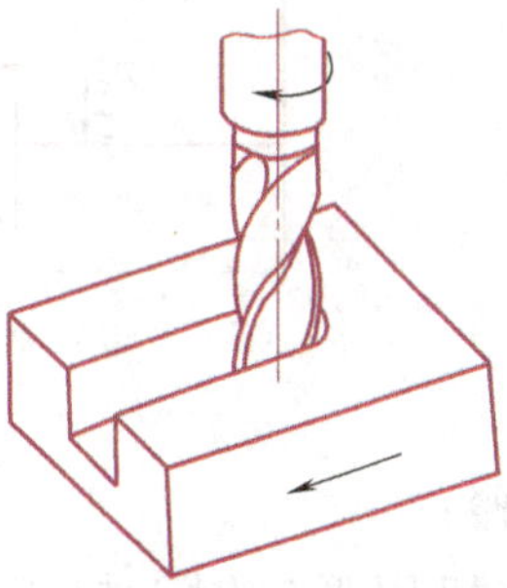

图 5-15　用立铣刀铣削半通槽

用立铣刀铣封闭槽时，由于立铣刀的端面切削刃没有通过刀具中心，不能垂直进给切削工件，因此铣削前应在封闭槽的一端预钻一个直径略小于立铣刀直径的落刀孔，由此孔落刀铣削，如图 5-16 所示。

宽度大于 25mm 的直角通槽，也大都采用立铣刀铣削。

3. 用键槽铣刀铣削半通槽和封闭槽

对精度较高、深度较浅的半通槽和封闭槽，可用键槽铣刀铣削。键槽铣刀的端面切削刃能在垂直进给时切削工件，因此用键槽铣刀铣削封闭槽时，可不必预钻落刀孔。

4. 直角沟槽的测量

测量直角沟槽长度、宽度和深度一般使用游标卡尺、游标深度卡尺，尺寸精度较高的槽可用极限量规（塞规）进行检查。直角沟槽的对称度，可用游标卡尺或杠杆百分表检验。用杠杆百分表检验对称度时，工件分别以侧面 *A*、*B* 作为基准面，放在检验平板上，然后使百分表的测头接触槽的侧面，移动工件检测，指针读数的最大差值即为对称度误差，如图 5-17 所示。

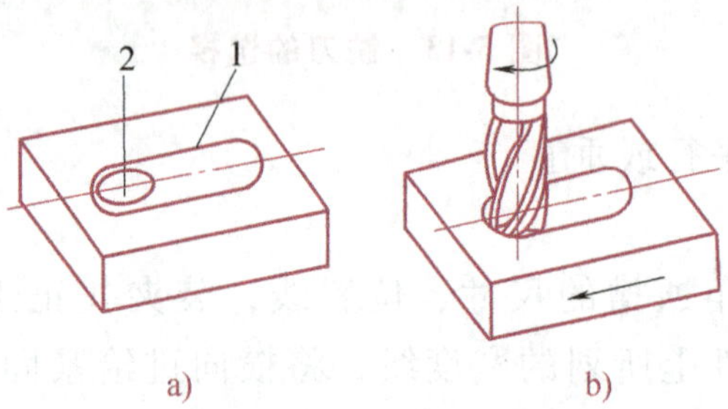

图 5-16 用立铣刀铣削封闭槽

1—封闭槽加工线 2—预钻落刀孔

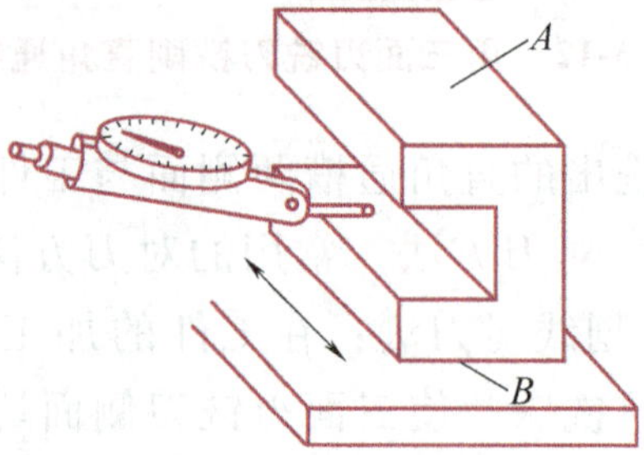

图 5-17 用杠杆百分表检测沟槽的对称度

二、直角沟槽铣削技能训练

1. 铣削直角通槽练习

铣削图 5-18 所示的直角通槽零件，毛坯采用模块四课题二的加工件。

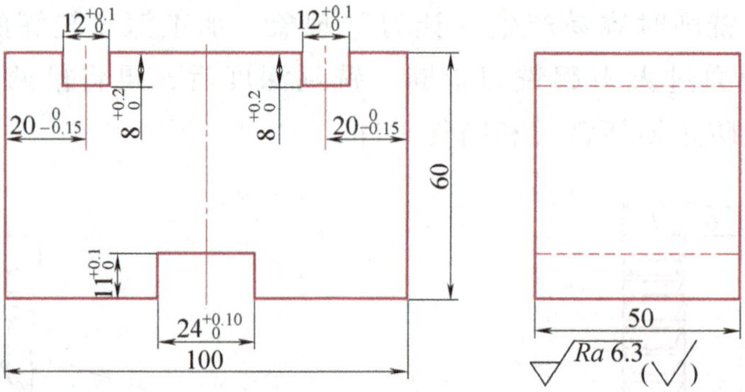

图 5-18 铣削直角通槽

铣削步骤：

1）安装机用平口钳，校正固定钳口与铣床主轴轴线平行。

2）选择并安装铣刀（选择尺寸为 80mm×10mm 的三面刃铣刀）。

3）在工件上划出各槽尺寸、位置线。

4）安装并找正工件。

5）铣宽度为 $24^{+0.10}_{0}$mm、深度为 $11^{+0.1}_{0}$mm 的槽。

6）重新安装找正工件，铣两个宽度为 $12^{+0.1}_{0}$mm、深度为 $8^{+0.2}_{0}$mm 的槽。

7）测量，卸下工件。

2. 铣削封闭槽练习

铣削封闭槽零件如图 5-19 所示，毛坯采用模块四课题三的练习件。

1）校正机用平口钳，固定钳口与铣床主轴轴线垂直。

2）安装万能立铣头，使立铣头主轴轴线与工作台台面垂直。

3）在工件上划出槽的尺寸、位置线和钻孔位置线。

4）安装并找正工件。

5）安装直径为13mm的麻花钻，钻落刀孔。

6）选择并安装铣刀（选用直径为14mm的立铣刀）。

7）对刀，锁紧横向进给。

8）沿深度方向分数次铣出封闭槽。

9）测量，卸下工件。

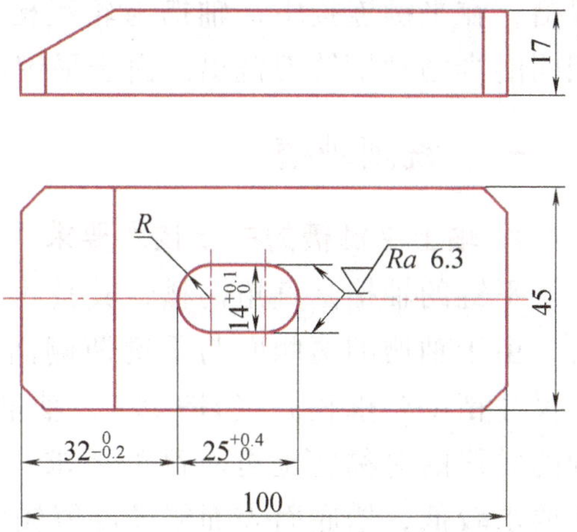

图 5-19　铣削封闭槽

三、直角沟槽铣削质量分析

1. 影响沟槽尺寸的因素

1）选择铣刀尺寸不正确，使槽宽尺寸铣错。

2）铣刀切削刃的径向圆跳动和轴向圆跳动过大，使槽宽尺寸铣大。

3）用立铣刀铣削时，产生“让刀”现象，或来回数次吃刀切削工件，将槽宽铣大。

4）测量不准或摇错刻度盘数值。

2. 影响沟槽形状、位置精度的因素

1）机用平口钳固定钳口未校正，选择的平行垫铁不平行，装夹工件时工件未找正，使铣出的沟槽歪斜（槽侧面与工件侧面不平行、槽底面与工件底面不平行）。

2）工作台“零位”不准。

3）对刀时对偏、扩铣时将槽侧铣偏或测量不准使槽铣偏，使铣出沟槽的两侧与工件中心不对称。

3. 影响沟槽表面粗糙度的因素

影响沟槽表面粗糙度的因素与铣削阶台时相同。

课题三　铣削键槽

键连接是通过键将轴与轴上零件（如齿轮、带轮和凸轮等）连接在一起，实现周向固定，并传递转矩的连接。键连接属于可拆卸连接，具有结构简单、工作可靠、装拆方便和已经标准化等特点，因此得到广泛的应用。键连接中使用最普遍的是平键连接，除此之外，还有半圆键等。平键是矩形截面的连接件，置于轴和轴上零件的键槽内，平键是标准件，它的两侧面是工作面，用以传递转矩。用半圆键连接时，键在槽中能摆动，以适应轮毂键槽的斜度。轴上的键槽习惯上称为轴槽，轴上零件上的键槽习惯上称为轮

毂槽。在平键连接中，轴槽与轮毂槽都是直角沟槽。在半圆键连接中，轴槽用半径与键相同的半圆键槽铣刀铣出。由于平键应用较广，此处作重点介绍。

一、铣削轴槽

1. 轴上平键槽的主要技术要求

平键的轴槽是直角沟槽，其技术要求与直角沟槽的技术要求相同。就其工作性质而言，由于轴槽的两侧面与平键两侧面相配合以传递转矩，是主要工作面，因此轴槽宽度的尺寸精度要求较高（IT9 级），轴槽两侧面的表面粗糙度值较小（$Ra3.2\mu m$），轴槽对轴的轴线的对称度也有较高的要求（对称度公差 7~9 级）。其他如轴槽的深度、长度尺寸要求较低，槽底面表面粗糙度值较大。

2. 轴上平键槽的铣削方法

轴槽有通槽、半通槽和封闭槽三种，如图 5-20 所示。轴上的通槽和槽底一端是圆弧形的半通槽，一般选用盘形槽铣刀铣削，轴槽的宽度由铣刀宽度保证，半通槽一端的槽底圆弧半径由铣刀半径保证。轴上的封闭槽和槽底一端是直角的半通槽，用键槽铣刀铣削，并按轴槽的宽度尺寸来确定键槽铣刀的直径。

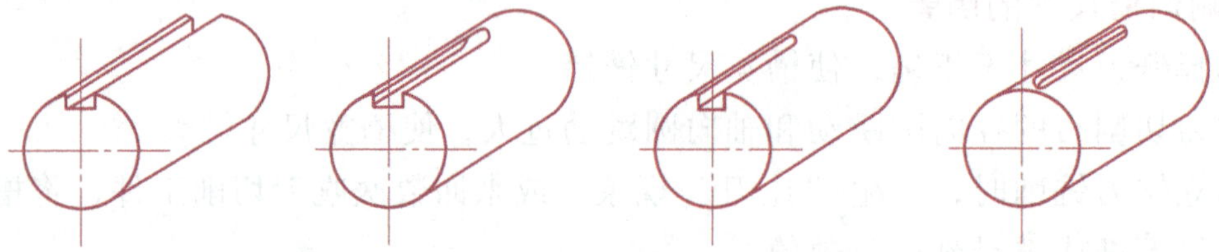

a) 通槽　b) 槽底一端是圆弧形的半通槽　c) 槽底一端是直角的半通槽　d) 封闭槽

图 5-20　轴槽的种类

（1）工件的装夹与找正　装夹工件，不但要保证工件的稳定可靠，还要保证工件的轴线位置不变，以保证轴槽的中间平面通过轴线。常用的装夹方法有以下几种：

1）用机用平口钳装夹。用机用平口钳装夹工件，装夹简便、稳固，但当工件直径有变化时，工件轴线在左右（水平位置）和上下方向都会产生变动，如图 5-21 所示，影响轴槽的深度尺寸和对称度。因此，这种装夹方法一般适用于单件生产。对轴的外圆已精加工过的工件，由于一批轴的直径变化很小，用机用平口钳装夹时，各轴的轴线位置变动很小，在此条件下，也适用于批量生产。

为保证铣出的轴槽两侧面和底面都平行于工件的轴线，必须使工件的轴线既平行于工作台的纵向进给方向，又平行于工作台台面。用机用平口钳装夹工件时，应使用百分表校正固定钳口与工作台纵向进给方向平行。装夹工件时，还应确认工件上素线与工作台台面平行。

2）用 V 形架装夹。将圆柱形工件放置在 V 形架上，并用压板紧固的装夹方法，是铣削轴槽的常用装夹方法。其特点是工件的轴线只在 V 形槽的对称平面内随工件直径变化而上下变动，如图 5-22 所示。因此，当键槽铣刀的轴线或盘形槽铣刀的对称平面与 V 形槽的对称平面重合时，能保证一批工件上轴槽的对称度。当一批工件的直径因加工误差而有变化时，虽然对轴槽的深度有影响，但变化量一般不会超过槽深的尺寸公差。

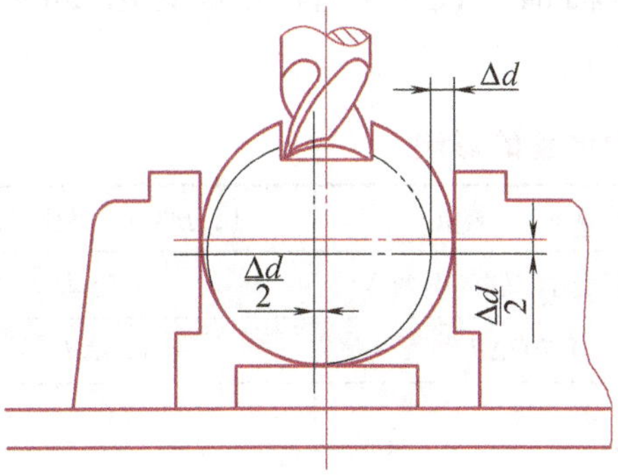

图 5-21 用机用平口钳装夹轴类零件

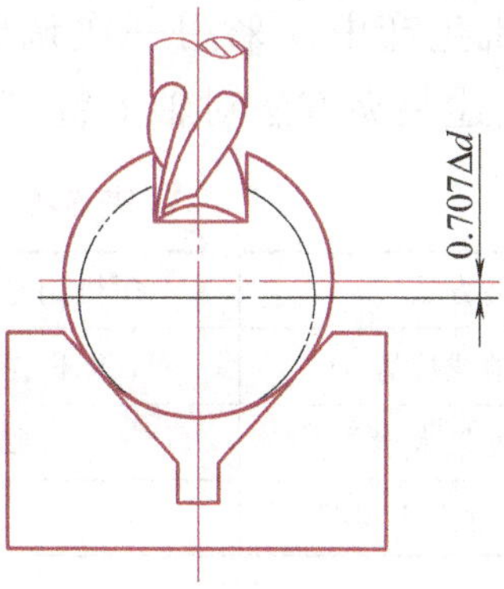

图 5-22 用 V 形架装夹工件铣削轴槽

对直径在 20~60mm 范围内的长轴，铣削轴槽时可将工件直接在工作台中央 T 形槽上定位，用压板压紧。此时，中央 T 形槽槽口的倒角起 V 形槽的作用，如图 5-23 所示。

安装 V 形架时，应选用标准的量棒放入 V 形槽内，用百分表找正其上素线与工作台台面平行、其侧素线与工作台纵向进给方向平行，如图 5-24 所示。

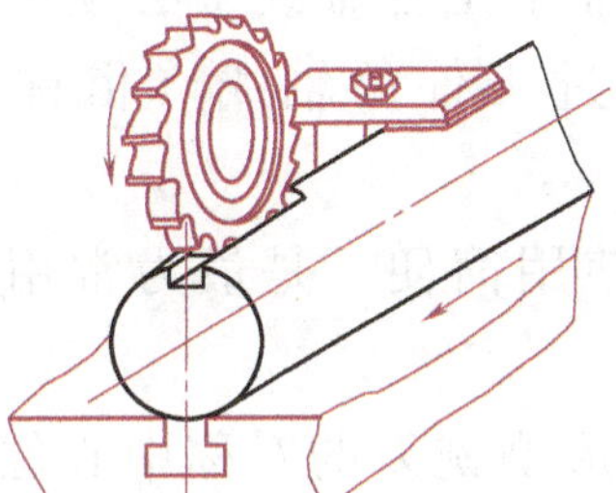

图 5-23 用中央 T 形槽装夹长轴铣削轴上键槽

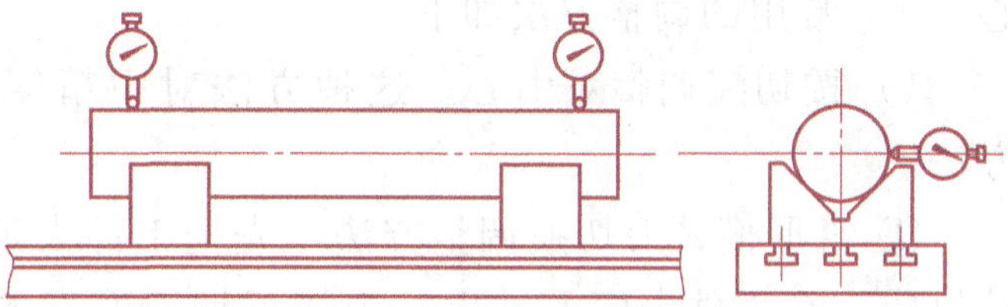

图 5-24 用百分表校正 V 形架

3）用轴用虎钳装夹。轴用虎钳是一种装夹轴类零件的专用夹具，使用 V 形架对工件进行定位，使用联动装置对工件进行夹紧，如图 5-25 所示。其优点是工件能自动对中，无须找正。

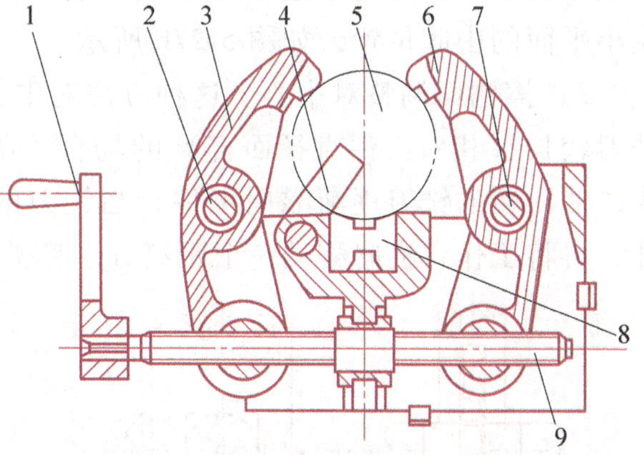

图 5-25 轴用虎钳

1—手柄 2、7—销轴 3、6—钳口 4—轴向定位板 5—工件 8—V 形架 9—左右旋丝杠

4）用分度头装夹。用分度头主轴和尾座的两顶尖或用自定心卡盘和尾座顶尖的一夹一顶方法装夹工件，如图 5-26 所示，工件的轴线始终在两顶尖或自定心卡盘中心与尾座顶尖的连线上，工件轴线的位置不因工件直径变化而变化，因此轴槽的对称度不会受工件直径变化的影响。

安装分度头和尾座时，应使用标准量棒在两顶尖间或一夹一顶装夹，用百分表找正其上素线与工作台台面平行、其侧素线与工作台纵向进给方向平行。

在成批生产中，采用一次调整、定距切削铣削轴槽，设工件直径的变化 $\Delta d=d_{max}-d_{min}$，则上述装夹方法对轴上键槽误差的影响见表 5-1。

表 5-1 装夹方法对轴上键槽误差的影响

装夹方法	用机用平口钳装夹	用V形架装夹	用分度头、尾座装夹
工件轴线位置	上下、左右变动	上下变动，左右不变	不变动
轴槽深度最大误差	Δd	$0.707\Delta d$	$0.5\Delta d$
轴槽对称度最大误差	Δd	0	0

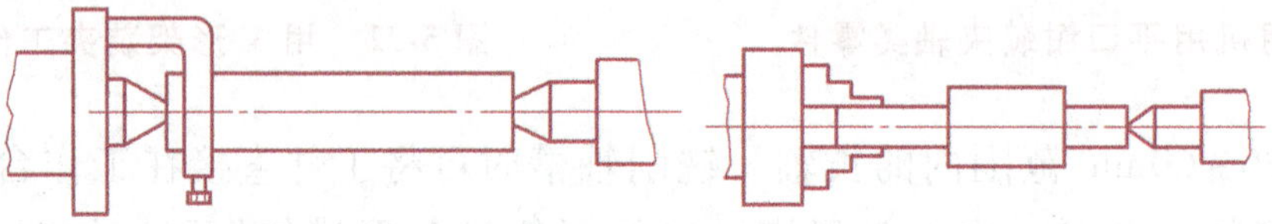

a) 用两顶尖装夹　b) 用自定心卡盘和尾座顶尖装夹

图 5-26 用分度头定中心装夹

(2) 铣刀切削位置的调整（对中心） 为保证轴槽对称于工件轴线，必须调整铣刀的位置，使键槽铣刀的轴线或盘形槽铣刀的对称平面通过工件的轴线（俗称“对中心”）。常用的调整方法如下。

1）按切痕调整对中心。这种方法对中精度不高，但使用简便，是最为常用的一种方法。

① 盘形槽铣刀切痕调整方法。先把工件大致调整到盘形槽铣刀的对称中心位置，开动机床，在工件表面上铣出一个接近铣刀宽度的椭圆形切痕，然后横向移动工作台，使铣刀宽度落在椭圆的中间位置，如图 5-27a 所示。

② 键槽铣刀切痕调整方法。其原理和方法与盘形槽铣刀切痕调整方法相同，只是键槽铣刀铣出的切痕是个边长等于铣刀直径的四方形小平面。对中时，使铣刀在旋转时落在小平面的中间位置，如图 5-27b 所示。

2）擦侧面调整对中心。这种方法对中精度较高，适用于盘形槽铣刀直径较大或键槽铣刀较长（相对工件直径而言）的场合。调整时，先在工件侧面贴一浸油薄纸，开动机床，使回转的铣刀逐渐靠向工件，当铣刀的切削刃擦到浸油薄纸后，降下工作台退出工件，再将工作台横向移动一个距离 A，实现对中，如图 5-28 所示。

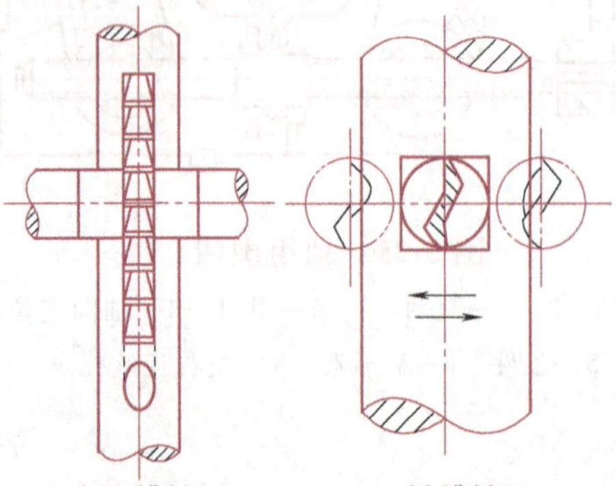

a) 盘形槽铣刀切痕对中心　b) 键槽铣刀切痕对中心

图 5-27 按切痕调整对中心

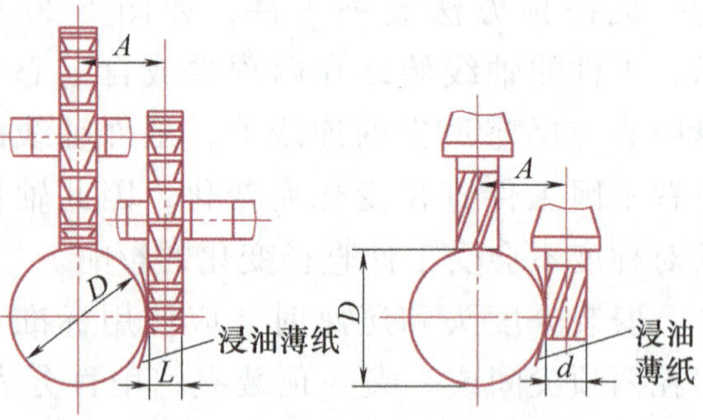

图 5-28 擦侧面调整对中心

距离 A 可按式（5-2）和式（5-3）计算。

用盘形槽铣刀时：

$$A=\frac{D+L}{2}+\delta \tag{5-2}$$

用键槽铣刀时：

$$A=\frac{D+d}{2}+\delta \tag{5-3}$$

式中 D——工件直径，单位为 mm；

L——盘形槽铣刀宽度，单位为 mm；

d——键槽铣刀直径，单位为 mm；

δ——纸厚，单位为 mm。

3）测量法对中心。利用机用平口钳装夹工件时，可在铣床主轴上先夹一根与铣刀直径相近的量棒，通过用游标卡尺测量量棒与两侧钳口的距离来进行调整。当两侧距离相等时，铣床主轴即位于工件的中心，此时卸下量棒，换上键槽铣刀即可进行铣削。

4）用杠杆百分表调整对中心。这种方法对中精度高，适合在立式铣床上采用，可对用分度头装夹的工件、V 形架或装夹工件的机用平口钳进行对中心调整，如图 5-29 所示。调整时，将杠杆百分表固定在立铣头主轴上，用手转动主轴，观察百分表在工件两侧、V 形架两侧或钳口两侧的读数，横向移动工作台时两侧读数不能超过允许的变动范围。

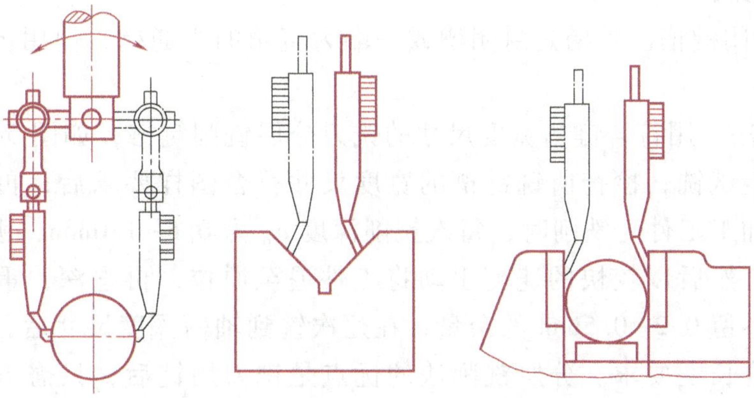

a) 检测工件　b) 检测V形架　c) 检测机用平口钳钳口

图 5-29　用杠杆百分表调整对中心

（3）轴槽的铣削方法

1）铣轴上通键槽。轴槽为通槽（如普通车床光杠上的键槽）或一端为圆弧形的半通槽（如铣刀杆上的键槽），一般都采用盘形槽铣刀来铣削。这种长的轴类零件，若外圆已经磨削准确，则可采用机用平口钳装夹进行铣削，如图 5-30a 所示。为避免因工件伸出钳口太多而产生振动和弯曲，可在伸出端用千斤顶支承。若工件直径只经粗加工，则采用自定心卡盘和尾座顶尖来装夹，且中间需用千斤顶支承。

工件装夹完毕并调整对中心后，应调整铣削宽度 a_e（即铣削层深度）。调整时先使回转的铣刀切削刃和工件圆柱面的上素线接触，然后退出工件，再将工作台上升 a_e 到轴槽的深度，即可开始铣削。当铣刀开始切到工件时，应手动慢慢移动工作台，不浇注切削液，并仔细观察。在铣削深度 a_p（即铣削层宽度）接近铣刀宽度时，检查轴的一侧是否有先出现阶台的现象，若有图 5-30b 所示的情况，则说明铣刀还未对准中心，应将工件有阶台一侧向铣刀作横向移动调整，直至对准中心为止。

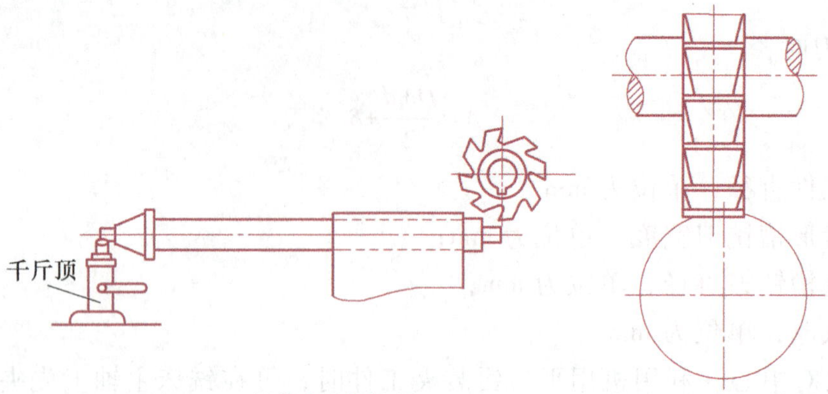

a) 采用机用平口钳装夹进行铣削　　b) 轴的一侧先出现阶台

图 5-30　铣轴上通键槽

当工件采用 V 形架或工作台中央 T 形槽加压板装夹时，可先将压板压在距工件端部 60~100mm 处，由工件端部向里铣出一段槽长，如图 5-23 所示。然后停车，将压板移到工件端部，垫上薄铜皮重新压紧工件，观察确认铣刀不会碰到压板后，再开车继续铣削全长，如图 5-31 所示。

2）铣轴上封闭键槽。轴槽是封闭槽或一端为直角的半通槽，使用键槽铣刀铣削。常用的方法如下：

① 分层铣削法。用符合键槽宽度尺寸的铣刀分层铣削键槽，如图 5-32 所示。安装铣刀后，先在废料上试铣，检查所铣键槽的宽度尺寸符合图样要求后，再装夹、找正工件并对好中心才可加工工件。铣削时，每次铣削深度 a_p 为 0.5~1.0mm，手动进给由轴槽的一端铣向另一端，然后以较快的速度手动将工件退至原位，再吃深，重复铣削。铣削时注意轴槽两端应各留 0.2~0.5mm 的余量，在逐次铣到轴槽深度尺寸后，再将轴槽两端余量铣去，使其符合长度要求。分层铣削法的优点是铣刀用钝后，只需刃磨端面，磨短不足 1mm，铣刀直径不受影响；铣削时也不会产生明显的“让刀”现象。缺点是在普通铣床上进行加工，操作不方便，生产率低。因此，分层铣削法主要适用于轴槽长度尺寸较短、生产数量不多的轴槽的铣削。

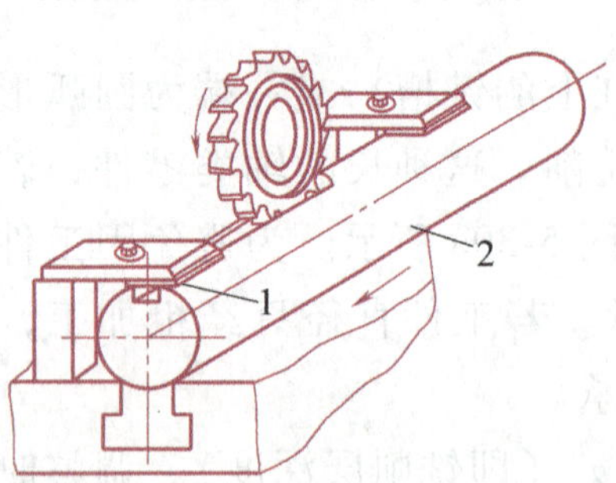

图 5-31　移动压板夹紧工件铣轴上键槽

1—薄铜皮　2—工件

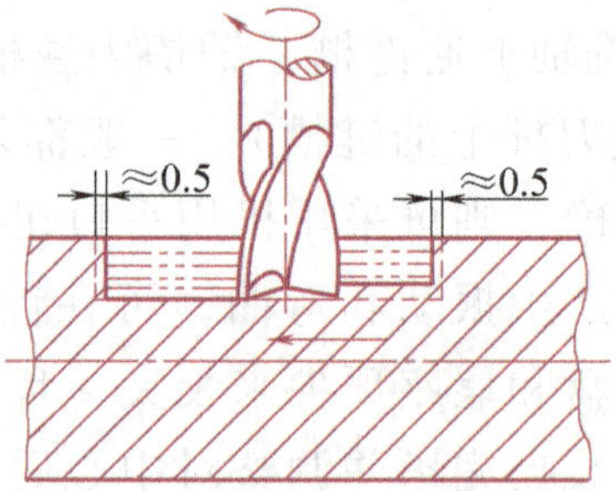

图 5-32　分层铣削轴上键槽

② 扩刀铣削法。先用直径较小的键槽铣刀（比槽宽尺寸小 0.5mm 左右）进行分层往复粗铣至槽深，深度留 0.1～0.3mm 的余量，槽长两端各留 0.2～0.5mm 的余量，再用符合轴槽宽度尺寸的键槽铣刀精铣，如图 5-33 所示。精铣时，由于铣刀的两个切削刃的背向力能相互平衡，因此铣刀偏让量较小，轴上键槽的对称度精度高。

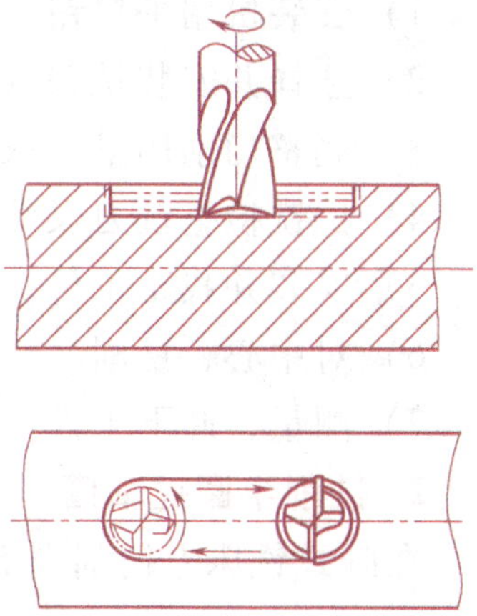

图 5-33　扩刀铣削轴上键槽

二、铣削轴槽技能训练

1. 铣削平键轴槽

铣削图 5-34 所示的零件的轴上键槽，材料为 45 钢，坯料为圆钢经精车或磨削而来。单件加工，采用机用平口钳装夹。轴槽宽度尺寸公差等级为 IT9，表面粗糙度 Ra 值为 3.2μm。封闭槽选用键槽铣刀 d=10mm 和 d=12mm 各 1 把，在立式铣床上加工；半通槽选用盘形槽铣刀（80mm×12mm）或同规格的三面刃铣刀在卧式铣床上加工。

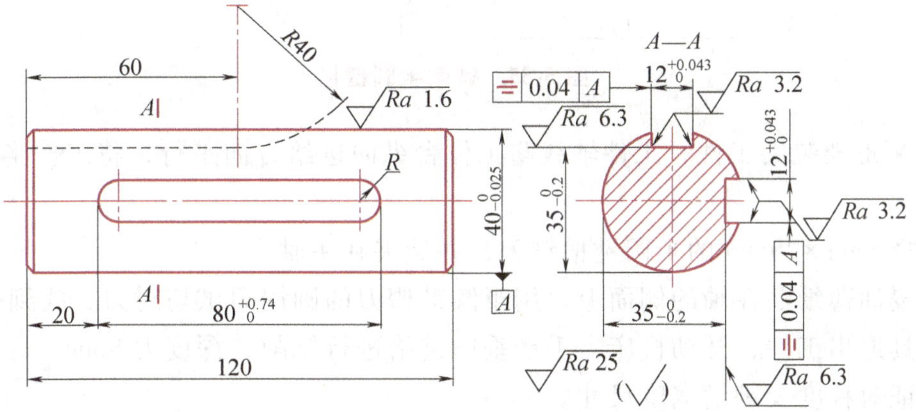

图 5-34　铣削轴上键槽

铣削步骤：

(1) 在立式铣床上铣削轴上封闭键槽

1) 安装机用平口钳，校正固定钳口与工作台纵向进给方向平行。

2) 选择并安装钻夹头和键槽铣刀。

3) 调整切削用量，取 n=475r/min，每次进给时的铣削深度 a_p=0.2～0.3mm，手动进给铣削。

4) 试铣检查铣刀尺寸。

5) 安装并找正工件。

6) 用杠杆百分表调整对中心。

7) 铣削封闭槽，先用 d=10mm 键槽铣刀分层粗铣，槽深留 0.2mm 的余量，槽两端各留 0.5mm 的余量。换 d=12mm 键槽铣刀扩刀精铣至规定要求。

8) 测量，卸下工件。

(2) 在卧式铣床上铣削轴上半通键槽

1）安装机用平口钳，校正固定钳口与主轴轴线垂直。

2）选择并安装铣刀（80mm×12mm，盘形槽铣刀或三面刃铣刀）。

3）调整切削用量，取 $n=95\text{r/min}$，$v_f=47.5\text{mm/min}$，a_e=槽深（一次铣到深度）。

4）试铣检查铣刀尺寸。

5）安装并找正工件。

6）对中心，铣削。

7）测量，卸下工件。

2. 铣削半圆键轴槽

在卧式铣床上铣削图5-35所示的半圆键槽。

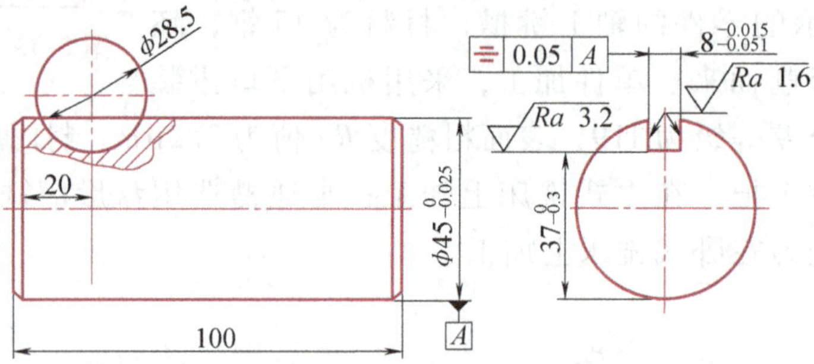

图5-35 铣削半圆键槽

1）用V形架装夹工件，工件轴线与工作台纵向进给方向平行，将工件半圆键槽部分露出。

2）选择8mm×28mm的半圆键槽铣刀，并装夹在主轴上。

3）将浸油薄纸贴在轴的侧面上，用半圆键槽刀的圆周刃试切对刀，找到键槽中心。

4）刀具退出工件，开动机床，手动垂向进给进行铣削，深度为8mm。

5）验证对称度及键槽宽度尺寸。

三、轴槽的检测和铣削质量分析

1. 轴槽的检测方法

（1）轴槽宽度的检测　轴槽的宽度可使用内径千分尺测量，左手握住内径千分尺顶端，右手转动微分筒，使两内测量爪测量面略小于槽宽尺寸，平行放入槽中，以一个量爪作为支点；另一个量爪做少量转动，找出最小点，转动棘轮直至发出响声，然后直接读数，如图5-36a所示。如要取出后读数，则应先锁紧测微螺杆锁紧装置，平行取出千分

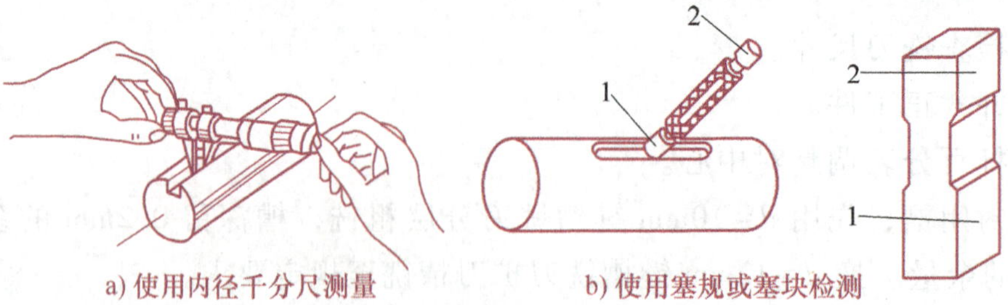

a) 使用内径千分尺测量　b) 使用塞规或塞块检测

图5-36 轴上键槽宽度的检测

1—通端 2—止端

尺测头。在大批量生产中，为提高检测效率，也常使用塞规或塞块检测，如图 5-36b 所示。

（2）轴槽的长度和深度的检测　轴上键槽的长度和深度一般都用游标卡尺来检测。封闭槽的槽深，可用如图 5-37 所示的方法检测。用游标卡尺测量时，可在轴槽内放一块比槽深略高的长方体（量块），量得尺寸减去长方体高度尺寸，即为槽底到圆柱面对侧素线的尺寸。宽度大于千分尺测量杆直径的轴槽，可用千分尺直接测量。

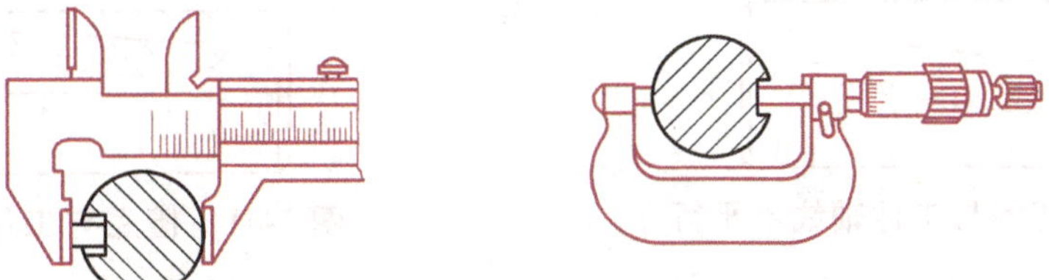
a) 用量块配合游标卡尺测量槽深　b) 用千分尺测量槽深

图 5-37　轴槽深度的测量

（3）轴槽中间平面对轴线对称度的检测　将工件置于 V 形架内，选择一块与轴槽宽度尺寸相同的塞块塞入轴槽内，并使塞块的平面大致处于水平位置，用百分表检测塞块的 *A* 面与平板平面（或工作台台面）平行并读数，然后将工件转动 180°，用百分表检测塞块 *B* 面与平板平面平行并读数，两次读数的差值就是轴上键槽的对称度误差，如图 5-38 所示。在大批量生产中，还可使用样板检验对称度，如图 5-39 所示。

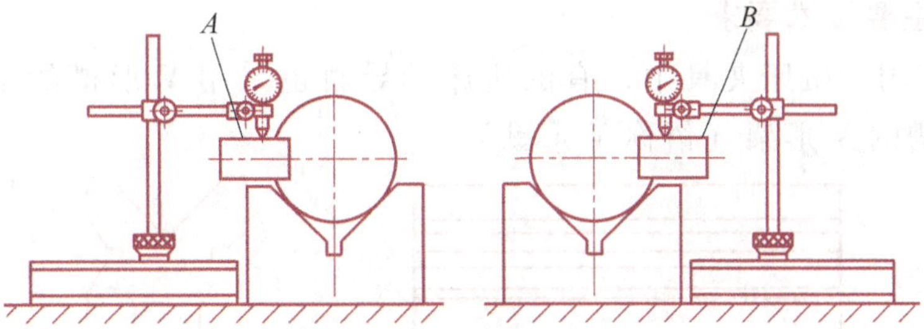

图 5-38　轴上键槽对称度检测

2. 轴槽铣削质量分析

（1）轴槽宽度尺寸不合格的影响因素

1）铣刀宽度尺寸或直径尺寸不合适，没有经过试铣检查铣刀尺寸，就直接铣削工件。

2）用键槽铣刀铣槽，铣刀径向圆跳动过大；用盘形槽铣刀铣槽，铣刀轴向圆跳动过大，从而将轴槽铣宽。

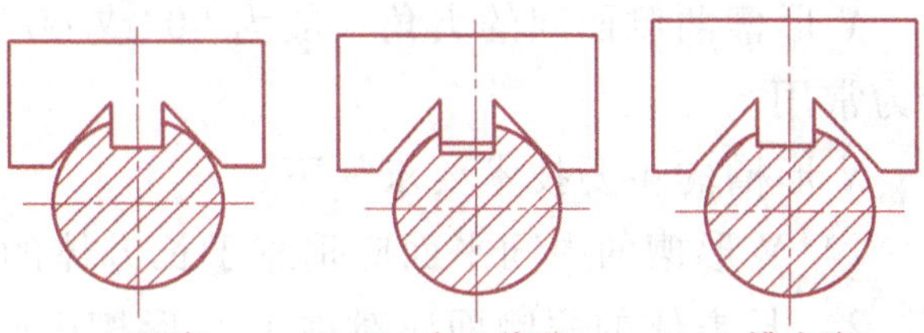
a) 正确　b) 中心偏移　c) 槽太浅

图 5-39　用样板检验对称度

3）铣削时，吃刀量过大，进给量过大，产生“让刀”现象，将槽铣宽。

（2）轴槽两侧与工件轴线不对称的影响因素

1）铣刀对中不准。

2）铣削时，铣刀让刀量太大。

3）成批生产时，工件外圆尺寸公差太大。

4）轴槽两侧扩铣余量不一致。

（3）图 5-40 所示的轴槽两侧与工件轴线不平行的影响因素

1）工件外圆直径不一致，有大小头。

2）用机用平口钳或 V 形架装夹工件时，机用平口钳或 V 形架没有找正。

（4）图 5-41 所示的轴槽槽底与工件轴线不平行的影响因素

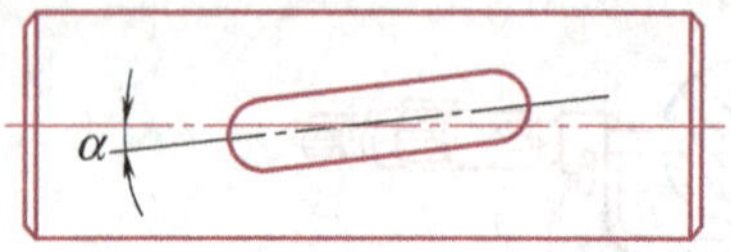

图 5-40 轴槽两侧与工件轴线不平行

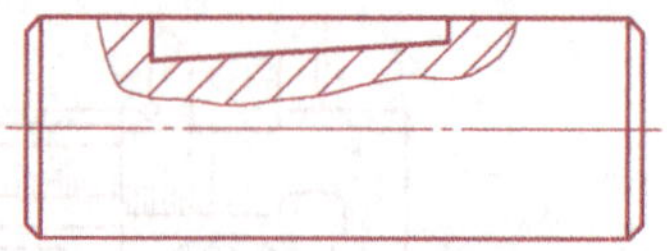

图 5-41 槽底与工件轴线不平行

1）工件上素线未找准水平。

2）选用的垫铁不平行，或选用的两个 V 形架不等高。

课题四 铣削 V 形槽

一、V 形槽及其铣削方法

1. V 形槽的主要技术要求

V 形槽广泛应用于机床夹具中，有的机床的导轨也采用 V 形槽的结构形式。图 5-42 所示是具有 V 形槽的 V 形架（俗称 V 形铁）。

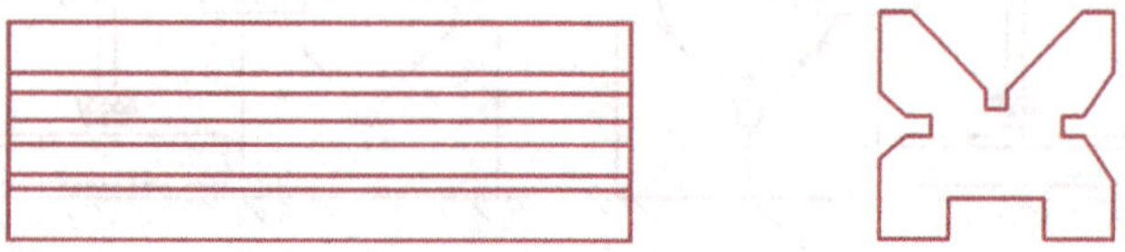

图 5-42 V 形架

V 形槽两侧面间的夹角一般为 90°或 60°，也有 120°的，其中以夹角为 90°的 V 形槽最为常用。

V 形槽的主要技术要求如下：

1）V 形槽的中间平面应垂直于长方体的基准面（底面）。

2）长方体的两侧面应对称于 V 形槽中间平面。

3）V 形槽窄槽两侧应对称于 V 形槽中间平面。窄槽槽底应略超出 V 形槽两侧面的延长交线。

2. V 形槽的铣削方法

（1）调整立铣头铣削 夹角大于或等于 90°的 V 形槽，可在立式铣床上调转立铣头用立铣刀铣削，如图 5-43 所示。铣削前应先铣出窄槽，然后调转立铣头，用立铣刀铣削 V 形槽。铣完一侧 V 形面后，将工件松开调转 180°后夹紧，再铣另一侧 V 形面。也可以将立铣头反方向调转角度后铣另一侧 V 形面。铣削时，工件的基准面应与工作台横向进给方向平行。

(2) 调整工件铣削 夹角大于 90°、精度要求不高的 V 形槽，可按划线找正 V 形槽的一个侧面，使之与工作台台面平行装夹，铣完一侧后，重新装夹找正另一侧，再铣削成形，如图 5-44 所示。夹角等于 90°且尺寸不太大的 V 形槽，可一次装夹铣削成形。

(3) 用角度铣刀铣削 夹角小于或等于 90°的 V 形槽，一般采用与其角度相同的对称双角铣刀在卧式铣床上铣削，铣削前应先用锯片铣刀铣出窄槽，工件的基准面应与工作台纵向进给方向平行，如图 5-45 所示。

图 5-43 调整立铣头铣削 V 形槽

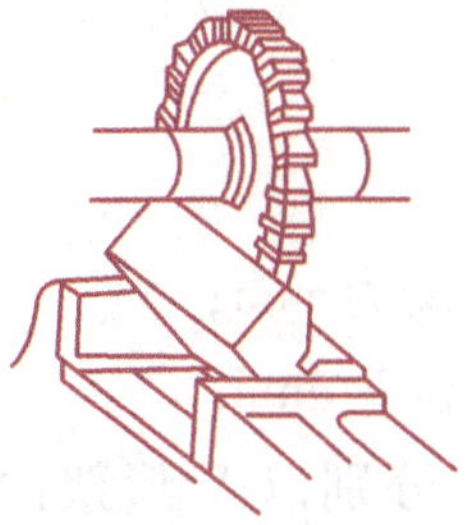

图 5-44 调整工件角度铣削 V 形槽

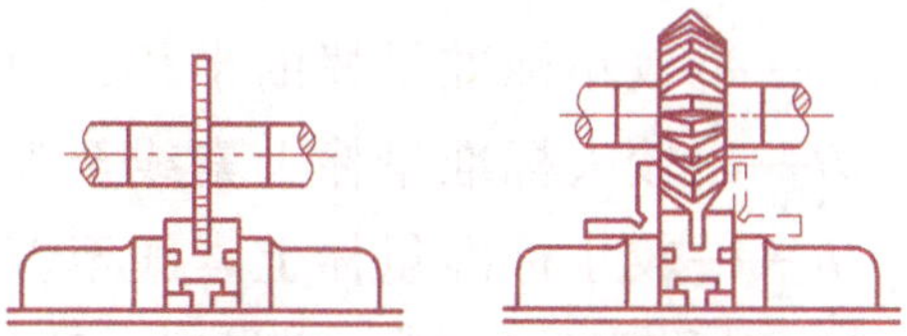

a) 用锯片铣刀铣削窄槽　b) 铣削V形槽

图 5-45 用对称双角铣刀铣削 V 形槽

如无合适的对称双角铣刀，可用两把刃口相反、规格相同的单角铣刀组合起来铣削。组合时，两把单角铣刀中间应垫适当厚度（小于窄槽宽度）的垫圈或铜皮，或使两把单角铣刀的刃口错开，以免将铣刀的端面刃口夹坏。

V 形槽也可用一把单角铣刀来铣削。单角铣刀的角度等于 V 形槽夹角的 1/2。铣削完一侧后将工件转 180°再铣削另一面。此方法较费时，但能获得较好的对称度。不转工件而将单角铣刀翻身装夹后也可铣削另一面，但比转工件法费时，且需要重新对刀，对称度也较差，所以一般不采用此法铣削。

3. V 形槽的检测方法

V 形槽的检测项目有宽度 B、槽角 α 和对称度。

(1) 宽度 B 的检测

1）用游标卡尺直接测量槽宽 B，测量简便，但检测精度差。

2）用标准量棒间接测量槽宽 B，测量精度较高，如图 5-46 所示。测量时，先间接测得尺寸 h，然后根据式（5-4）计算得出 V 形槽宽度 B：

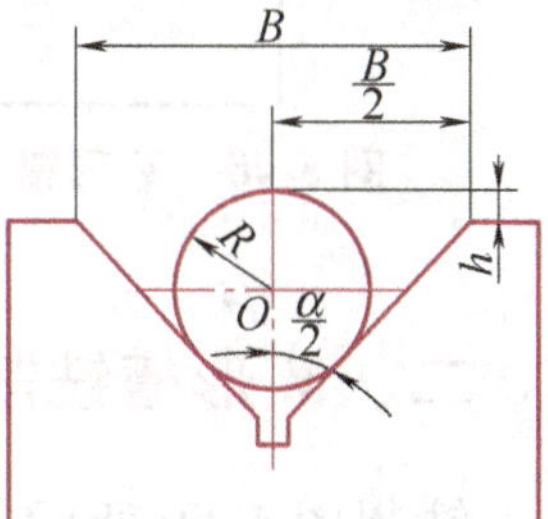

图 5-46 V 形槽宽度 B 的测量计算

$$B=2\tan\frac{\alpha}{2}\left[\frac{R}{\sin\frac{\alpha}{2}}+R-h\right] \tag{5-4}$$

式中 R——标准量棒半径，单位为 mm；

α——V 形槽槽角，单位为（°）；

h——标准量棒上素线至 V 形槽上平面的距离，单位为 mm。

(2) 槽角 α 的检测

1) 用角度样板测量。通过观察工件与样板间的缝隙判断 V 形槽槽角 α 是否合格。

2) 用游标万能角度尺测量。如图 5-47 所示,测量角度 A 或 B,间接测出 V 形槽半槽角 $\alpha/2$。

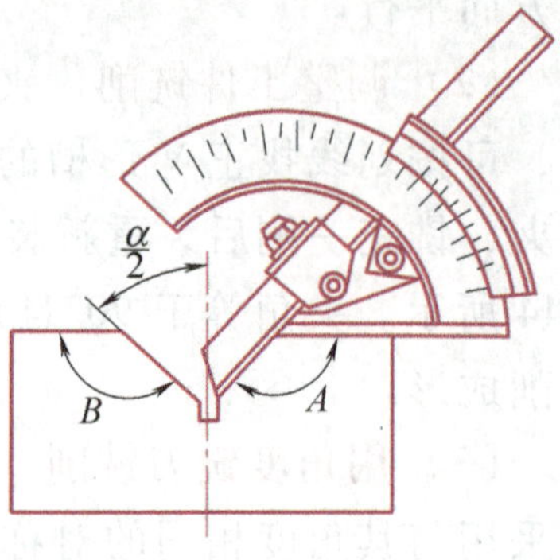

图 5-47 用游标万能角度尺测量 V 形槽槽角

3) 用标准量棒间接测量。此法测量精度较高,如图 5-48 所示,测量时,先后用两根不同直径的标准量棒进行间接测量,分别测得尺寸 H 和 h,然后根据式(5-5)计算,求出槽角 α 的实际值:

$$\sin\frac{\alpha}{2}=\frac{R-r}{(H-R)-(h-r)} \tag{5-5}$$

式中 R——较大标准量棒的半径,单位为 mm;

r——较小标准量棒的半径,单位为 mm;

H——较大标准量棒上素线至 V 形架底面的距离,单位为 mm;

h——较小标准量棒上素线至 V 形架底面的距离,单位为 mm。

(3) 对称度的检测 测量时,V 形槽内放一标准量棒,分别以 V 形架两侧面为基准,放在平板平面上,用杠杆百分表测量量棒的最高点,若两次测量的读数相同,则 V 形槽的中间平面与 V 形架中间平面重合(对称),两次测量读数之差,即为对称度误差,如图 5-49 所示。如用游标高度卡尺测量量棒最高点,则可求得 V 形槽中间平面至侧面的实际距离。

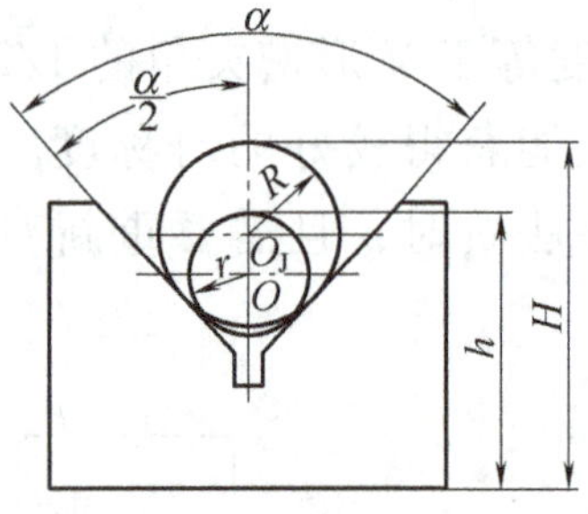

图 5-48 V 形槽槽角的测量计算

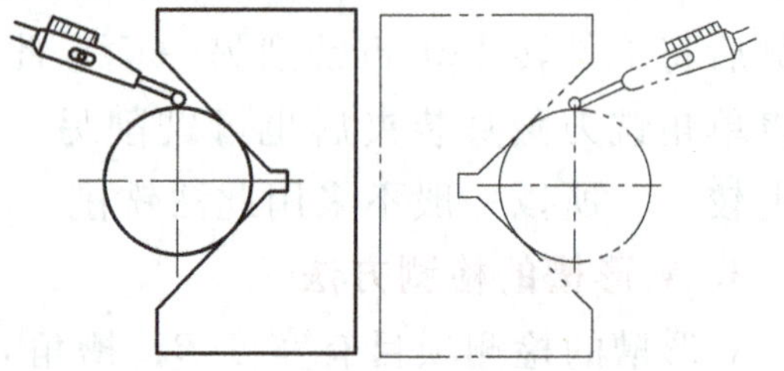

图 5-49 V 形槽对称度的检测

二、V 形槽铣削技能训练

铣削图 5-50 所示的 V 形槽(为方便读图,此处将次要尺寸标注略去不注),毛坯采用模块五课题二的加工件。

铣削步骤:

1. 选择铣刀

根据窄槽和 V 形槽尺寸,选择尺寸为 80mm×3mm 的锯片铣刀和直径为 25mm 的锥柄立铣刀各 1 把。

2. 铣削窄槽

在卧式铣床上用机用平口钳装夹工件,校正机用平口钳固定钳口,使其与工作台纵

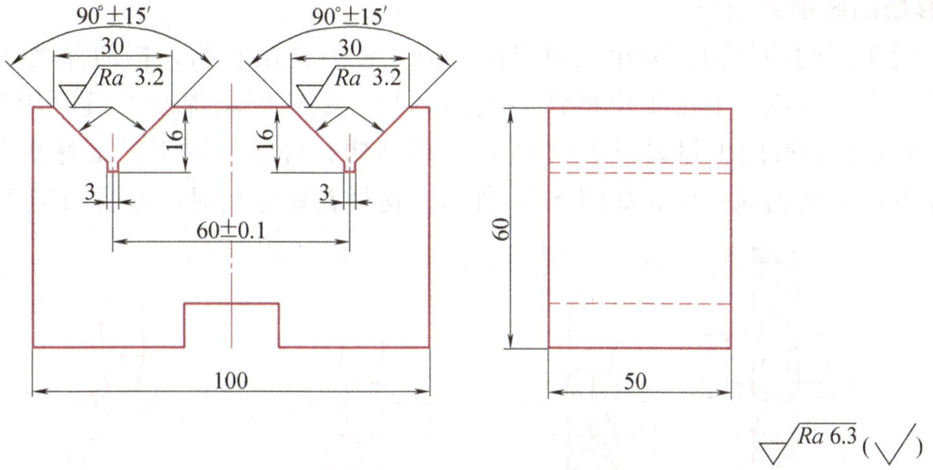

图 5-50 铣削 V 形槽

向进给方向平行。铣削前先用试铣法对中心，以保证其对称度要求。主轴转速 $n=118\text{r/min}$，按深度尺寸 16mm 手动进给铣两窄槽至要求。

3. 铣削 V 形槽

在立式铣床上用调转立铣刀的方法铣削。工件用机用平口钳装夹，固定钳口找正成与工作台横向进给方向平行，工件与机用平口钳导轨贴实、夹紧。先按划线粗铣，留 1mm 的余量，调整切削层深度，半精铣 V 形槽一侧面，然后将工件转 180°装夹，铣削另一 V 形槽的一侧面；继而将工作台横向移动 60±0.1mm 后，用相同的方法铣削两 V 形槽的另一个侧面。半精铣后用量棒测得实际尺寸后，调整并精铣槽宽至 30±0.1mm。

课题五 铣削 T 形槽

一、T 形槽及其铣削方法

1. T 形槽的主要技术要求

图 5-51 所示的 T 形槽多见于机床（如铣床、钻床和刨床等）工作台，用于与机床附件、夹具配套时的定位和固定。T 形槽已实现标准化。

T 形槽由直槽和底槽组成，根据使用要求分基准槽和固定槽。基准槽的尺寸精度和形状、位置要求比固定槽高。

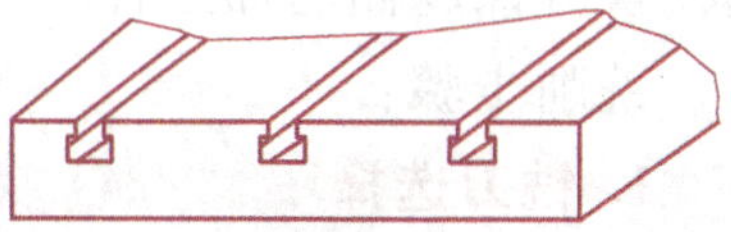

图 5-51 T 形槽

T 形槽的主要技术要求如下：

1）直槽宽度尺寸公差，基准槽的尺寸公差等级为 IT8，固定槽的尺寸公差等级为 IT12。

2）基准槽的直槽两侧面应平行（或垂直）于工件的基准面。

3）底槽的两侧面应基本对称于直槽的中间平面。

4）直槽两侧面的表面粗糙度 Ra 值，基准槽为 2.5μm，固定槽为 6.3μm。

2. T 形槽的铣削方法

对于一般T形槽的铣削，先用三面刃铣刀或立铣刀铣出直槽，槽的深度留1mm左右的余量，然后在立式铣床上用T形槽铣刀铣出底槽，铣至要求深度，最后用角度铣刀在槽口倒角。T形槽的铣削步骤如图5-52所示。在结构允许的情况下，最好将T形槽的直槽部分设计得比平底稍深一些，如图5-53所示，这样在铣底槽时可改善切削条件。

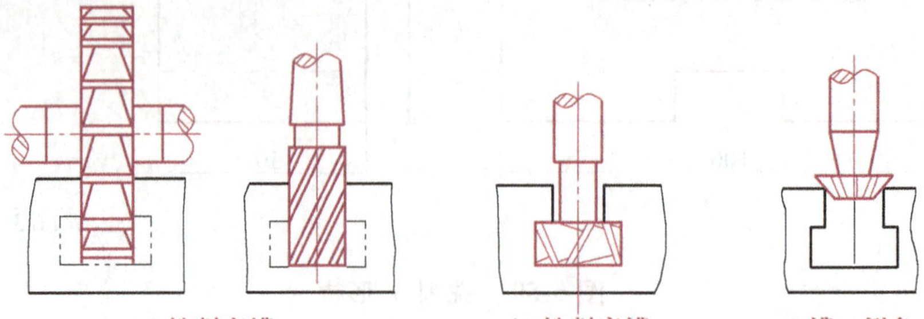

a) 铣削直槽　b) 铣削底槽　c) 槽口倒角

图 5-52　T 形槽的铣削步骤

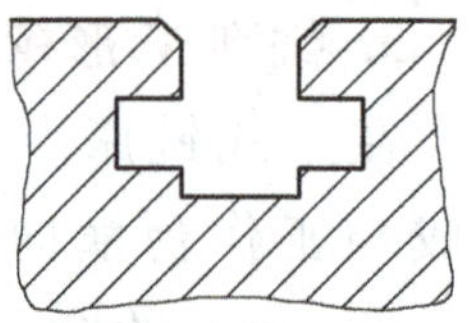

图 5-53　槽底不平的 T 形槽

T形槽铣刀应按直槽宽度尺寸选择。T形槽铣刀的颈部直径尺寸即为T形槽的公称尺寸（直槽宽度）。

3. 铣削 T 形槽的注意事项

1）T形槽铣刀切削时，切削部分深入工件内部，切屑不易排出，容易将容屑槽填满（塞刀）而使铣刀失去切削能力，以致使铣刀折断，因此应经常退刀，及时清除切屑。

2）T形槽铣刀切削时，切削热因排屑不畅而不易散发，容易使铣刀产生退火而丧失切削能力，因而在铣削钢件时，应充分浇注切削液。

3）T形槽铣刀切削时，切削条件差，而且T形槽铣刀的颈部比较细，容易折断，因此应选用较小的进给量和较低的切削速度。

4. T 形槽的检测方法

T形槽的槽宽、槽深以及底槽与直槽的对称度可用游标卡尺测量，直槽对工件基准面的平行度可在平板上用杠杆百分表检测。

二、T 形槽铣削技能训练

铣削图5-54所示的T形槽（为方便读图，此处将次要尺寸标注略去不注），毛坯采用模块五课题四的加工件。

铣削步骤：

1. 铣刀选择

选择直径为16mm的锥柄立铣刀、16mm的T形槽铣刀和80mm×90°的对称双角铣刀。

2. 安装、校正机用平口钳

固定钳口与工作台纵向进给方向平行，装夹工件。

3. 铣削直槽

用立铣刀粗、精铣直槽，保证宽度为 $16^{+0.043}_{0}$ mm，深度为22mm。

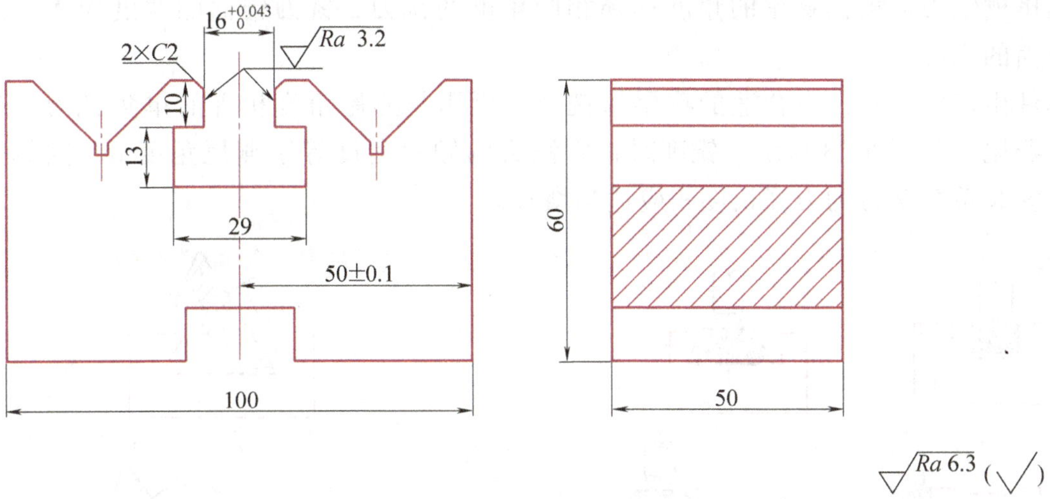

图 5-54　铣削 T 形槽

4. 铣削底槽

用 T 形槽铣刀铣削底槽至尺寸。

5. 倒角

在卧式铣床上用角度铣刀倒角。

课题六　铣削燕尾槽

一、燕尾槽及其铣削方法

1. 燕尾槽的主要技术要求

燕尾槽与燕尾是配合使用的，如图 5-55 所示。在机械设备中，常采用燕尾结构作为直线运动的引导件或紧固件，如燕尾导轨等。

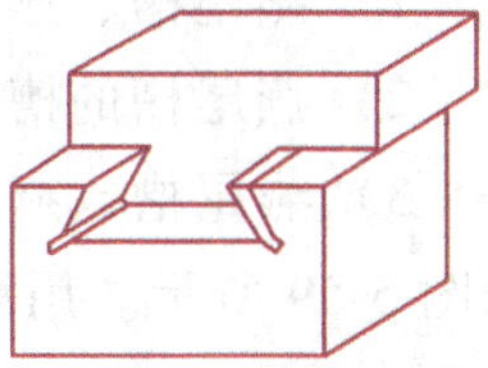

图 5-55　燕尾槽与燕尾

燕尾结构的燕尾槽和燕尾之间有相对直线运动，因此对角度、宽度、深度均具有较高的精度要求，斜面的平面度要求较高，且表面粗糙度值要小。

燕尾的角度 α 有 45°、50°、55°、60°等多种，一般采用 55°。

燕尾槽与燕尾在配合时，大多在中间有一块塞铁（又称镶条），用以调整配合间隙。为便于间隙的调整，也有将燕尾槽一侧的燕尾侧面制成带斜度的，如图 5-56 所示，与具有相同斜度的塞铁相配合，只要沿相对直线运动方向移动塞铁，就可方便、准确地调整间隙和补偿磨损。

2. 燕尾槽和燕尾的铣削方法

燕尾槽和燕尾的铣削过程分两个步骤，先在立式铣床上用立铣刀或面铣刀铣直角槽或阶台，然后用燕尾槽铣刀铣出燕尾槽或燕尾，如图 5-57 所示。

图 5-56　带斜度的燕尾槽

燕尾槽铣刀应根据燕尾的角度选择相同角度的铣刀，铣刀锥面的宽度应大于工件燕尾槽斜面的宽度。

单件生产时，若没有合适的燕尾槽铣刀，可用与燕尾角度相等的单角铣刀来铣削燕尾槽、燕尾，如图 5-58 所示。铣削时，立铣头的倾斜角度等于燕尾角度 α，因偏转角度较大，安装单角铣刀的刀杆长度相应适当增长。

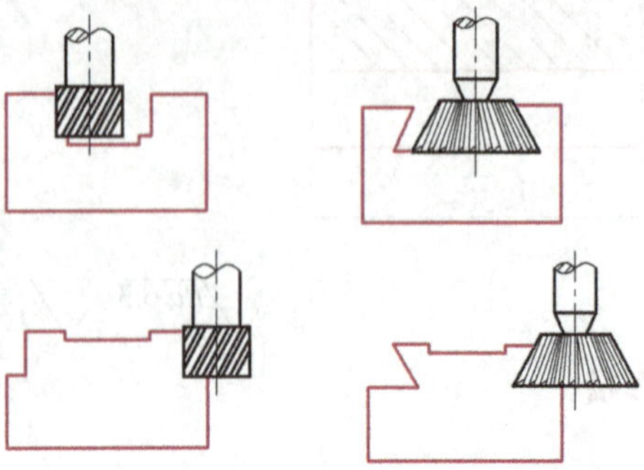

a) 铣削直槽或阶台　b) 铣削燕尾槽或燕尾

图 5-57　燕尾槽、燕尾的铣削

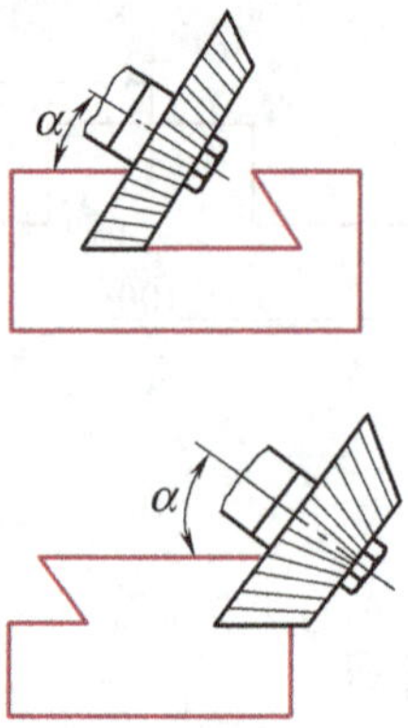

图 5-58　用单角铣刀铣削燕尾槽和燕尾

3. 铣削燕尾槽、燕尾应注意的事项

1）燕尾槽、燕尾的铣削条件与铣削 T 形槽时大致相同，但燕尾槽铣刀刀尖处的切削性能和强度都很差，因此铣削中转速不可过高，切削层深度、进给量不可过大，以减小切削力，还要及时排屑，并充分浇注切削液。

2）铣削直槽时槽深可留 0.5~1mm 的余量，留待铣燕尾槽时同时铣成槽深，以使燕尾槽铣刀工作平稳。

3）铣削燕尾槽应分粗铣、精铣两步进行，以提高燕尾斜面的表面质量。

4. 燕尾槽的检测方法

1）燕尾槽、燕尾的槽角 α 可用游标万能角度尺测量。

2）燕尾槽的槽深、燕尾的高度可用游标深度卡尺、游标高度卡尺测量。

3）燕尾槽、燕尾的宽度由于工件有空刀槽和倒角，须借用两根标准量棒间接测量，如图 5-59 所示。用游标卡尺测得两标准量棒之间的距离尺寸 M 或 M_1，可计算出燕尾槽的宽度 A 或燕尾的宽度 a。

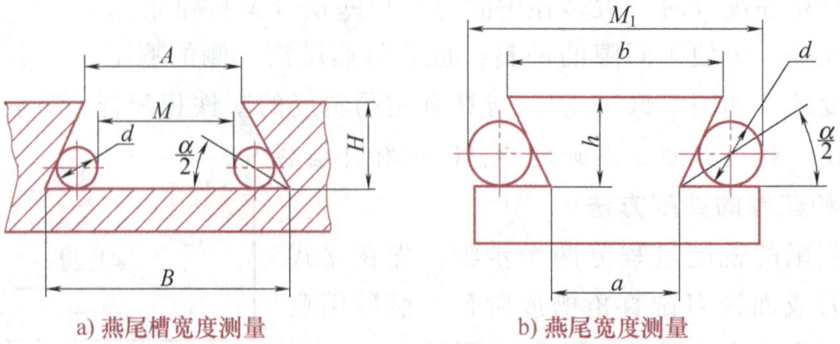

a) 燕尾槽宽度测量　b) 燕尾宽度测量

图 5-59　燕尾槽、燕尾宽度的测量

燕尾槽宽度的计算：

$$A=M+d\left(1+\cot\frac{\alpha}{2}\right)-2H\cot\alpha \tag{5-6}$$

$$B=M+d\left(1+\cot\frac{\alpha}{2}\right) \tag{5-7}$$

式中 A——燕尾槽最小宽度，单位为 mm；
B——燕尾槽最大宽度，单位为 mm；
M——两标准量棒内侧距离，单位为 mm；
d——标准量棒直径，单位为 mm；
α——燕尾槽槽角，单位为（°）；
H——燕尾槽槽深，单位为 mm。

燕尾宽度的计算：

$$a=M_1-d\left(1+\cot\frac{\alpha}{2}\right) \tag{5-8}$$

$$b=M_1+2h\cot\alpha-d\left(1+\cot\frac{\alpha}{2}\right) \tag{5-9}$$

式中 a——燕尾最小宽度，单位为 mm；
b——燕尾最大宽度，单位为 mm；
M_1——两标准量棒外侧距离，单位为 mm；
d——标准量棒直径，单位为 mm；
α——燕尾角度，单位为（°）；
h——燕尾高度，单位为 mm。

二、燕尾槽铣削技能训练

铣削如图 5-60 所示的燕尾槽（为方便读图，此处将次要标注尺寸略去不注），毛坯采用模块五课题五的加工件。

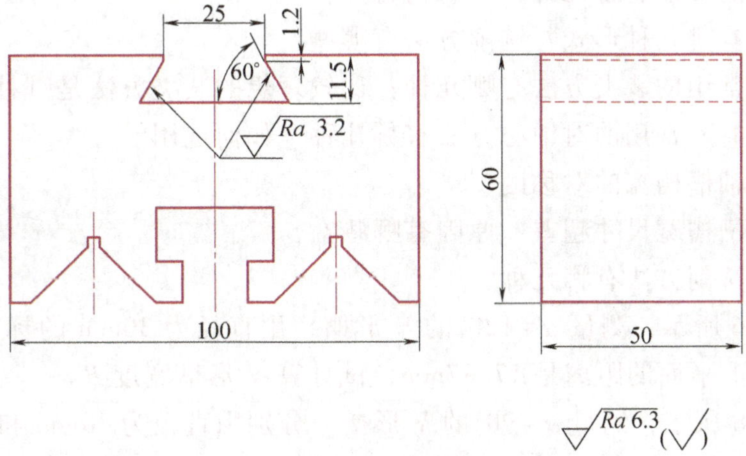

图 5-60 铣削燕尾槽

铣削步骤：

1）选择直径为22mm的锥柄立铣刀，直径为32mm、角度为60°的燕尾槽铣刀。

2）安装、校正机用平口钳，装夹工件。

3）铣削直槽至尺寸为25mm，深度为11mm。

4）铣削燕尾槽至深度为11.5mm，如图5-60所示。

5）采用8mm直径的标准量棒和游标卡尺检验工件。

三、特形沟槽铣削质量分析

常见的特形沟槽有V形槽、T形槽和燕尾槽等。

1. 特形沟槽尺寸公差超差的原因

1）铣刀尺寸不准，使T形槽直槽宽度和燕尾槽宽度不准。

2）铣削V形槽时，深度不准使V形槽槽口尺寸不准。

3）工作台移动距离不准。

2. 特形沟槽几何公差超差的原因

1）铣刀的形状不准确。

2）用通用铣刀（如立铣刀、角度铣刀等）铣削特形沟槽时，立铣头倾斜角度不准确。

3. 特形沟槽表面粗糙度值太大的原因

1）铣刀磨损变钝。

2）切屑排除不畅，有阻塞。

3）铣削用量选择不当。

4）铣削时有振动。

5）切削液浇注不够充分。

思考与练习

1. 铣削阶台和直角沟槽时为什么要精确地校正夹具？如何校正？
2. 铣削阶台和直角沟槽有哪些技术要求？
3. 铣削阶台的方法有哪几种？各有何特点？
4. 直角沟槽有哪几种形式？铣削方法有哪些？
5. 铣削轴槽常用的装夹方法有哪几种？比较理想的装夹方法是哪种？为什么？
6. 铣削轴槽时，常用的对中心方法有哪几种？如何选用？
7. 如何检验轴槽槽宽的对称度？
8. 铣削的轴槽槽宽尺寸超差，原因有哪些？
9. V形槽的铣削方法有哪几种？
10. 如图5-46所示，测量$\alpha=120°$的V形槽，用直径为30mm的标准量棒测得量棒上素线至V形槽上平面的距离是17.87mm，试计算V形槽宽度B。
11. 如图5-48所示，测量$\alpha=90°$的V形槽，分别用直径为40mm和25mm的标准量棒测得$H=55$mm，$h=26.38$mm，试计算V形槽实际槽角。

12. 简述铣削T形槽时的注意事项。

13. 简述铣削燕尾槽时的注意事项。

14. 如图5-59a所示，测量55°燕尾槽，已测得槽深 $H=10.05$mm，用直径为8mm的标准量棒间接测量，两量棒内侧距离 $M=20.75$mm，试求燕尾槽槽口宽度 A。

15. 有一燕尾槽如图5-61所示，用卡尺和测量棒测得尺寸 $M=32.4$mm，试求槽底宽度 B。

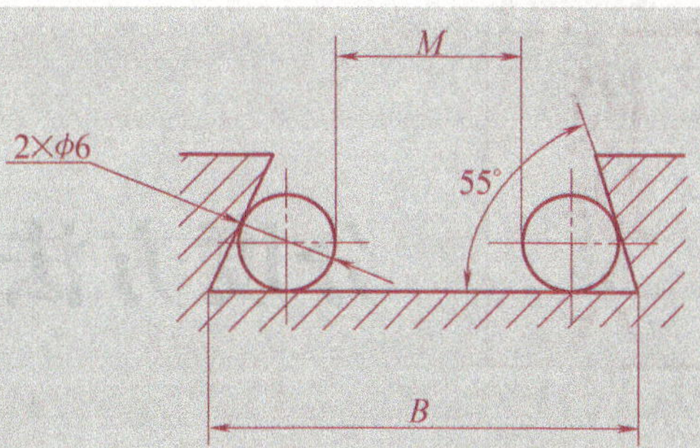

图5-61 题15图

模块六 分度方法

学习目标

知识目标

1. 了解万能分度头的功用。
2. 掌握万能分度头的结构及传动系统组成。
3. 了解万能分度头的附件及其功用。
4. 掌握各种分度法的计算。
5. 了解回转工作台的相关内容。

技能目标

1. 能正确使用万能分度头。
2. 能进行万能分度头的维护。
3. 掌握万能分度头及附件装夹工件的方法。
4. 能进行圆周、角度分度。
5. 能进行直线移距分度。
6. 能正确使用回转工作台。
7. 具备一定的技能拓展能力及适应发展的能力。

素养目标

1. 培养敬业、专注、创新的工匠精神。

2. 增强节能环保意识、安全意识，能正确遵守车间安全作业要求，注重个人安全防护。

3. 具备将分度方法应用于具体工作领域的能力，具有一定的分析问题和解决问题的能力。

课题一 万能分度头

机械分度头（简称分度头）是万能铣床的重要精密附件之一，在其他机床（如磨床、钻床、刨床和插床）上也得到广泛的应用。分度头可以把夹持在顶尖间或卡盘上的工件转动任意角度，并可把工件分成任意等分，方便在铣床上铣削螺旋槽、斜齿圆柱齿轮等。

分度头按是否具有差动分度交换齿轮连接装置分成万能型（FW 型）和半万能型（FB 型）两种。铣床上使用的主要是万能型分度头。

一、万能分度头的结构和传动系统

1. 万能分度头的型号及功用

1）万能分度头的型号由大写的汉语拼音字母和数字两部分组成。

F W 250
- 250——夹持工件最大直径为 250mm
- W——万能型
- F——分度头

常用的万能分度头有 FW200、FW250 和 FW320 三种，其中 FW250 型万能分度头是铣床上应用最为普遍的一种。

2）万能分度头的主要功用如下：

① 能够将工件作任意的圆周等分或直线移距分度。

② 可把工件的轴线放置成水平、垂直或任意角度的倾斜位置。

③ 通过交换齿轮，可使分度头主轴随铣床工作台的纵向进给运动作连续旋转，以铣削螺旋面和等速凸轮的型面等。

2. 万能分度头的结构

万能分度头的外形如图 6-1 所示。

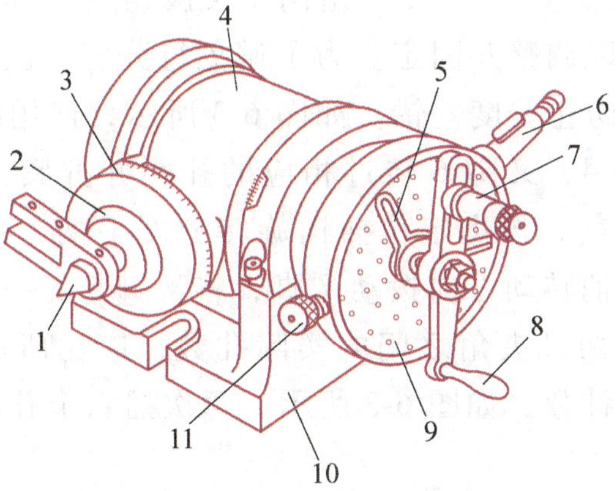

图 6-1 万能分度头外形

1—顶尖 2—分度头主轴 3—刻度盘 4—回转体 5—分度叉 6—侧轴 7—定位插销 8—分度手柄 9—分度盘 10—基座 11—紧固螺钉

（1）主轴 分度头主轴是一空心轴，前后两端均为莫氏 4 号锥孔（FW250 型），前锥孔用来安装顶尖或锥度心轴，后锥孔安装交换齿轮轴，用以安装交换齿轮。主轴前端的外部有一段定位锥体（短圆锥），用来安装自定心卡盘的法兰盘。

（2）刻度盘 刻度盘固定在主轴的前端，与主轴一起转动。其圆周面上有 0°～360° 的刻线，在直接分度时用来确定主轴转过的角度。

（3）回转体 回转体是安装分度头主轴等的壳体形零件，主轴随回转体可沿基座的环形导轨转动，使主轴轴线在-6°~90°的范围内做不同仰角的调整。调整时，应先松开基座上靠近主轴后端的两个螺母，调整后再予以紧固。

(4) 分度盘（又称孔盘）　图 6-2 所示的分度盘套装在分度手柄轴上，盘上（正、反面）有若干圈在圆周上均布的定位孔，作为各种分度计算和实施分度的依据。分度盘配合分度手柄可以完成不是整转数的分度工作。不同型号的分度头都配有一或两块分度盘，FW250 型万能分度头有两块分度盘。分度盘上孔圈的孔数见表 6-1。

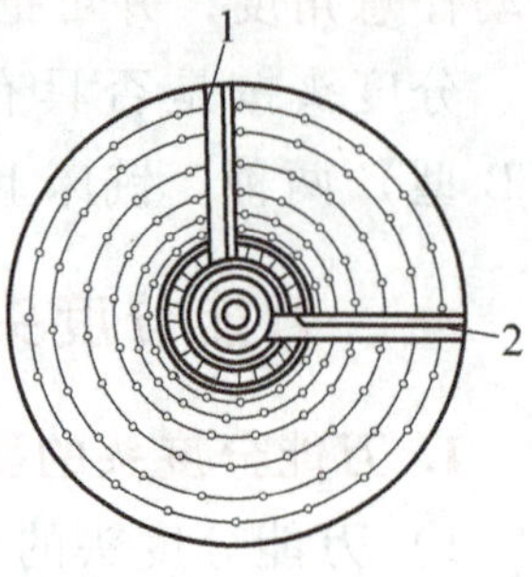

图 6-2　分度盘

1、2—分度叉

表 6-1　分度盘孔圈的孔数

分度头形式	分度盘孔圈的孔数
带一块分度盘	正面:24,25,28,30,34,37,38,39,41,42,43 反面:46,47,49,51,53,54,57,58,59,62,66
带两块分度盘	第一块　正面:24,25,28,30,34,37 反面:38,39,41,42,43
	第二块　正面:46,47,49,51,53,54 反面:57,58,59,62,66

分度盘左侧有一个紧固螺钉，一般工作情况下分度盘由紧固螺钉固定。松开紧固螺钉，可使分度手柄随分度盘一起做微量的转动调整，或完成差动分度、螺旋面加工等。

(5) 分度叉（又称扇形股）　分度叉由两个叉脚组成，其开合角度的大小，按分度手柄所需转过的孔距数予以调整并固定。为了避免每分度一次都要数孔数，可利用分度叉来计数，以方便分度、防止分度差错。如图 6-3 所示，使用时将分度叉中的叉脚 5 紧贴定位销，松开紧固螺钉 4，叉脚 6 转过相应的孔距并拧紧，使两叉脚保持固定的夹角。在第二次摇分度手柄前，拔出定位插销旋转分度手柄，并使定位插销落入紧靠叉脚 6 一侧的孔内，顺着手柄转动方向拨动叉脚，将叉脚 5 的一侧拨到紧靠定位插销即可进行下一次分度。分度叉两叉夹角之间的实际孔数，应比所需要孔距数多一个孔，因为第一孔是做起始点而不计数，如图 6-3 所示，每次摇六个孔距的情况，两个叉脚之间有七个孔。

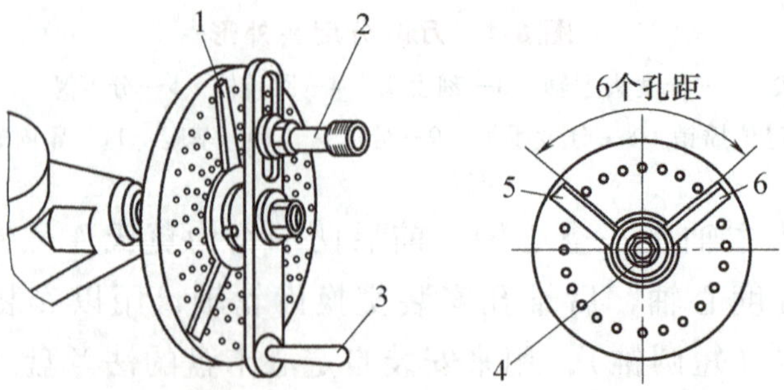

a) 分度盘与分度叉的结构　　b) 分度叉的使用

图 6-3　分度叉

1—分度叉　2—定位插销　3—分度手柄　4—紧固螺钉　5、6—叉脚

（6）分度手柄 分度手柄为分度用。摇动分度手柄，主轴按一定传动比回转。

（7）定位插销 定位插销在分度手柄的曲柄的一端，可沿曲柄做径向移动调整到所选孔数的孔圈圆周，与分度叉配合准确分度。

（8）侧轴 侧轴用于与分度头主轴间或铣床工作台纵向丝杠间安装交换齿轮，进行差动分度或铣削螺旋面或直线移距分度。

（9）蜗杆脱落手柄 蜗杆脱落手柄用以脱开蜗杆与蜗轮的啮合，以按刻度盘直接分度。

（10）主轴锁紧手柄 主轴锁紧手柄通常用于在分度后锁紧主轴，使铣削力不致直接作用在分度头的蜗杆、蜗轮上，减少铣削时的振动，保持分度头的分度精度。

（11）基座 基座是分度头的本体，分度头的大部分零件均装在基座上。基座底面槽内装有两块定位键，可与铣床工作台上的中央T形槽相配合，以精确定位。

3. 万能分度头的传动系统

万能分度头的传动系统如图6-4所示。分度时，从分度盘定位孔中拔出定位插销，转动分度手柄，通过一对齿数相同即传动比为1的直齿圆柱齿轮，以及传动比为40∶1的蜗杆副，使分度头主轴带动工件转动实现分度。

此外，右侧的侧轴通过一对传动比为1∶1的交错轴传动的斜齿圆柱齿轮与空套在手柄轴上的分度盘相连，当侧轴转动时，带动分度盘转动，用以进行差动分度或铣削螺旋面。

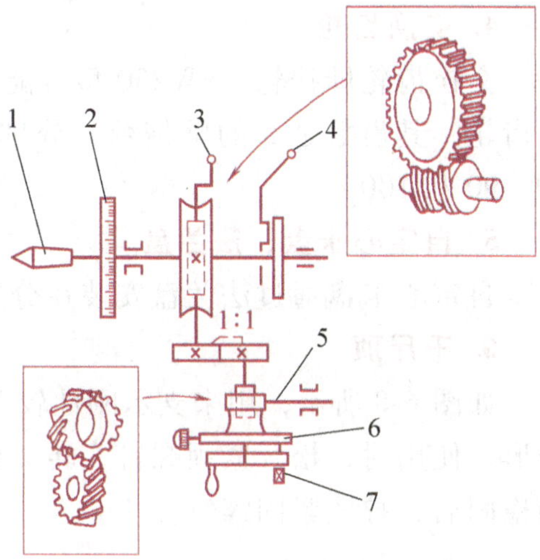

图6-4 万能分度头的传动系统

1—主轴 2—刻度盘 3—蜗杆脱落手柄 4—主轴锁紧手柄 5—侧轴 6—分度盘 7—定位插销

二、万能分度头的附件及其功用

1. 尾座

尾座又称尾架，配合分度头使用，装夹带中心孔的工件，如图6-5所示。转动手轮1可使顶尖进退，以便装卸工件。松开两侧紧固螺钉4、5，用调整螺钉6可调节顶尖升降或倾斜角度。定位键7可使尾座顶尖轴线与分度头主轴轴线保持同轴。

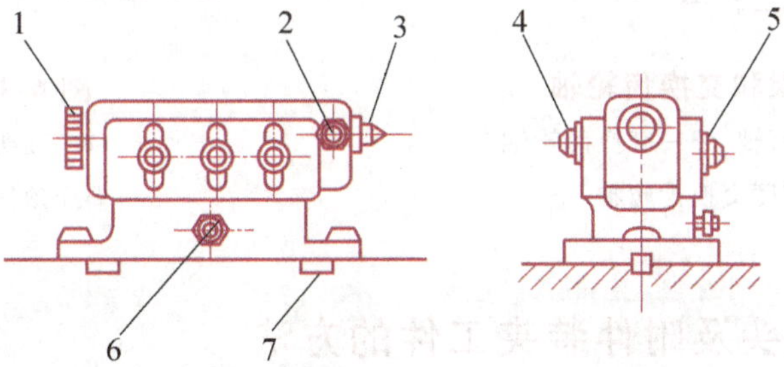

图6-5 尾座

1—手轮 2、4、5—紧固螺钉 3—顶尖 6—调整螺钉 7—定位键

2. 顶尖、拨叉和鸡心夹

如图6-6所示，这套附件用来装夹带中心孔的轴类零件。使用时，将顶尖装在分度头

主轴前锥孔内，将拨叉（又称拨盘）装在分度头主轴前端端面上，然后用内六角圆柱头螺钉紧固。用鸡心夹将工件夹紧放在分度头与尾座两顶尖间，同时将鸡心夹的弯头放入拨叉的开口内，工件顶紧后，拧紧拨叉开口上的紧固螺钉，使拨叉与鸡心夹连接。

3. 交换齿轮轴、交换齿轮架

如图 6-7 所示，交换齿轮架安装在分度头的侧轴上，交换齿轮轴套用来安装交换齿轮，它的另一端安装在交换齿轮架的长槽内，调整好交换齿轮后紧固在交换齿轮架上。支撑板通过螺钉轴安装在分度头基座后方的螺孔上，用来支撑交换齿轮架。锥度交换齿轮轴安装在分度头主轴后锥孔内，另一端安装交换齿轮。

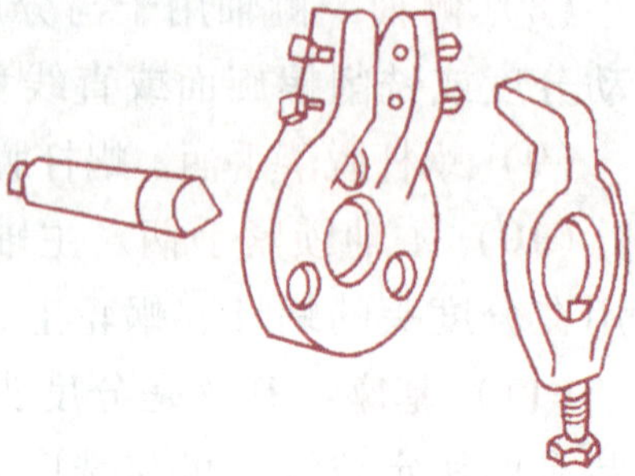

图 6-6　顶尖、拨叉和鸡心夹

4. 交换齿轮

交换齿轮即挂轮。FW250 型万能分度头配有 13 个交换齿轮，其齿数是 5 的整倍数，分别为 25（2 个）、30、35、40、45、50、55、60、70、80、90 和 100。

5. 自定心卡盘、法兰盘

自定心卡盘通过法兰盘安装在分度头主轴上，用来夹持工件。

6. 千斤顶

如图 6-8 所示，用来支承刚性较差易弯曲变形的工件，以增加工件的支承刚度，减少变形。使用时，松开紧固螺钉，转动螺母，使顶头上下移动，当顶头的 V 形槽与工件接触稳固后，拧紧紧固螺钉。

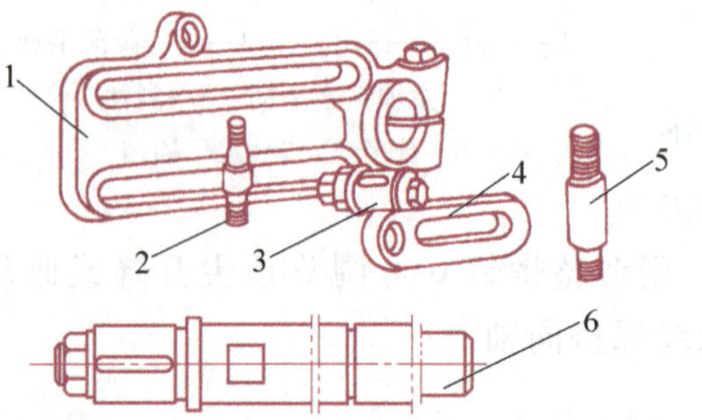

图 6-7　交换齿轮架和交换齿轮轴

1—交换齿轮架　2、5—螺钉轴　3—交换齿轮轴套　4—支撑板　6—锥度交换齿轮轴

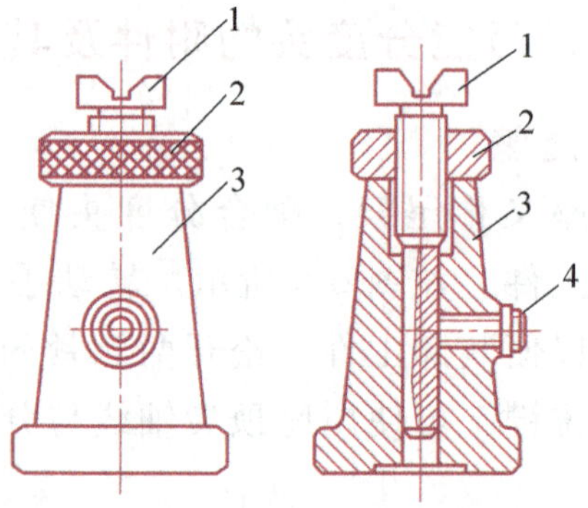

图 6-8　千斤顶

1—顶头　2—螺母　3—千斤顶体　4—紧固螺钉

三、用万能分度头及附件装夹工件的方法

1. 用自定心卡盘装夹工件

加工轴套类工件，可直接用自定心卡盘装夹。用百分表找正工件外圆，必要时在爪内垫铜皮，如图 6-9 所示。用百分表找正端面时，用铜棒轻轻敲击高点，使轴向圆跳动符合规定要求。

2. 用两顶尖装夹工件

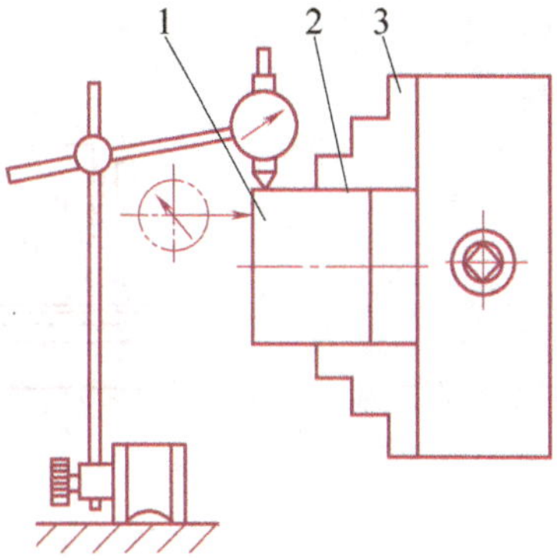

图 6-9 用自定心卡盘装夹工件

1—工件 2—铜皮 3—卡爪

用于装夹两端有中心孔的工件。装夹工件前，应先找正分度头和尾座。找正时，取锥度心轴放入分度头主轴锥孔内，用百分表找正心轴点 a 处跳动，如图 6-10 所示。符合要求后，再找正心轴点 a 和 a' 处的高度误差。找正方法是摇动工作台作纵向、横向移动，使百分表通过心轴的上素线，测出 a 和 a' 两点处的高度误差，调整分度头主轴角度，使 a 和 a' 两点高度一致，则分度头主轴上素线平行于工作台台面。然后，找正分度头主轴侧素线与工作台纵向进给方向平行。找正方法是将百分表触头置于心轴侧素线处并指向轴心，纵向移动工作台，测出百分表在 b 和 b' 两点处的读数差，调整分度头使两点处读数一致，如图 6-11 所示。分度头找正完毕。

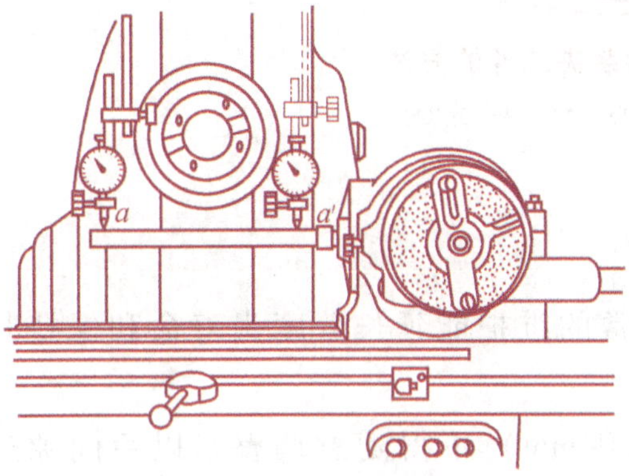

图 6-10 找正分度头主轴上素线

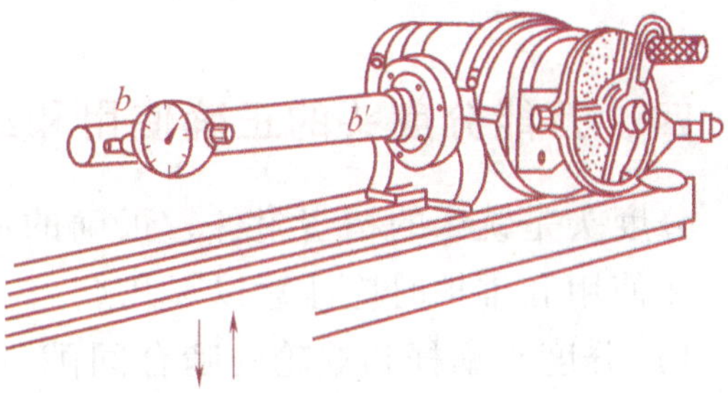

图 6-11 找正分度头主轴侧素线

最后，顶上尾座顶尖检测，如不符合要求，则仅需找正尾座，使之符合要求，找正方法如图 6-12 和图 6-13 所示。

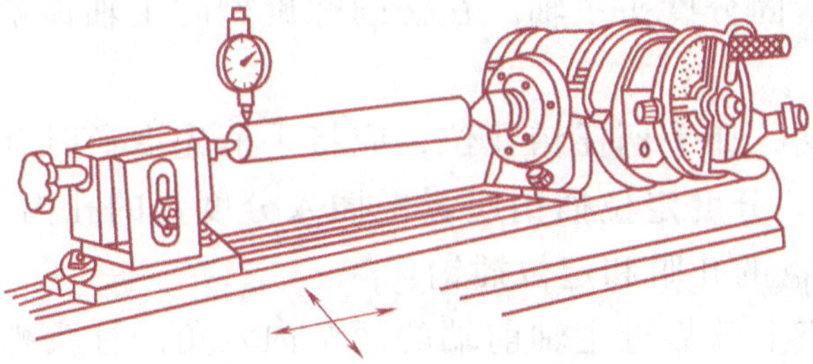

图 6-12 找正尾座上素线

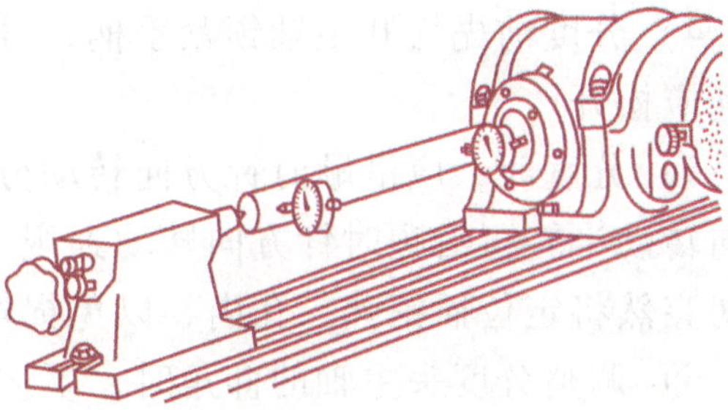

图 6-13 找正尾座侧素线

3. 用一夹一顶装夹工件

该方式用于装夹较长的轴类工件。装夹工件前，应先找正分度头和尾座，如图 6-14 所示。

4. 用心轴装夹工件

用于装夹套类工件。心轴有锥度心轴和圆柱心轴两种。装夹前应先找正心轴轴线与分度头主轴轴线的同轴度，并找正心轴的上素线与侧素线。

图 6-15 所示为常用的分度头及其附件装夹工件方法。

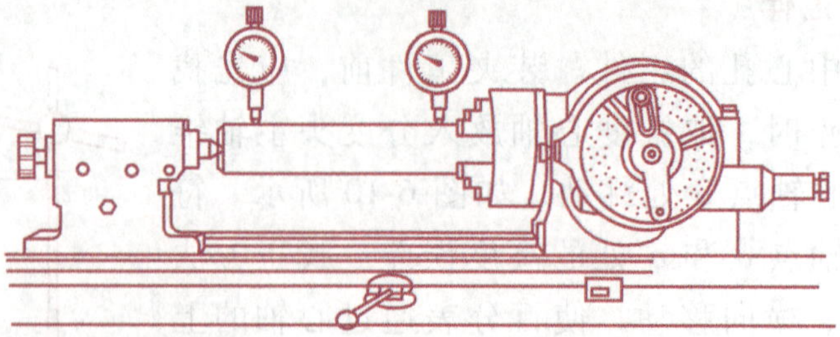

图 6-14　一夹一顶装夹工件的找正

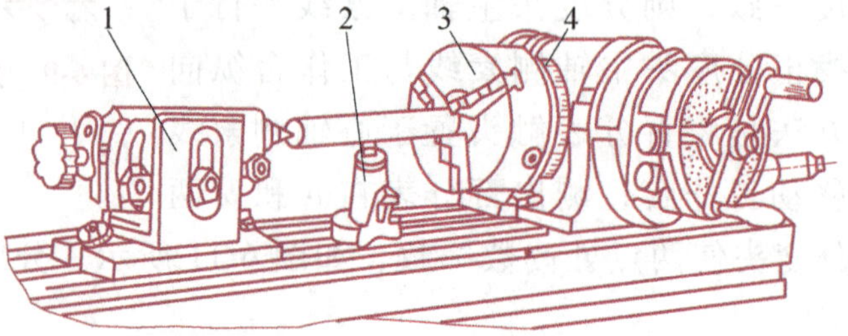

图 6-15　用分度头及其附件装夹工件的方法

1—尾座　2—千斤顶　3—自定心卡盘　4—分度头

四、万能分度头的正确使用和维护

分度头是铣床的精密附件，正确的使用及日常的维护能延长分度头寿命和保持其精度，在使用和维护时应注意以下几点：

1）分度头蜗杆和蜗轮的啮合间隙（0.02～0.04mm）不得随意调整，以免间隙过大影响分度精度，或间隙过小增加磨损。

2）在装卸、搬运分度头时，要保护好主轴和锥孔以及基座底面，以免损坏。

3）在分度头上装卸工件时，最好先锁紧分度头主轴。切忌使用接长套管套在扳手上施力。

4）分度前先松开主轴锁紧手柄，分度后紧固分度头主轴。在铣削螺旋槽时主轴锁紧手柄应松开。

5）分度时，应沿顺时针方向转动分度手柄，如手柄摇错孔位，应将手柄先沿逆时针方向转动半转再沿顺时针方向转动到规定孔位。分度定位插销应缓慢插入分度盘的孔内，切勿突然将定位插销弹入孔内，以免损坏分度盘的孔眼和定位插销。

6）调整分度头主轴的仰角时，不应将基座上部靠近主轴前端的两个内六角圆柱头螺钉松开，否则会使主轴的“零位”位置变动。

7）要经常保持分度头的清洁，使用前应清除表面污物，并将主轴锥孔和基座底面擦拭干净。

8）分度头各部分应按说明书规定定期加油润滑，分度头存放时应涂防锈油。

五、用分度头及附件装夹工件的找正技能训练

1. 用两顶尖装夹工件的找正练习

1）用长度300mm的莫氏4号锥度标准心轴插入分度头主轴锥孔内，测分度头主轴上

素线及侧素线，在 300mm 长度上百分表读数差应在 0.03mm 内。

2）取下锥度检验心轴，安装分度头顶尖和尾座顶尖。

3）将标准心轴顶在两顶尖间。

4）找正标准心轴上素线及侧素线，使其符合要求。

2. 用一夹一顶装夹工件的找正练习

1）在分度头主轴端安装自定心卡盘。

2）用自定心卡盘装夹标准心轴，并用百分表测径向圆跳动，使其符合要求。

3）找正标准心轴上素线、侧素线，使其符合要求。

4）安装尾座顶尖，并将标准心轴顶紧。

5）找正标准心轴上素线、侧素线，若不符合要求，则仅调整尾座顶尖，使标准心轴上素线、侧素线符合要求。

3. 练习中的注意事项

1）找正用的标准心轴，其尺寸精度以及形状、位置精度应符合要求。

2）使用锥度心轴时，应将分度头主轴锥孔及心轴锥柄擦拭干净，以免影响安装及找正精度。

3）找正时，百分表测量杆应垂直指向标准心轴轴线，触头压紧量不能太大或太小，以免误读或测量不准确。

4）找正时，不准用锤子敲击心轴、分度头和尾座。

课题二 用万能分度头分度

一、简单分度法

简单分度法又称单式分度法，是最常用的分度方法。用该法分度时，应先将分度盘固定，摇动分度手柄，使蜗杆带动蜗轮旋转，从而带动主轴和工件转过一定的转（度）数。

1. 分度原理

由图 6-4 所示的万能分度头传动系统可知，分度手柄转过 40r，分度头主轴转过 1r，即传动比为 40∶1，“40”称为分度头的定数。各种常用的分度头（FK 型数控分度头除外）都采用这个定数。定数也就是分度头内蜗杆副的传动比。

如要分度头主轴转过 1/2r（即把圆周 2 等分），分度手柄需要转过 20r。如果分度头主轴要转过 1/5r（把圆周 5 等分），分度手柄需要转过 8r。由此可知分度手柄的转数与工件等分数的关系如下：

$$40:1=n:\frac{1}{z}$$

即

$$n=\frac{40}{z} \tag{6-1}$$

式中 n——分度手柄的转数，单位为 r；

40——分度头的定数；

z——工件的等分数（齿数或边数）。

式（6-1）为简单分度的计算公式。当计算得到的转数不是整数而是分数时，可利用分度盘上相应孔圈进行分度。具体方法是选择分度盘上某孔圈，其孔数为分母的整倍数，然后将该真分数的分子、分母同时增大到整数倍，利用分度叉实现非整转数部分的分度。

【例 6-1】 在 FW250 型万能分度头上铣削一个正四边形工件，试求每铣削完一边后分度手柄应转过多少转？

解： 以 $z=4$ 代入式（6-1）得

$$n=\frac{40}{z}=\frac{40}{4}\mathrm{r}=10\mathrm{r}$$

答：每铣削完一边后，分度手柄应转过 10r。

【例 6-2】 在 FW250 型万能分度头上用三面刃铣刀铣削六角形螺母，求铣削每一边后分度手柄应转过多少转？

解： 以 $z=6$ 代入式（6-1）得

$$n=\frac{40}{z}=\frac{40}{6}\mathrm{r}=6\frac{2}{3}\mathrm{r}=6\frac{44}{66}\mathrm{r}$$

答：每铣削完一边后，分度手柄转过 6r 后在分度盘孔数为 66 的孔圈上转过 44 个孔距，这时工件转过 1/6r。

2. 分度盘和分度叉的使用

由例 6-2 可以看出，当按式（6-1）计算不能整除，得到的分度手柄转数为分数（带分数或真分数）时，其非整转数部分的分度需要用分度盘和分度叉进行。使用分度盘和分度叉时应注意以下两点：

1）选择孔圈时，在满足孔数是分母的整倍数条件下，一般选择孔数较多的孔圈。如例 6-2 中，满足分母 3 的倍数的孔圈孔数有 24、30、……、66 共 8 个，一般选择孔数为 42 或 66 的孔圈。一方面分度盘上孔数多的孔圈离轴心较远，操作方便；另一方面分度误差较小，准确度高。

2）为避免非整圈时转动发生差错和节省分度时间，可将分度叉两叉脚间的夹角进行调整，使两叉脚间的孔数比需摇的孔数多 1 个。例如，$\frac{2}{3}=\frac{28}{42}=\frac{44}{66}$，选择孔数为 42 的孔圈时，分度叉两叉脚间应有 28+1=29 个孔（29 个孔只包含 28 个孔距）；选择孔数为 66 的孔圈时，则应有 45 个孔（45 个孔只包含 44 个孔距）。

二、角度分度法

角度分度法是简单分度法的另一种形式，只是计算的依据不同，简单分度法是以工件的等分数 z 作为计算分度的依据，而角度分度法是以工件所需转过的角度 θ 作为计算的依据。由于分度手柄转过 40r，分度头主轴带动工件转过 1r，即 360°，所以分度手柄每转

1r，工件转过 9°或 540′。因此，可得出角度分度法的计算公式：

工件角度 θ 的单位为（°）时：

$$n=\frac{\theta}{9} \tag{6-2}$$

式中 n——分度手柄的转数，单位为 r；

θ——工件所需转的角度，单位为（°）。

工件角度 θ 的单位为（′）时：

$$n=\frac{\theta}{540} \tag{6-3}$$

式中 n——分度手柄的转数，单位为 r；

θ——工件所需转的角度，单位为（′）。

【例 6-3】 在 FW250 型万能分度头上，铣夹角为 118°的两条槽，分度手柄应转过多少转？

解： 以 $\theta=118°$代入式（6-2）得

$$n=\frac{118}{9}\text{r}=13\frac{1}{9}\text{r}=13\frac{6}{54}\text{r}$$

答：分度手柄转 13r 后在分度盘孔数为 54 的孔圈上转过 6 个孔距。

【例 6-4】 在如图 6-16 所示的圆柱形工件上铣两条槽，其所夹圆心角 $\theta=21°10'$，求分度手柄应转的转数。

解： 以 $\theta=21°10'=1270'$代入式（6-3）得

$$n=\frac{1270}{540}\text{r}=2\frac{19}{54}\text{r}$$

答：分度手柄转 2r 后在分度盘孔数为 54 的孔圈上转过 19 个孔距，再铣第二条槽。

三、差动分度法

在实际铣削中，有时会遇到工件的等分数较大且与分度头定数 40 不能相约分，如 $z=109$，$n=\frac{40}{109}\text{r}$；或相约分后，分度盘上没有所需要的孔圈，如 $z=126$，$n=\frac{40}{126}\text{r}=\frac{20}{63}\text{r}$，由于受到分度盘孔圈数的限制，就不能使用简单分度法分度，此时可采用差动分度法进行分度。

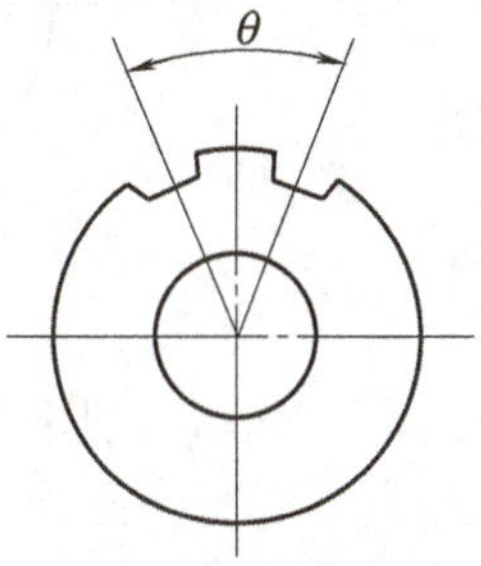

图 6-16 带两槽的工件

1. 差动分度法原理

差动分度法在分度头主轴后锥孔中装上交换齿轮轴，用交换齿轮把分度头的主轴与侧轴连接起来，如图 6-17 所示。分度时松开分度盘的紧固螺钉，按预定的转数转动分度手柄进行分度，在分度头主轴转动的同时，分度盘相对于分度手柄以相同或相反的方向转动，因此分度手柄实际的转数 n 是分度手柄相对于分度盘的转数 n_o 与分度盘自身转数 n_p 之和或差，即 $n=n_o \pm n_p$。差动分度的原理如图 6-18 所示。分度时，先取一个与工件要

求的等分数 z 相近且能进行简单分度的假定等分数 z_o，按 z_o 计算每次分度时分度手柄的转数 n_o（即 $n_o=\frac{40}{z_o}$），并选择确定分度盘孔圈和调整分度叉夹角（包含的孔距数）。准确分度时分度手柄应转的转数 $n=\frac{40}{z}$，n 与 n_o 的差值由分度头主轴通过交换齿轮带动分度盘转动来补偿，由图 6-17b 所示的差动分度传动结构可知，当分度头主轴转过 $1/z$ 转时，分度盘转过 $n_p=\frac{1}{z}\frac{z_1}{z_2}\frac{z_3}{z_4}$r。根据差动分度原理，$n=n_o+n_p$，得

$$\frac{40}{z}=\frac{40}{z_o}+\frac{1}{z}\frac{z_1}{z_2}\frac{z_3}{z_4} \tag{6-4}$$

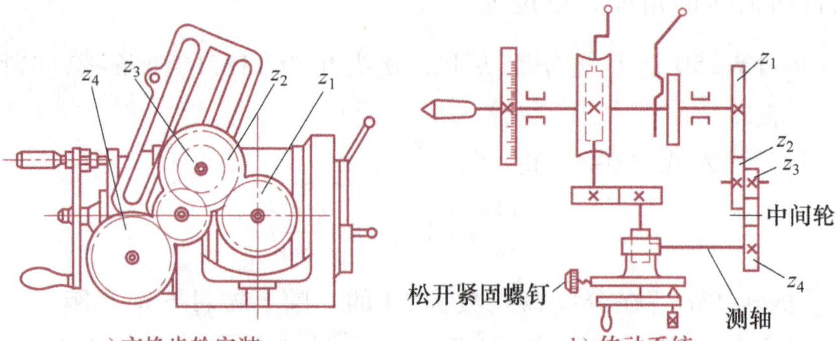

图 6-17　差动分度法

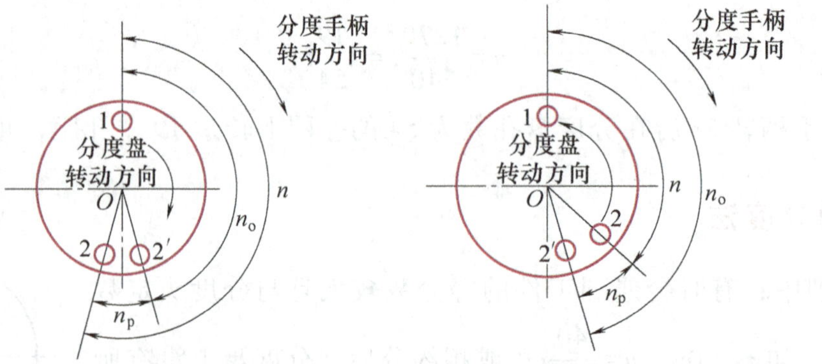

图 6-18　差动分度的原理示意图

交换齿轮的传动比：

$$\frac{z_1}{z_2}\frac{z_3}{z_4}=\frac{40(z_o-z)}{z_o} \tag{6-5}$$

式中　z_1、z_3——主动交换齿轮的齿数；

z_2、z_4——从动交换齿轮的齿数；

z——工件的等分数；

z_o——假定等分数；

由式（6-5）可知，当 $z_o<z$ 时，交换齿轮的传动比为负值，分度盘与分度手柄的转向

相反；当 $z_o>z$ 时，交换齿轮的传动比为正值，分度盘与分度手柄的转向相同。分度盘的转向可通过在交换齿轮中加入或不加中间轮来调整。实践证明，当采用 $z_o<z$ 时，分度盘与分度手柄的转向相反，可以避免分度头传动副间隙的影响，使分度均匀。因此，在差动分度时，选取的假定等分数通常都小于实际等分数。

2. 差动分度的计算

差动分度的具体计算按以下步骤进行：

1）选取假定等分数 z_o，一般 $z_o<z$。

2）根据 z_o，按 $n_o=\frac{40}{z_o}$ 计算分度手柄相对分度盘的转数 n_o，并选择分度盘相应孔圈。

3）按式（6-5）计算交换齿轮的传动比，确定交换齿轮齿数。

【例 6-5】 现需将工件作 61 等分，试计算交换齿轮齿数、分度手柄转数和选择分度盘孔圈。

解： 选取假定等分数 z_o，设 $z_o=60$。

计算分度手柄转数 n_o，$n_o=\frac{40}{z_o}=\frac{40}{60}\text{r}=\frac{2}{3}\text{r}=\frac{20}{30}\text{r}$。即每分度 1 次，分度手柄相对分度盘在 30 孔的孔圈上转过 20 个孔距（分度叉内包含 21 个孔）。

计算交换齿轮：

$$\frac{z_1}{z_2}\frac{z_3}{z_4}=\frac{40(z_o-z)}{z_o}=\frac{40(60-61)}{60}=-\frac{40}{60}$$

取一对交换尺轮即可，主动轮 $z_1=40$，从动轮 $z_4=60$，即分度盘和分度手柄转向相反，交换齿轮采用单式轮系加两个中间轮，如图 6-19 所示。

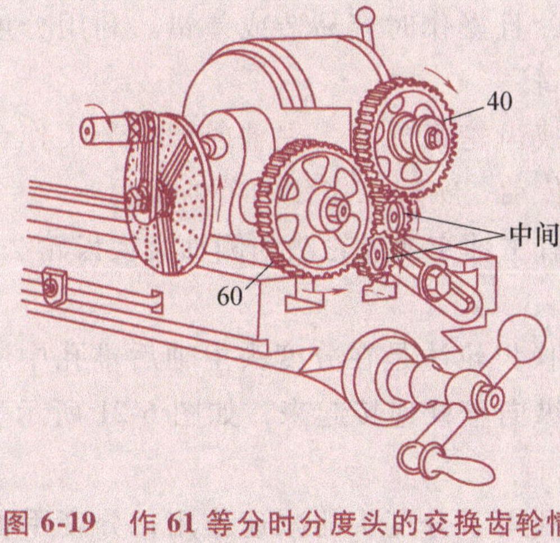

图 6-19 作 61 等分时分度头的交换齿轮情况

【例 6-6】 现需将工件作 131 等分，试计算交换齿轮齿数、分度手柄转数和选择分度盘孔圈。

解： 选取假定等分数 z_o，设 $z_o=140$。

计算分度手柄转数 n_o，$n_o=\frac{40}{z_o}=\frac{40}{140}\text{r}=\frac{2}{7}\text{r}=\frac{8}{28}\text{r}$。即每分度 1 次，分度手柄相对分度

盘在 28 孔的孔圈上转过 8 个孔距（分度叉内包含 9 个孔）。

计算交换齿轮：

$$\frac{z_1}{z_2}\frac{z_3}{z_4}=\frac{40(z_o-z)}{z_o}=\frac{40(140-131)}{140}=\frac{18}{7}=\frac{5400}{2100}=\frac{60\times 90}{30\times 70}$$

得主动轮 $z_1=60$，从动轮 $z_4=70$，$z_2=30$，$z_3=90$。即分度盘和分度手柄转向相同，可不加中间轮，如图 6-20 所示。

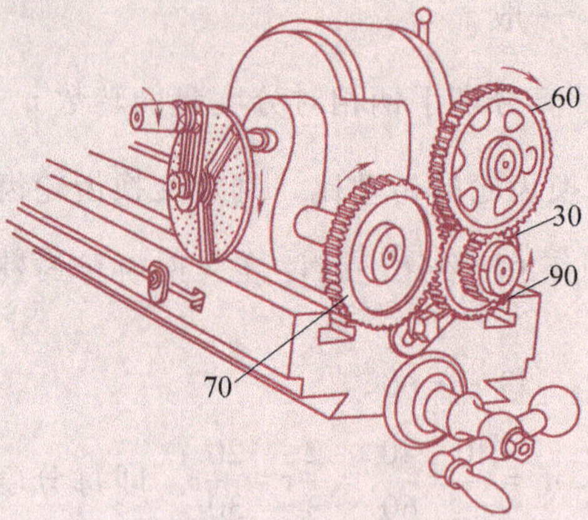

图 6-20　作 131 等分时分度头的交换尺轮情况

差动分度法的缺点是调整麻烦，结构受限制。

四、直线移距分度法

有些工件需要在直线上进行等分，如直尺标线和铣削齿条时的移距。在一般情况下，移距时可直接转动工作台纵向丝杠，并以刻度盘作为移距时的依据。这种移距方法虽然操作简单，但移距精度不高，且操作时容易造成差错。利用分度头作直线移距分度，不仅操作简便，而且移距精度高。

直线移距分度法是用交换齿轮将分度头主轴或侧轴与工作台纵向丝杠连接起来，通过转动分度手柄，经由齿轮传动，实现工作台的精确移距。

常用的直线移距分度法有主轴交换齿轮法和侧轴交换齿轮法两种。

1. 主轴交换齿轮法

（1）分度原理　主轴交换齿轮法是在分度头主轴后锥孔中装上交换齿轮轴，用交换齿轮把分度头主轴与工作台纵向丝杠连接起来，如图 6-21 所示。转动分度手柄，使工作台产生移距。

这种直线移距分度方法利用了分度头的减速作用，分度手柄转动若干转，工作台纵向移动一个很小的距离。这种方法适用于间隔距离较小或移距精度要求较高的分度场合。

（2）交换齿轮计算　由图 6-21 所示传动系统可知：

$$n\frac{1}{40}\frac{z_1z_3}{z_2z_4}P_{丝}=L \tag{6-6}$$

即

$$\frac{z_1z_3}{z_2z_4}=\frac{40L}{nP_{丝}} \tag{6-7}$$

式中 z_1、z_3——主动交换齿轮的齿数；

z_2、z_4——从动交换齿轮的齿数；

40——分度头定数；

L——每次分度工作台（工件）移动距离，单位为 mm；

$P_{丝}$——工作台纵向进给丝杠螺距，单位为 mm；

n——每次分度时分度手柄的转数，单位为 r。

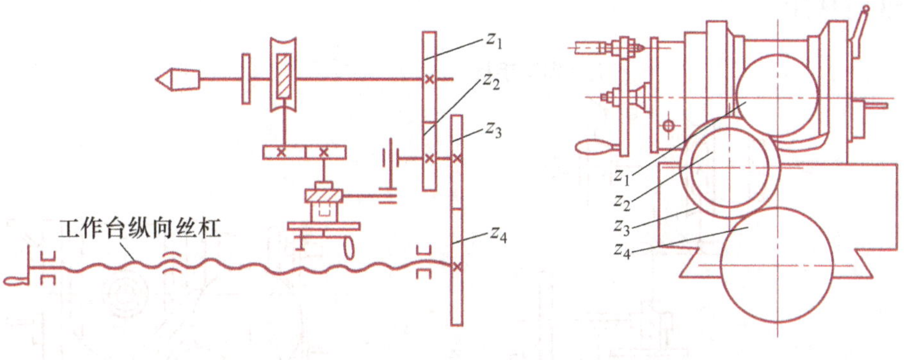

a) 传动系统　　b) 交换齿轮安装

图 6-21 主轴交换尺轮法

计算交换齿轮时，一般应先确定分度手柄的转数 n。计算出的交换齿轮，其传动比 $\frac{z_1z_3}{z_2z_4}$ 不大于 6 或不小于 1/6 时，采用单式轮系；当传动比大于 6 或小于 1/6 时，应采用复式轮系，并满足交换齿轮正常啮合的条件：

$$\begin{cases} z_1+z_2>z_3+(15\sim20) \\ z_3+z_4>z_2+(15\sim20) \end{cases} \tag{6-8}$$

【例 6-7】 在 X6132 型铣床上进行刻线，线的间隔为 0.35mm，工作台纵向丝杠螺距 $P_{丝}=6$mm，求分度手柄转数和交换齿轮齿数。

解： 取分度手柄转数 $n=1$r，由式（6-7）得

$$\frac{z_1z_3}{z_2z_4}=\frac{40L}{nP_{丝}}=\frac{40\times0.35}{1\times6}=\frac{14}{6}=\frac{70}{30}$$

即交换齿轮采用单式轮系，$z_1=70$，$z_4=30$。每次分度时，拔出定位插销，将分度手柄转 1r，再把定位插销插入即可。

【例 6-8】 在 X6132 型铣床上铣削模数 $m=1.5$mm 的齿条，工作台纵向丝杠螺距 $P_{丝}=6$mm，求分度手柄的转数和交换齿轮齿数。

解： 取分度手柄转数 $n=5$r。齿条的齿距 $P=\pi m=1.5\pi$mm，$L=P=1.5\pi$mm，$P_{丝}=6$mm，取 $\pi\approx22/7$，由式（6-7）得

$$\frac{z_1z_3}{z_2z_4}=\frac{40L}{nP_{丝}}=\frac{40\times1.5\times22}{5\times6\times7}=\frac{44}{7}=\frac{100\times55}{35\times25}$$

即分度手柄每次转 5r，交换齿轮采用复式轮系，$z_1=100$，$z_2=35$，$z_3=55$，$z_4=25$。

2. 侧轴交换齿轮法

（1）分度原理　侧轴交换尺轮法是在分度头侧轴与工作台纵向丝杠之间安装交换齿轮，并将分度头主轴锁紧，此时分度手柄被固定。松开分度盘左侧的紧固螺钉，分度时分度盘转动，以分度手柄上的定位插销作为衡量分度盘转动多少的依据，如图 6-22 所示。移距时，用扳手转动分度头侧轴，通过侧轴左端的一对斜齿圆柱齿轮（1∶1）带动分度盘相对分度手柄的定位插销旋转，同时侧轴右端的交换齿轮带动工作台纵向丝杠旋转，实现工作台纵向移距。

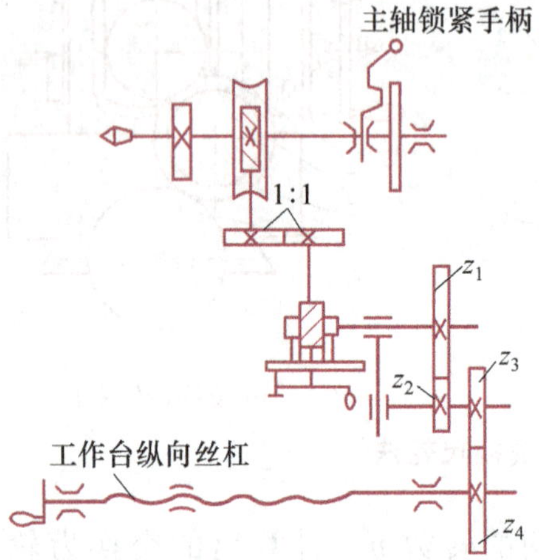

a) 传动系统

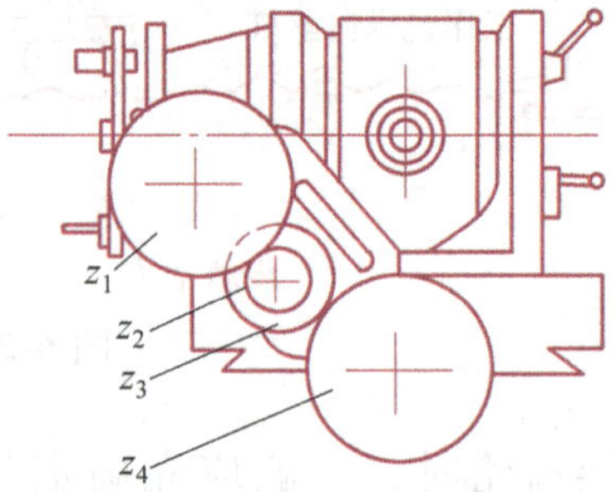

b) 交换齿轮安装

图 6-22　侧轴交换齿轮法

侧轴交换尺轮的直线移距分度方法由于不经过分度头内蜗杆副的减速传动，分度盘转过一个较小的转数时，就能得到较大的直线移距量。

（2）交换齿轮计算　由图 6-22 可知

$$n\frac{z_1z_3}{z_2z_4}P_{丝}=L \tag{6-9}$$

即

$$\frac{z_1z_3}{z_2z_4}=\frac{L}{nP_{丝}} \tag{6-10}$$

式中　z_1、z_3——主动交换齿轮的齿数；

z_2、z_4——从动交换齿轮的齿数；

L——每次分度工件移动距离，单位为 mm；

$P_{丝}$——工作台纵向进给丝杠螺距，单位为 mm；

n——每次分度时分度盘的转数，单位为 r。

【例 6-9】　在 X6132 型铣床上铣削长齿条，齿条模数 $m=4$mm，工作台纵向丝杠螺距 $P_{丝}=6$mm，用 FW250 型万能分度头作侧轴交换齿轮法直线移距，试作分度计算。

解： 每次分度的移距量等于齿条齿距，即

$$L=P=\pi m=4\pi\approx4\times22/7\text{mm}$$

由式（6-10）得

$$\frac{z_1z_3}{z_2z_4}=\frac{L}{nP_{丝}}=\frac{4\times\frac{22}{7}}{6\times n}=\frac{8}{6n}\times\frac{11}{7}$$

取 $n=\frac{8}{6}\text{r}=1\frac{2}{6}\text{r}=1\frac{18}{54}\text{r}$

则 $\frac{z_1z_3}{z_2z_4}=\frac{11}{7}=\frac{55}{35}$

答：交换齿轮采用单式轮系，$z_1=55$，$z_4=35$。移距时，分度盘每次相对分度手柄定位插销在孔数为 54 的孔圈上转过 1r 又 18 个孔距。

3. 刻线方法

（1）刻线工艺要求　刻出的线条间隔距离相等、长短分明、粗细均匀且清晰美观。

（2）刻线用的刀具及其装夹方法　刻线刀通常采用高速钢磨制而成，也可采用废旧键槽铣刀等改磨成形。刻线刀的几何形状及角度如图 6-23a 所示，刻线刀刀夹如图 6-23b 所示。

刻线刀安装要牢固，安装后，刻线刀前刀面应垂直于刻线进给方向。

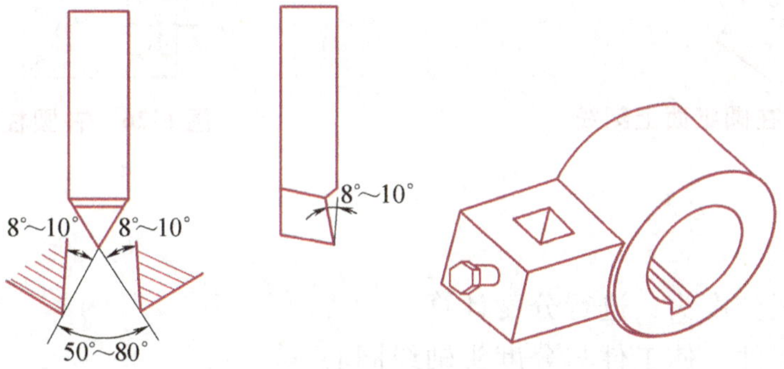

a) 刻线刀的几何形状及角度　b) 刻线刀刀夹

图 6-23　刻线刀

（3）在圆柱面或圆锥面上刻线

1）工件的装夹和找正。在圆柱面上刻线时，应使分度头主轴呈水平状态，如图 6-24 所示。在带孔工件上刻线时，可用心轴装夹工件；在轴类工件上刻线时，可用自定心卡盘装夹工件。前一种方法应找正心轴的圆跳动，后一种方法应找正工件外圆柱面的径向圆跳动量在 0.03mm 内。

2）刻线方法。

① 装夹并找正工件。

② 装夹并找正刻线刀。

③ 计算分度手柄转数：工件上的刻线以格数为单位时，用简单分度法计算分度手柄转数；刻线以度数为单位时，用角度分度法计算分度手柄转数。

④ 划线对中心：在工件圆周面和端面上划出中心线，使刻线刀刀尖对准工件中心线，紧固横向工作台。

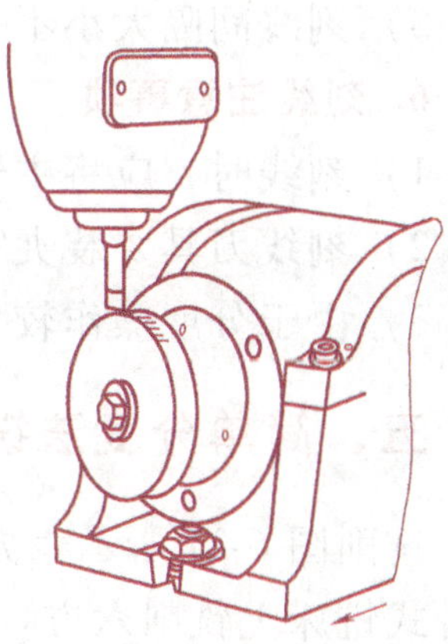

图 6-24　在圆柱面上刻线

⑤ 调整刻线长度：使刻线刀刀尖由工件的端面刻起，用工作台刻度盘的刻度来控制刻线时的长度。

⑥ 刻线：调整工作台，使刻线刀刀尖轻轻划着工件表面，退出工件。上升工作台以0. 1~0. 15mm 的刻线深度试刻几条线。检查线条没有问题后，再适当调整刻线深度，刻完所有线条。

在圆锥面上刻线的方法与在圆柱面上刻线基本相同。只是在圆锥面上刻线时，应将分度头主轴倾斜一个锥面角 θ，使工件刻线处的圆锥面处于水平状态，如图 6-25 所示。

4. 刻线练习

按图 6-26 所示进行刻线练习。

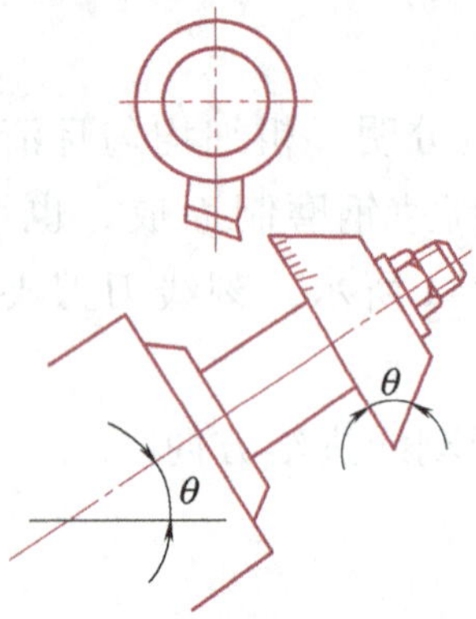

图 6-25 在圆锥面上刻线

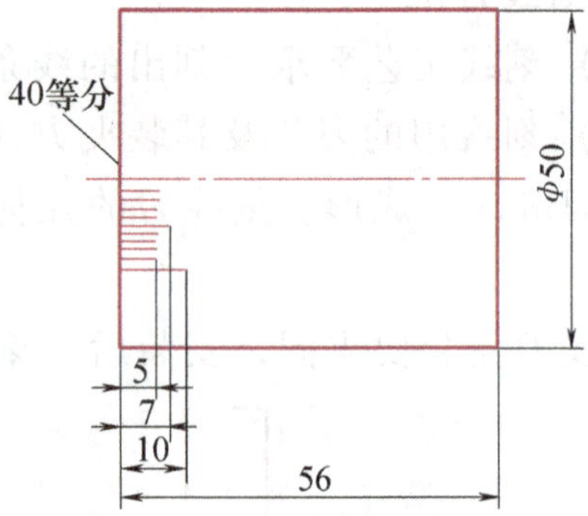

图 6-26 在圆柱面上刻线

加工步骤如下：

1）检查坯料。

2）安装并找正分度头，进行分度计算。

3）装夹找正工件，使工件与分度头轴线同心。

4）装夹刻线刀具，对刀。

5）试刻，检测合格后，刻成并卸下工件。

5. 容易产生的问题和注意事项

1）刻线线条粗细不均匀。原因是工件圆跳动超差。

2）刻线线条长短不一致。原因是工作台刻度盘松动或摇错手柄。

3）刻线间隔大小不一致。原因是分度错误或工作中没有消除各传动间隙。

6. 刻线注意事项

1）刻线时，应将主轴换向开关旋至零位，并将主轴转速调至最低档。

2）刻线刀具要装夹牢固，以免刻线时松动，影响刻线的准确性。

3）由于分度操作较多，因此要认真细心进行分度。

五、简单分度法铣削技能训练

铣削图 6-27 所示六方零件，材料为 45 钢，坯料为 $d=22$mm 的棒料，用圆柱形铣刀在卧式铣床上铣削六方。

铣削步骤：

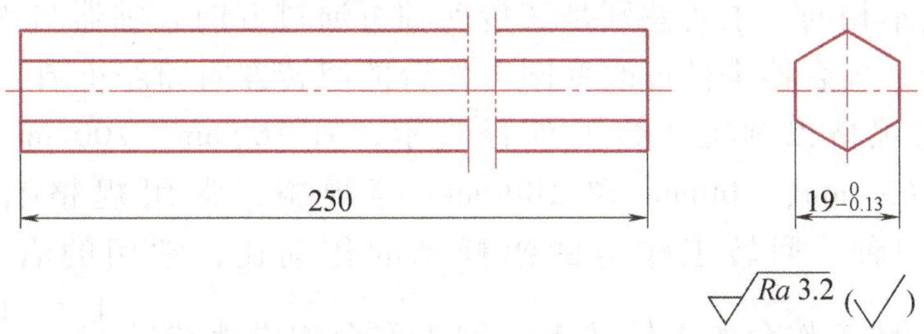

图 6-27　铣削六方

1）选择尺寸为 63mm×63mm 的圆柱形铣刀，使用铣刀杆安装在铣床上。

2）安装分度头和尾座，找正标准心轴上素线在 300mm 长度上百分表读数差值在 0.05mm 以内。

3）用 $n=\frac{40}{z}$ 计算分度手柄转数，选择孔圈，调整定位插销位置和分度叉脚之间的孔距数。

4）采用一夹一顶方式装夹工件。

5）对刀，铣削至尺寸。

6）工件调头装夹，接刀铣削完余部。

7）检查工件质量，合格后卸下工件。

课题三　用回转工作台分度

一、回转工作台

回转工作台又称圆转台，是铣床的主要附件之一。根据其回转轴线的方向分成卧轴式和立轴式两种，铣床上常用的是立轴式回转工作台；按对其施力方式不同，分成手动进给和机动进给两种。图 6-28 所示的手动进给回转工作台只能手动进给；图 6-29 所示的机动进给回转工作台既可机动进给，又可手动进给。机动进给回转工作台的结构与手动

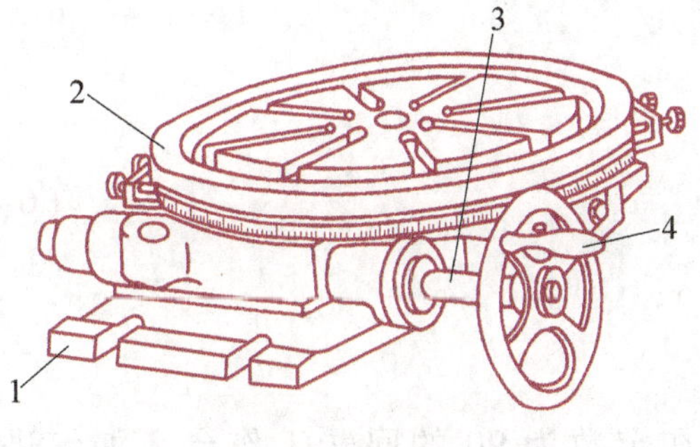

图 6-28　手动进给回转工作台

1—底座　2—圆工作台
3—蜗杆轴　4—手轮

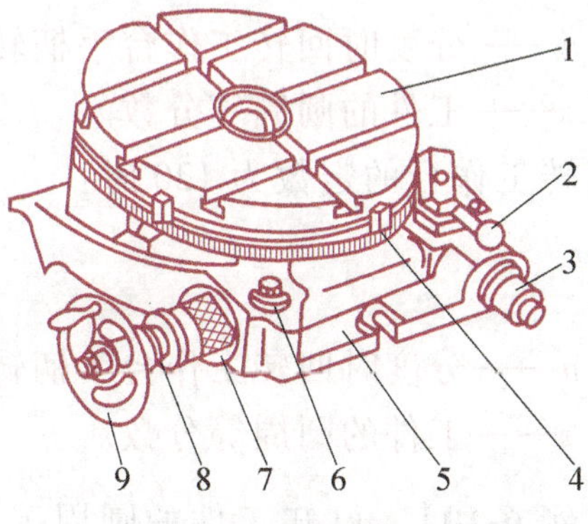

图 6-29　机动进给回转工作台

1—圆工作台　2—离合器手柄　3—传动轴　4—挡铁
5—底座　6—螺母　7—偏心环　8—手轮轴　9—手轮

进给工作台结构基本相同，主要差别是其传动轴可通过万向联轴器与铣床传动装置连接，实现机动回转进给，离合器手柄可改变圆工作台的回转方向和停止圆工作台的机动进给。

回转工作台的规格以圆工作台的外径表示，有 160mm、200mm、250mm、320mm、400mm、500mm、630mm、800mm 和 1000mm 等规格，常用规格有 250mm、320mm、400mm 和 500mm 四种。回转工作台的蜗杆副的传动比，常用的有 60∶1、90∶1 和 120∶1 三种，即回转工作台的手轮转 1r，圆工作台相应地转过$\frac{1}{60}$r、$\frac{1}{90}$r 和$\frac{1}{120}$r；即回转工作台的定数有 60、90 和 120 三种。

回转工作台主要用于中、小型工件的圆周分度和做圆周进给铣削回转曲面，如铣削工件上圆弧形周边、圆弧形槽、多边形工件和有分度要求的槽或孔等。

二、在回转工作台上分度

1. 分度原理

回转工作台分度原理与万能分度头相同，可配带分度盘，在蜗杆轴（即手轮轴）上套装分度盘和分度叉；转动带有定位插销的分度手柄，则蜗杆轴转动，并带动蜗轮（即圆工作台）和工件回转，达到分度目的。

与万能分度头不同的是在回转工作台上只能做简单分度（或角度分度），不能进行差动分度；此外，回转工作台的定数不是 40。

2. 分度计算

根据回转工作台 3 种不同的定数和手轮与圆工作台转数间的关系，与万能分度头的简单分度法同理，可导出回转工作台简单分度法的计算公式。

回转工作台的定数为 60 时：

$$n=\frac{60}{z} \tag{6-11}$$

式中　n——分度时回转工作台手柄转数，单位为 r；

　　　z——工件的圆周等分数。

回转工作台的定数为 90 时：

$$n=\frac{90}{z} \tag{6-12}$$

式中　n——分度时回转工作台手柄转数，单位为 r；

　　　z——工件的圆周等分数。

回转工作台的定数为 120 时：

$$n=\frac{120}{z} \tag{6-13}$$

式中　n——分度时回转工作台手柄转数，单位为 r；

　　　z——工件的圆周等分数。

【例 6-10】 已知工件的圆周等分数为 14，在定数为 90 的回转工作台上如何进行分度？

解： 以 $z=14$ 代入式（6-12）得

$$n=\frac{90}{z}=\frac{90}{14}\text{r}=6\frac{6}{14}\text{r}=6\frac{18}{42}\text{r}$$

答：分度时，手柄在孔数为 42 的孔圈上转 6r 又 18 个孔距。

【例 6-11】 在定数为 120 的回转工作台上，工件的等分数 $z=22$，试进行简单分度计算。

解： 以 $z=22$ 代入式（6-13）得

$$n=\frac{120}{z}=\frac{120}{22}\text{r}=5\frac{5}{11}\text{r}=5\frac{30}{66}\text{r}$$

答：分度时，手柄在孔数为 66 的孔圈上转 5r 又 30 个孔距。

思考与练习

1. 万能分度头的主要功用有哪些？
2. 用万能分度头及附件装夹工件的方法有哪些？各适用于哪些工件的装夹？
3. 如何正确使用和维护万能分度头？
4. 在铣床上用万能分度头可进行哪几种分度？各用在什么场合？
5. 什么是分度头的定数？常用分度头的定数是多少？
6. 试对铣削齿数 z 分别为 26、44 和 101 的直齿圆柱齿轮进行分度计算。
7. 试作下列等分数的计算：

$$z=18 \quad z=35 \quad z=64$$

8. 试述在圆周面、圆锥面上的刻线方法。
9. 简述刻线中容易产生的问题及产生的原因。
10. 简述回转工作台的作用。在使用时，回转工作台与万能分度头有何异同？

模块七

铁床的调整与精度检验

学习目标

知识目标

1. 掌握铣床调整的相关内容。
2. 掌握铣床精度检验的相关内容。
3. 了解铣床的常见故障。

技能目标

1. 掌握铣床主轴轴承间隙的调整方法。
2. 掌握铣床工作台传动丝杠间隙的调整方法。
3. 掌握铣床工作台导轨间隙的调整方法。
4. 能正确检验铣床的几何精度。
5. 能正确检验铣床的工作精度。
6. 能排除铣床常见故障。
7. 具备一定的技能拓展能力及适应发展的能力。

素养目标

1. 培养敬业、专注、创新的工匠精神。

2. 增强节能环保意识、安全意识，能正确遵守车间安全作业要求，注重个人安全防护。

3. 具备将铣床调整与精度检验应用于具体工作领域的能力，具有一定的分析问题和解决问题的能力。

课题一 铣床的调整

铣床的各传动部分如果调整得不好，或在使用过程中，各传动部分的部件或零件出现松动或产生位移及磨损，则铣床不能正常工作，无法满足各种铣削方式的需要。

为了保证加工出符合精度要求的高质量工件，满足铣削方式的需要，必要时应对铣床进行调整，消除故障。

铣床的调整主要有主轴轴承间隙的调整、工作台传动丝杠间隙的调整和工作台导轨间隙的调整等。

一、主轴轴承间隙的调整

主轴是铣床的主要部件之一，它的精度与工件的加工精度有着密切的联系。如果主轴轴承间隙太大，就会产生主轴的轴向窜动和径向圆跳动。轴向窜动会导致铣削时振动加大，使加工尺寸控制不准，平面度、线轮廓度超差；径向圆跳动会造成铣刀杆和铣刀的径向圆跳动和振摆，铣刀偏让（俗称让刀），从而使尺寸控制变得困难。如果主轴轴承间隙过小，则会使主轴发热而发生“咬死”。

1. X6132 型卧式铣床主轴轴承间隙的调整

X6132 型卧式铣床主轴结构如图 7-1 所示。

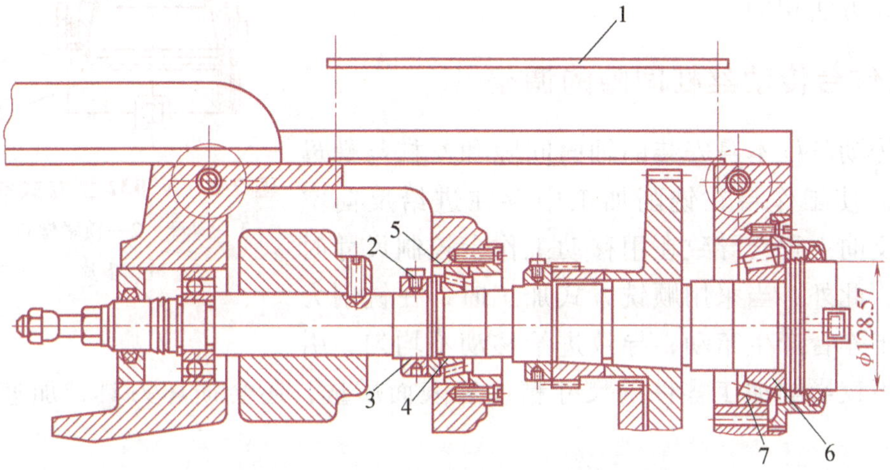

图 7-1　X6132 型卧式铣床主轴结构

1—盖板　2—锁紧螺钉　3—调节螺母　4、6—轴承内圈　5、7—轴承外圈

轴承间隙的调整方法如下：

1）旋松悬梁的紧固螺栓，将悬梁移至床身后部。

2）取下悬梁下面的盖板。

3）松开锁紧螺钉，拧动调节螺母，改变两轴承内圈之间的距离，从而调整轴承内圈、滚柱和外圈之间的间隙。

4）轴承间隙调整好后，旋紧锁紧螺钉，然后盖好盖板，使悬梁复位。

主轴轴承间隙的大小取决于铣床的工作性质。通常，检验时以 200N 的力来推或拉主轴，转动主轴，顶在主轴端面的百分表读数若在 0~0.015mm 的范围内变动，然后使机床在 1500r/min 的转速下运转 1h 后再测，若轴承的温度不超过 60℃，则说明轴承间隙合适。

2. X5032 型立式铣床主轴轴承间隙的调整

X5032 型立式铣床主轴结构如图 7-2 所示，轴承径向间隙的调整方法如下：

1）拆下铣头前面的盖板，松开主轴上的锁紧螺钉，拧松螺母。

2）拆下主轴头部的端盖，取下由两个半圆环构成的垫片。

3）根据需要消除间隙的多少，配磨垫片。由于轴颈与轴承内孔的锥度为 1∶12，若要消除的径向间隙为 0.02mm，则需将垫片厚度磨去 0.24mm。

4）将磨好的垫片重新装回主轴，然后用较大的转矩拧紧螺母，使轴承内圈胀开，直到把垫片压紧为止。

5）先拧紧锁紧螺钉，以防止螺母松开，然后装上端盖。

主轴的轴向间隙是靠调整两个角接触球轴承间的垫圈尺寸来调节的。在两轴承内圈的距离不变时，只要减薄外垫圈，就能减小主轴的轴向间隙。

轴承间隙大小是否合适的测定方法，与 X6132 型卧式铣床的测定方法相同。

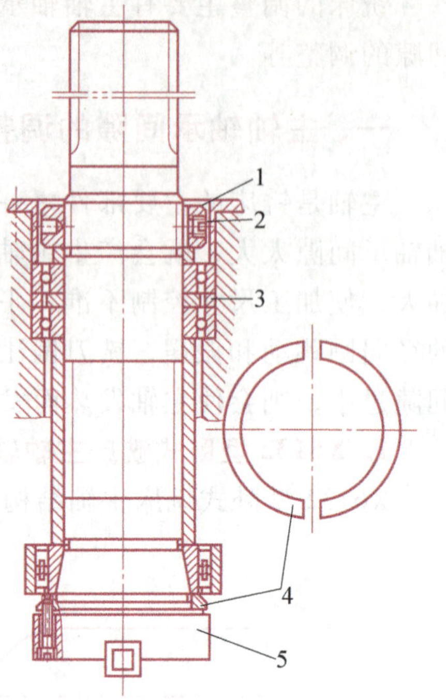

图 7-2　X5032 型立式铣床主轴结构

1—螺母　2—锁紧螺钉　3—外垫圈　4—垫片　5—端盖

二、工作台传动丝杠间隙的调整

工作台传动丝杠本身安装的轴向间隙和丝杠与螺母之间的间隙，使工作台在铣削加工中存在进给反向空程。过大的反向空程会导致在用移动工作台控制尺寸时准确性降低。此外，当采用顺铣方式加工时，在铣削力作用下会使工作台产生窜动，导致进给移动不均匀，引起振动。这不仅影响加工零件的尺寸精度和表面质量，还会损坏刀具，加速丝杠螺母运动副的磨损。

1. 工作台传动丝杠轴向间隙的调整

工作台纵向传动丝杠左端轴承支承的结构如图 7-3 所示。调整方法如下：

1）卸下手轮（图中未画出），卸下刻度盘紧固螺母和刻度盘。

2）扳直圆螺母用止动垫圈卡爪，松开外侧圆螺母，转动内侧圆螺母。

3）装上手轮，并沿逆时针方向摇动手轮，使丝杠轴向间隙存在于一个方向。将内侧圆螺母用手旋紧（即调节推力球轴承与支架间的间隙），再紧固外侧圆螺母，摇动手柄用塞尺检查，一般轴向间隙量以 0.01~0.03mm 为宜。

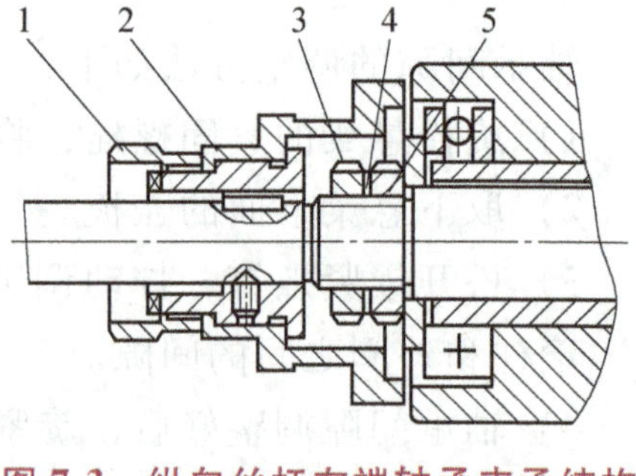

图 7-3　纵向丝杠左端轴承支承结构

1—刻度盘紧固螺母　2—刻度盘　3、5—圆螺母　4—圆螺母用止动垫圈

4）调整好间隙后，压下圆螺母用止动垫圈的卡爪，并装上刻度盘、紧固圆螺母、弹簧、手轮、垫圈和螺钉使之扳紧。

2. 工作台丝杠与螺母之间间隙的调整

丝杠螺母传动机构的螺纹之间存在间隙，随着铣床的长时间使用，螺纹之间的磨损量逐渐增加，从而使间隙增大。顺铣时不允许丝杠螺母间有较大的间隙，因此需要调整。常用铣床（如 X6132 型卧式铣床、X5032 型立式铣床等）都设有专门的丝杠、螺母间隙调整机构，其结构如图 7-4a 所示。间隙的调整方法如下：

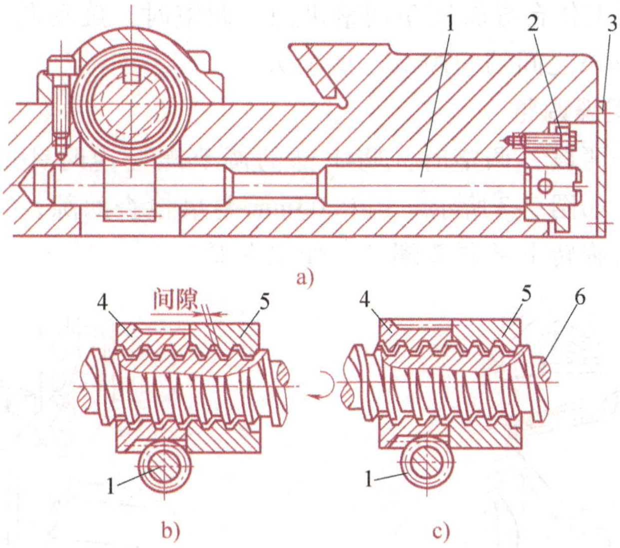

图 7-4 X6132 型铣床丝杠螺母间隙调整机构

1—蜗杆 2—螺钉 3—盖板 4、5—螺母 6—丝杠

1）卸去工作台底座前面的盖板。

2）松开法兰盘上的三个紧固螺钉，但不要取下或过松。

3）顺时针方向转动蜗杆，带动可调螺母旋转，图 7-4b 所示为调整前存在间隙的情况。右侧螺母是固定的，当左侧螺母转动时，两螺母端面互相抵紧。左侧螺母推动丝杠向左移动，直至丝杠的右侧与左侧螺母贴紧，而左侧螺母与右侧螺母贴紧，则如图 7-4c 所示，丝杠与螺母之间的间隙即可消除。

调整好的丝杠、螺母间隙应满足下列要求：

1）用手摇动手轮时，丝杠全长行程内阻力均匀，无松紧不一致的情况，不能出现卡住现象。

2）反向转动手轮时，空转量应小于刻度盘上的三个小格（即 0.15mm）。当用于顺铣加工时，空转量应小于两个小格（即 0.10mm）。

三、工作台导轨间隙的调整

工作台纵、横与垂直三个方向的运动部件与导轨之间应有合适的工作间隙（一般以不大于 0.04mm 为宜）。间隙太小时，移动费力，不灵敏；间隙过大时，工作不平稳，铣削时振动大，影响零件的加工精度和表面质量。工作台导轨的配合间隙一般用镶条来调整。

1. 纵向工作台间隙调整

图 7-5 所示为纵向工作台导轨镶条调整机构。调整时，先松开调节螺母和圆螺母，旋动调节螺杆就能使镶条推进或拉出，达到间隙减小或增大的目的。间隙调整好后，先后将调节螺母和圆螺母拧紧（圆螺母起防松功用）。

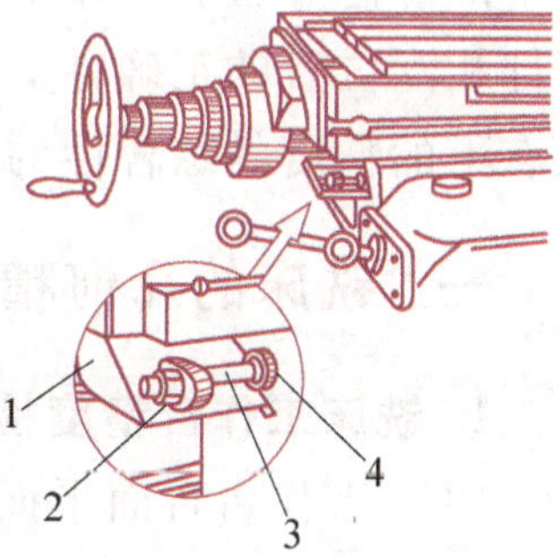

图 7-5 纵向工作台导轨镶条调整机构

1—镶条 2—调节螺母 3—调节螺杆 4—圆螺母

纵向工作台间隙调整

2. 横向工作台间隙调整

图 7-6 所示为横向工作台导轨镶条调整机构，调整时，旋动调节螺杆，就能使镶条推进或拉出，使导轨与镶条之间的间隙减小或增大。

横向工作台间隙调整

3. 垂直升降台间隙调整

垂向导轨镶条分两段，调整时先将下部的调节螺杆逆时针退出，转动上部调节螺杆，带动镶条移动，如图 7-7 所示。用 0.03mm 塞尺检查间隙，待合适后停止旋转调节螺杆，并顺时针方向旋转下部调节螺杆，使之并紧。

垂直升降台间隙调整

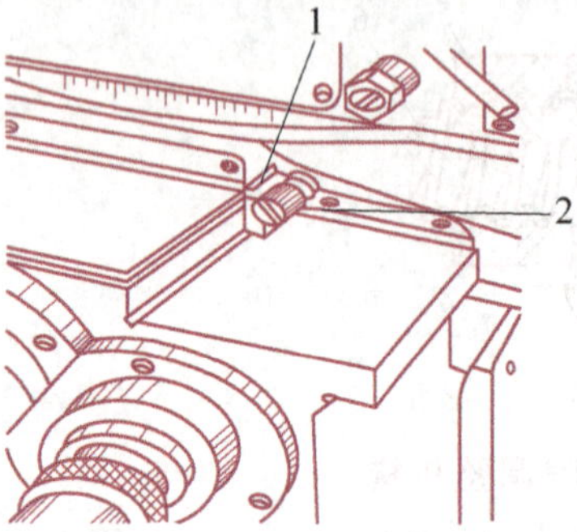

图 7-6 横向工作台导轨镶条调整机构

1—镶条 2—调节螺杆

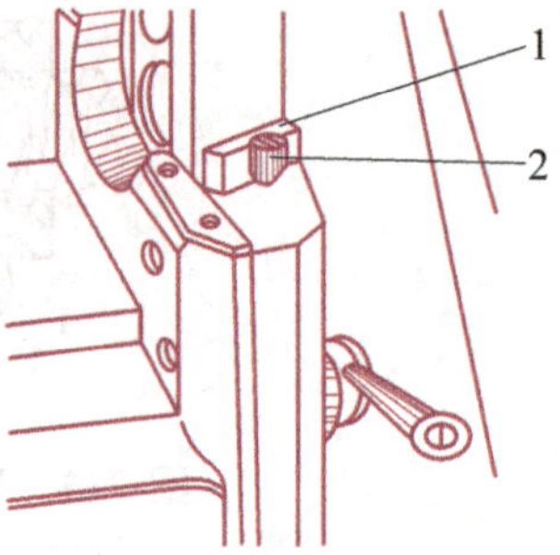

图 7-7 垂直升降台导轨镶条调整机构

1—镶条 2—调节螺杆

导轨间隙大小的检查，对于工作台纵向、横向导轨，以进给手轮用 147N 力能摇动为宜；升降台导轨，以用 196~235N 力能摇动上升为宜。

课题二 铣床的精度检验

影响零件加工精度的因素很多，其中，铣床精度是主要因素之一。铣床在经较长时间使用后或经大修后，应对各项重要的精度指标进行检验。

铣床的精度包括几何精度和工作精度。铣床的几何精度是指铣床在运转时各部件间的相互位置精度和主要零件的形状和位置精度。铣床几何精度的检验是在非工作状态条件下的静态检验。铣床的工作精度是指铣床工作部件运动的均匀性与协调性，以及铣床部件相互位置的正确性。铣床工作精度的检验是通过对标准试件的切削，对铣床在工作状态下的精度的综合性的动态检验。

一、铣床的几何精度检验

1. 铣床工作台精度检验

（1）工作台台面平面度的检验　如图 7-8 所示，使工作台处于纵向和横向行程的中间位置。在工作台台面上，按图 7-8 所示各方位放置两块高度相等的量块，在两量块上放一检验平尺，然后用塞尺和量块检验工作台台面和平尺之间的距离。

工作台台面在纵向只允许下凹，在每 1000mm 长度上公差为 0.03mm。若超过公差，则会影响夹具或工件底面的安装精度，从而影响加工面对基准面的平行度或垂直度。若工作台台面平面度超差或出现台面上凸现象，可通过刮削工作台台面来达到规定要求。

(2) 工作台纵向和横向移动的垂直度检验　如图 7-9 所示，将直角尺放在工作台台面中间位置，并使直角尺的一个检验面与横向（或纵向）平行。纵向（或横向）移动工作台，用百分表在直角尺的另一个检验面上进行检验。百分表读数的最大差值，即为垂直度误差。检验时，应锁紧升降台。

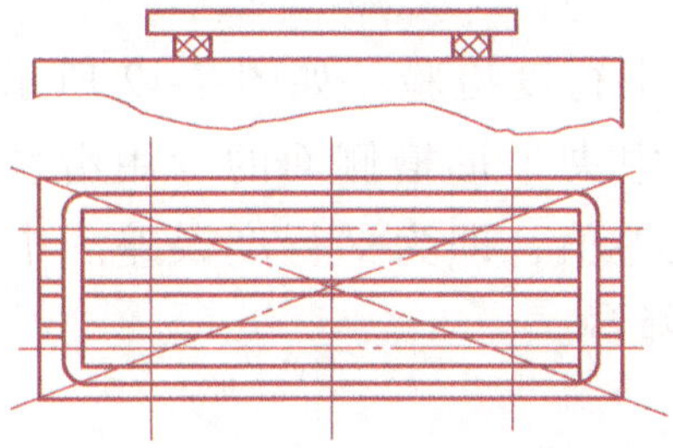

图 7-8　工作台台面平面度的检验

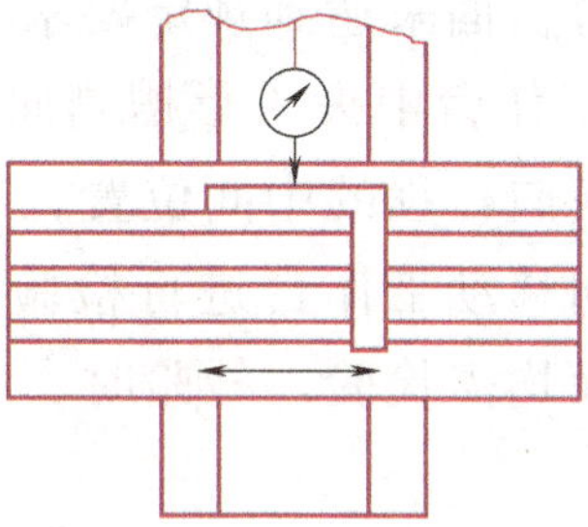

图 7-9　工作台纵向和横向移动的垂直度检验

在 300mm 的测量长度上垂直度公差为 0.02mm。若超过公差，则会影响两相互垂直的加工面的垂直度。此外，若夹具的定位面与横向平行，则用纵向进给铣削出的沟槽和工件侧面与基准面不垂直。如垂直度误差超出公差，应通过刮削导轨来达到规定要求。

(3) 工作台纵向移动对工作台台面的平行度检验　如图 7-10 所示，使工作台处于横向行程的中间位置。在工作台台面上，跨中央 T 形槽放置两高度相等的量块，上置检验平尺，将百分表测头顶在平尺的检验面上，纵向移动工作台进行检验。百分表读数的最大差值，即为平行度误差。检验时，应锁紧横向进给和升降台。

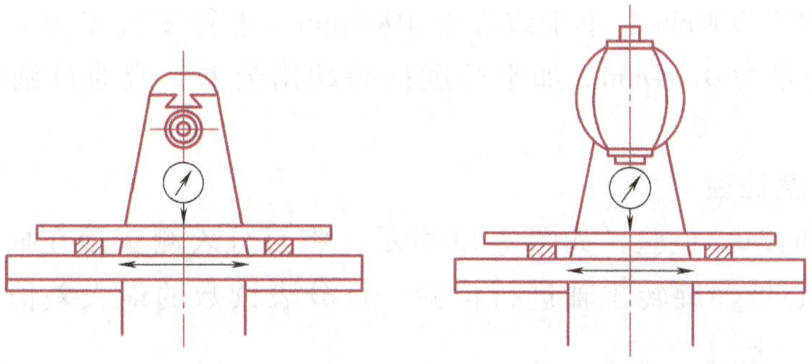

a) 卧式铣床的检验　　b) 立式铣床的检验

图 7-10　工作台纵向移动对工作台台面的平行度检验

平行度误差应在工作台全行程上检测。工作台行程小于或等于 500mm，平行度公差为 0.02mm；行程大于 500mm、小于或等于 1000mm，平行度公差为 0.03mm；行程大于 1000mm，平行度公差为 0.04mm。如平行度误差超出公差，应通过刮削工作台台面来达到规定要求。

(4) 工作台横向移动对工作台台面的平行度检验　如图 7-11 所示，在工作台台面中间位置且和工作台横向移动方向平行放置两高度相等的量块，上

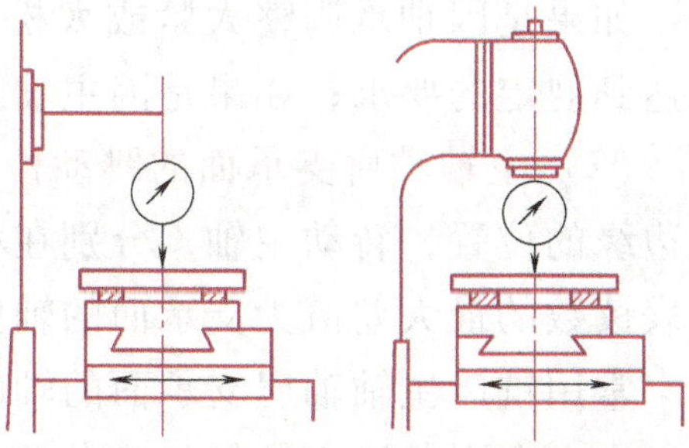

a) 卧式铣床的检验　　b) 立式铣床的检验

图 7-11　工作台横向移动对工作台台面的平行度检验

置检验平尺，百分表测头位于主轴中央处，并使其顶在平尺检验面上，横向移动工作台进行检验。百分表读数的最大差值，即为平行度误差。检验时，应锁紧纵向进给和升降台。

平行度误差应在工作台全行程上检测。工作台行程小于或等于 300mm，平行度公差为 0.02mm；行程大于 300mm，平行度公差为 0.03mm。如平行度误差超出公差，应通过刮削工作台台面来达到规定要求。

（5）工作台中央 T 形槽侧面对工作台纵向移动的平行度检验　如图 7-12 所示，使工作台处于横向行程的中间位置，百分表测头顶在紧靠中央 T 形槽侧面的专用滑块的检验面上，纵向移动工作台进行检验。百分表读数的最大差值，即为平行度误差。中央 T 形槽的两侧面均需检验。检验时，应锁紧横向进给和升降台。

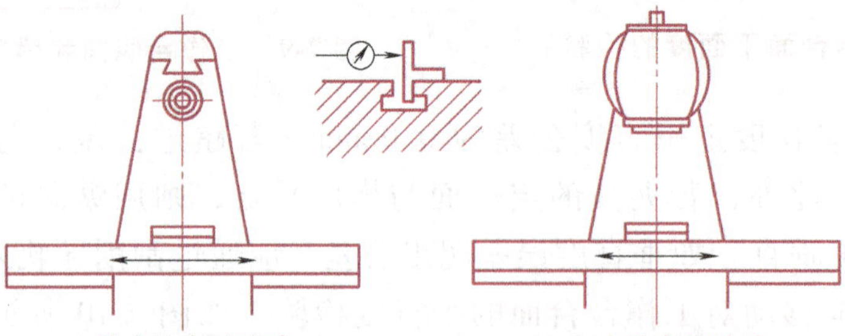

a) 卧式铣床的检验　　b) 立式铣床的检验

图 7-12　工作台中央 T 形槽侧面对工作台纵向移动的平行度检验

平行度误差应在工作台全行程上检测。工作台行程小于或等于 500mm，平行度公差为 0.03mm；行程大于 500mm、小于或等于 1000mm，平行度公差为 0.035mm；行程大于 1000mm，平行度公差为 0.04mm。如平行度误差超出公差，应通过刮削中央 T 形槽两侧面来达到规定要求。

2. 铣床主轴精度检验

（1）主轴的轴向窜动检验　如图 7-13 所示，将百分表测头顶在插入主轴锥孔内的专用检验棒的端面中心处，旋转主轴进行检验。百分表读数的最大差值，即为轴向窜动的误差。

常用铣床主轴的轴向窜动公差为 0.01mm。轴向窜动误差过大，加工时会产生较大的振动和尺寸不准，以及出现“拖刀”现象。

如果是因轴承调整太紧或太松引起的轴向窜动误差过大，则可通过调整轴承的松紧来达到规定的要求；如果是因主轴磨损而造成的，则需要更换主轴来解决。

（2）主轴轴肩支承面的跳动检验　如图 7-14 所示，将百分表测头顶在主轴前端面靠近边缘的位置，转动主轴，分别在相隔 180°的 a、b 两处检验，a、b 处误差分别计值，百分表读数的最大差值为支承面的轴向圆跳动误差。

常用铣床主轴轴肩支承面的轴向圆跳动公差为 0.02mm。轴肩支承面的轴向圆跳动误差过大，会引起以主轴轴肩定位安装的铣刀产生轴向圆跳动，影响零件加工尺寸精度和表面粗糙度，并会使铣刀因刀齿磨损不均匀而加快磨损，缩短铣刀寿命。轴肩支承面跳动误差过大的解决措施与主轴轴向窜动误差过大的解决措施相同。

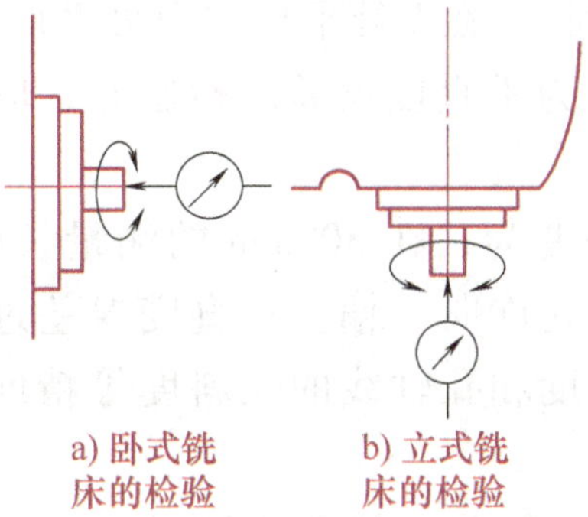

图 7-13 主轴的轴向窜动检验

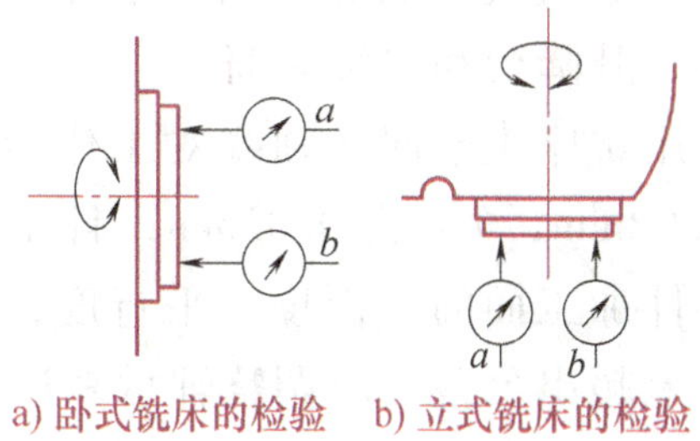

图 7-14 主轴轴肩支承面的跳动检验

（3）主轴锥孔轴线的径向圆跳动检验 如图 7-15 所示，将百分表测头顶在插入主轴锥孔内的检验棒的表面上，旋转主轴，分别在 a、b 两处检验。百分表读数的最大差值，即为径向圆跳动误差。

常用铣床主轴锥孔轴线的径向圆跳动公差在主轴轴端 a 处为 0.01mm，在离轴端 a 处距离为 300mm 的 b 处，公差为 0.02mm。主轴锥孔轴线的径向圆跳动误差过大将造成铣刀杆和铣刀的径向圆跳动以及铣刀振摆，导致铣削的键槽加宽，使镗孔的孔径扩大，影响加工的表面粗糙度和刀具寿命。

主轴锥孔轴线径向圆跳动误差过大时，一般利用调整轴承的方法来解决。

（4）卧式铣床主轴回转轴线对工作台台面的平行度检验 如图 7-16 所示，使工作台处于纵向和横向行程的中间位置。在工作台台面上放一块平板，将百分表座放在平板上，并使百分表测头顶在插入主轴锥孔中的检验棒的上素线上，记取 a、b 两处读数的差值。为了消除检验棒或主轴误差的影响，需将主轴转动 180°后再检验一次。两次读数差值的平均值，即为平行度误差。

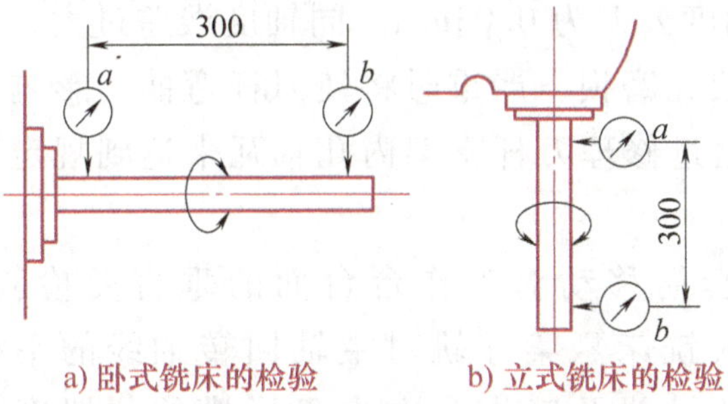

图 7-15 主轴锥孔轴线的径向圆跳动检验

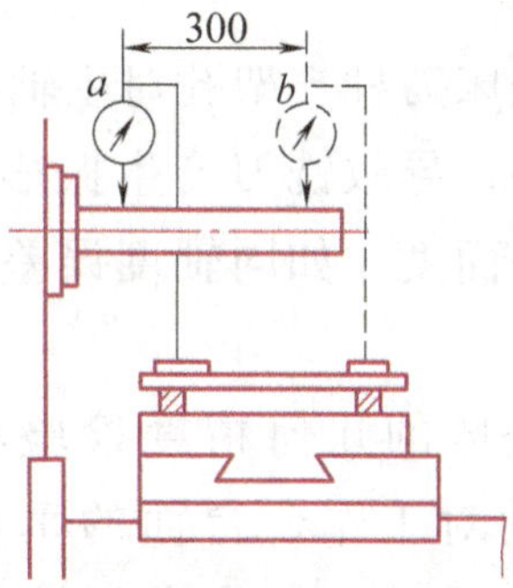

图 7-16 主轴回转轴线对工作台台面的平行度检验

常用铣床主轴回转轴线对工作台台面的平行度公差为 0.03mm，检验棒的伸出端只允许下倾。平行度误差过大，会影响零件加工面的平行度，若横向做二次进给，则会产生明显的接刀痕。如平行度误差超出公差，应调整轴承来达到规定要求。

（5）立式铣床主轴回转轴线对工作台台面的垂直度检验 如图 7-17 所示，使工作台处于纵向行程的中间位置，在工作台台面上放置两块高度相等的量块，上置一检验平尺。在主轴锥孔中插入一根带百分表的角形表杆，使百分表测头顶在平尺的检验面上。检测

分 a、b 两处进行，在 a 处平尺与工作台中央 T 形槽平行，在 b 处平尺与中央 T 形槽垂直，a、b 两处误差分别计值。百分表读数的最大差值，即为垂直度误差。检验时，应锁紧横向进给、升降台和主轴套筒。

常用铣床主轴回转轴线对工作台台面的垂直度公差为，在 300mm 的测量长度上，a 处为 0.02mm，b 处为 0.03mm，且工作台台面外侧只允许向上偏。垂直度误差过大，会影响零件加工面的平面度、平行度，以及加工孔的圆度和孔轴线的倾斜度等精度。如垂直度误差超出公差，应调整轴承来达到规定要求。

（6）卧式铣床刀杆支架孔对主轴回转轴线的同轴度检验　如图 7-18 所示，在主轴锥孔中插入一根带百分表的角形表杆，使百分表测头顶在插入刀杆支架孔中的检验棒表面上。转动主轴，在图示 a、b 两位置进行检测，a、b 两处误差分别计值。百分表读数最大差值的一半，即为同轴度误差。检验时，应锁紧悬梁和刀杆支架。

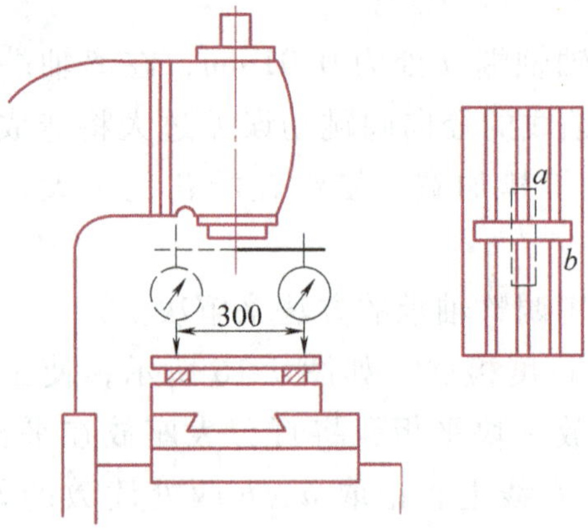

图 7-17　主轴回转轴线对工作台台面的垂直度检验

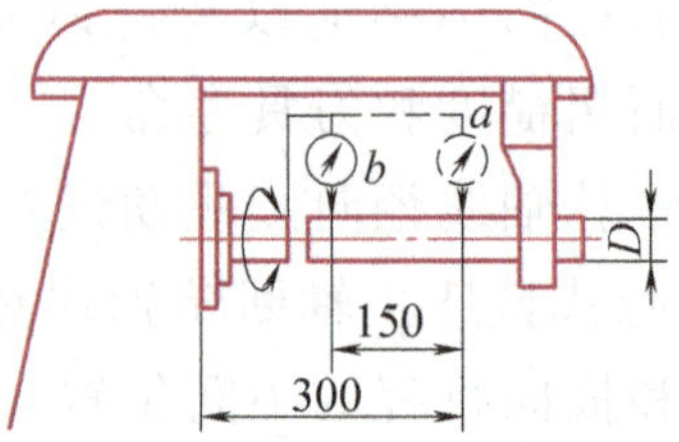

图 7-18　刀杆支架孔对主轴回转轴线的同轴度检验

常用铣床刀杆支架孔对主轴回转轴线的同轴度公差为 0.03mm。同轴度误差过大，将使刀杆歪斜，导致铣刀产生振摆及加速刀杆支架孔磨损，严重时将使刀杆弯曲，影响加工表面的平面度。如同轴度误差超出公差，应通过修理刀杆支架内孔轴瓦来达到规定精度要求。

常用铣床的几何精度检验项目还有主轴套筒移动对工作台台面的垂直度检验、升降台移动对工作台台面的垂直度检验、卧式铣床悬梁导轨对主轴回转轴线的平行度检验、卧式铣床工作台回转中心对主轴回转轴线及工作台中央 T 形槽的位置度检验等。

二、铣床的工作精度检验

铣床工作精度的检验，是通过标准试件的铣削，对铣床在工作状态下精度的综合性的动态检验。标准试件的形状和尺寸如图 7-19 所示，试件尺寸和公差要求见表 7-1。

试件及铣削条件如下。

试件材料：灰铸铁（HT150）。

切削刀具：套式高速工具钢面铣刀，铣刀直径 $d \leqslant 60$mm。

表 7-1 试件尺寸及公差要求 （单位：mm）

试件尺寸	工作台台面宽度	B	L	H	b
	≤250	100	250	100	20
	>250	150	400	150	
公差					
检验项目			级别		
			1 级	2 级	3 级
平面度（卧铣试件 C 面，立铣试件 S 面）			0.02	0.03	0.04
S 面对基面的平行度			0.03	0.045	0.06
C、D、S 三面间的垂直度	测量长度	100	0.02	0.03	0.04
		150	0.025	0.037	0.05
		250	0.03	0.045	0.06
		400	0.05	0.075	0.10
加工面表面粗糙度 $Ra/\mu m$			1.6	3.2	6.3

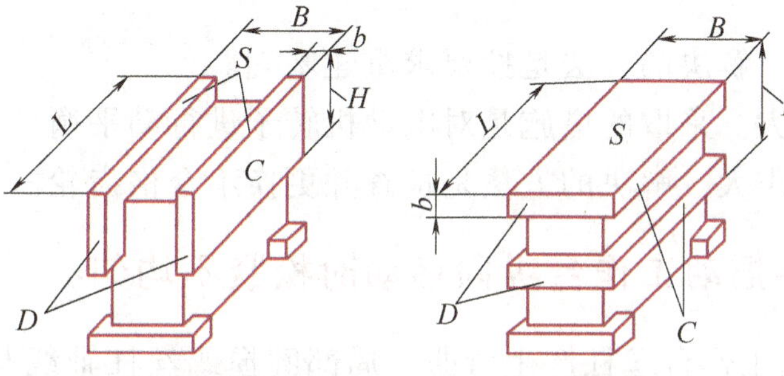

a) 卧式铣床试件 b) 立式铣床试件

图 7-19 标准试件的形状和尺寸

铣削用量：

铣削速度 $v_c \geqslant 50m/min$；

进给速度 $v_f = 40 \sim 60mm/min$；

铣削深度 $a_p = 0.1 \sim 0.4mm$。

课题三 铣床常见的故障及排除

铣削加工中，铣床本身的精度直接影响加工零件的尺寸精度和几何精度。因此，除定期对铣床进行精度检验外，还应对铣床出现的故障及时发现和排除。下面对铣床常见的故障现象、产生原因和解决的方法进行简述。

一、铣削时振动很大

不能按常规的铣削用量加工，铣削时容易打刀，零件表面粗糙度值大，不能采用顺铣。

造成振动大的因素主要有两个方面：主轴松动及刀轴系统刚性差；工作台松动和工件—夹具系统刚性差。

1. 主轴松动

主轴是否松动，可通过检验主轴的径向圆跳动和轴向窜动来判定。造成主轴松动的原因主要是主轴轴承间隙过大和主轴轴承的滚道产生点蚀。解决的方法是，前者可重新调整主轴轴承的间隙，使其符合规定要求；后者则需要更换轴承。

2. 工作台松动

造成工作台松动的原因主要是工作台导轨间隙过大。解决的方法是重新调整导轨间隙。此外，间隙过小则会在工作台低速运动时出现爬行现象。导轨镶条不直也会引起工作台运动不平稳，须修刮或更换新的镶条。

3. 工作台丝杠、螺母间隙大

解决的方法是重新调整间隙，可拧紧紧固螺钉、调整蜗杆与可调螺母的相对位置。

4. 其他因素

1）铣刀盘锥度与锥孔不吻合或铣刀盘未拉紧。解决的方法是检查和修磨锥度；拉紧铣刀盘。

2）机床基础不良。解决的方法是按要求重建基础。

3）主电动机振动大。采取的措施是对电动机转子进行动平衡。

4）主传动齿轮噪声大。解决的方法是检查并更换不合格齿轮。

二、在全程内手摇动工作台纵向移动时松紧不均匀

产生的原因主要是工作台丝杠产生弯曲、局部磨损或丝杠轴线与纵向导轨不平行等。解决的方法是，对丝杠弯曲或局部磨损的，应校直、修理或更换丝杠；对丝杠轴线与纵向导轨不平行的，则应重新校装丝杠并铰定位销孔。

三、升降台低速升降时爬行

产生的原因是立柱导轨压铁未松开和润滑不良。解决的方法是松开并调整压铁和良好润滑。

四、工作台快速进给脱不开

实际操作过程中，常使用快速退回或快速移动较大空程的进给（快进），以缩短非切削时间。在快速进给后接着起动慢速的工作进给时，出现仍为快速进给的故障视为快速进给脱不开。虽然这种故障出现的几率很小，但危险性极大，应特别注意。产生的原因主要是电磁铁的剩磁太大或慢速复位弹簧弹力不足，应由电工和机修工进行修理和调整。

五、进给系统安全离合器失灵

当机床进给系统超负荷时，进给运动不能自动停止。造成安全离合器失灵的原因是离合器调节的转矩太大。解决的方法是重新调节安全离合器，以157~196Nm转矩能转动为宜。

思考与练习

1. 常用铣床的调整的主要内容是什么？

2. 铣床主轴轴承间隙过大或过小会产生什么现象？X6132 型卧式铣床和 X5032 型立式铣床的主轴轴承间隙如何调整？

3. 铣床工作台传动丝杠间隙过大，对铣床使用有什么影响？

4. 机床的精度包含了哪些内容？

5. 常用铣床工作台台面的平面度要求是什么？如何检验？平面度误差过大有什么影响？如何修复？

6. 卧式铣床主轴回转轴线对工作台台面的平行度误差如何检验？误差的大小如何评定？

7. 铣削时振动大对加工有何影响？造成振动过大的机床方面的原因是什么？应如何排除？

模块八 综合技能训练

学习目标

知识目标

1. 熟练掌握平面、连接面铣削加工工艺。
2. 熟练掌握阶台、直角沟槽铣削加工工艺。
3. 熟练掌握键槽铣削加工工艺。
4. 熟练掌握型腔铣削加工工艺。

技能目标

1. 能熟练铣削平面、连接面。
2. 能熟练铣削阶台、直角沟槽。
3. 能熟练铣削键槽。
4. 能熟练铣削各种型腔。
5. 能熟练使用常用量具进行检测，并能进行质量分析。
6. 强化铣削安全操作规程。
7. 具备较强的技能拓展能力及适应发展的能力。

素养目标

1. 培养敬业、专注、创新的工匠精神。

2. 增强节能环保意识、安全意识，能正确遵守车间安全作业要求，注重个人安全防护。

3. 具备将各种铣削技能灵活应用于具体工作领域的能力，具有一定的分析问题和解决问题的能力。

任务一 铣削平面和直角沟槽

任务目标

1. 熟练制订铣削加工工艺。

2. 熟练掌握基准面的选择方法。
3. 熟练铣削垂直面、平行面和直角沟槽。
4. 熟练使用常用量具。
5. 进一步熟悉铣削安全操作规程。

一、实训工件图

实训工件图如图 8-1 所示。

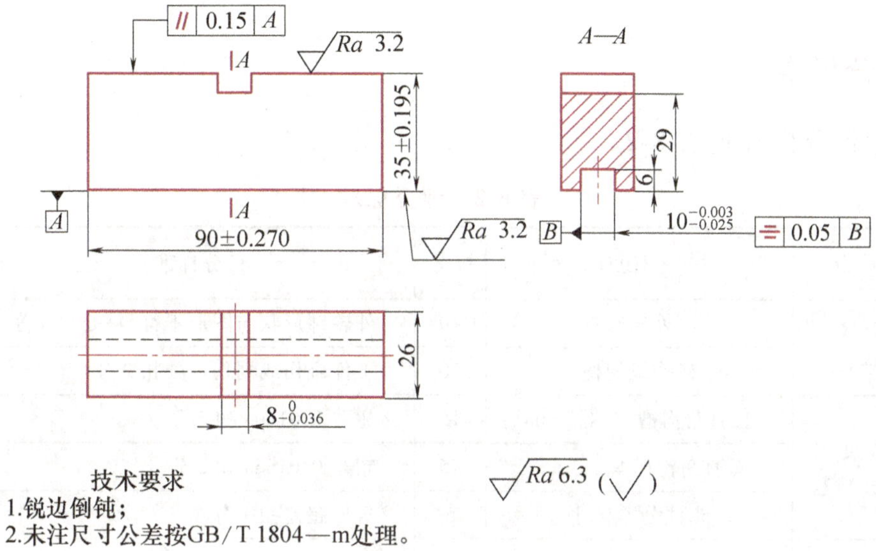

图 8-1 铣削平面和直角沟槽

二、实训材料

毛坯尺寸为 95mm×40mm×30mm，材料为 45 钢。

三、工、量具及辅件准备清单

实训所需工、量具及辅件清单见表 8-1。

表 8-1 工、量具及辅件准备清单

序号	名称	规格	数量	序号	名称	规格	数量
1	机用平口钳	100mm 以上	1	9	夹簧	ϕ6mm、ϕ8mm	各 1
2	压板及螺栓		若干	10	活扳手	200~300mm	1
3	平行垫铁	依钳口高度及工件高度确定	1 对	11	平锉	200mm	1
4	软钳口		1 对	12	铜棒	自定	1
5	盘形铣刀杆	ϕ100mm 刀片 YT5	1	13	锤子	1.5lb(0.68kg)	1
6	键槽立铣刀	ϕ6mm、ϕ8mm	各 1	14	游标卡尺	0~150mm	1
7	倒角刀	90°	1	15	外径千分尺	25~50mm、75~100mm	各 1
8	弹簧或强力铣夹头刀柄		1	16	深度千分尺	0~25mm	1

（续）

序号	名称	规格	数量	序号	名称	规格	数量
17	内测千分尺	5~30mm	1	22	划线平板		1
18	直角尺	80mm×125mm	1	23	钢直尺	150mm	1
19	游标高度卡尺	0~300mm	1	24	毛刷	2in	1
20	磁力表座		1	25	抹布		若干
21	百分表	0~10mm	1				

四、评分标准

实训课题评分标准见表 8-2。

表 8-2 评分标准

序号	考核项目	考核点	配分	评分标准	检测结果	得分
1	外观形状（20 分）	外轮廓	10	外轮廓形状与图形不符，每处扣 5 分		
		碰伤或划伤	10	工件碰伤或划伤一处扣 2 分		
2	尺寸精度（35 分）	长直角沟槽 $10_{-0.025}^{-0.003}$mm	15	超差 0.01mm 扣 5 分		
		短直角沟槽 $8_{-0.036}^{0}$mm	15	超差 0.01mm 扣 5 分		
		未注公差尺寸	5	每处超差扣 1 分		
3	表面粗糙度（25 分）	*Ra*3.2μm（2 处）	15	每处降一级扣 7.5 分		
		*Ra*6.3μm	10	每处降一级扣 2 分		
4	几何精度（15 分）	平行度公差 0.15mm	7.5	超差 0.01mm 扣 2.5 分		
		对称度公差 0.05mm	7.5	超差 0.01mm 扣 2.5 分		
5	安全生产（5 分）	铣削安全操作规程	5	违反有关规定扣 1~5 分 工作场地整洁，工、量具摆放整齐合理不扣分，稍差扣 1 分，很差扣 3 分 出现工伤或事故此项不得分		
合计			100		总分	

任务二 铣削斜面和直角沟槽

任务目标

1. 熟练制订铣削加工工艺。
2. 熟练掌握基准面的选择方法。
3. 熟练铣削垂直面、平行面、斜面和直角沟槽。
4. 熟练使用常用量具。
5. 进一步熟悉铣削安全操作规程。

一、实训工件图

实训工件图如图 8-2 所示。

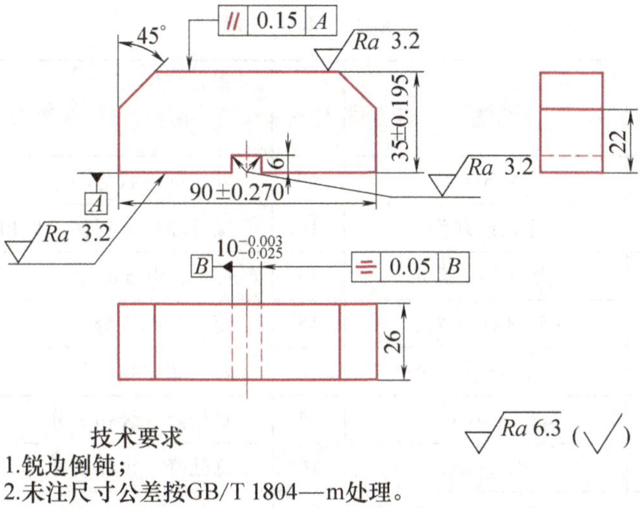

图 8-2 铣削斜面和直角沟槽

二、实训材料

毛坯尺寸为 95mm×40mm×30mm，材料为 45 钢。

三、工、量具及辅件准备清单

实训所需工、量具及辅件清单见表 8-3。

表 8-3 工、量具及辅件准备清单

序号	名称	规格	数量	序号	名称	规格	数量
1	机用平口钳	100mm 以上	1	14	游标卡尺	0～150mm	1
2	压板及螺栓		若干	15	外径千分尺	25～50mm、75～100mm	各 1
3	平行垫铁	依钳口高度及工件高度确定	1 对	16	深度千分尺	0～25mm	1
4	软钳口		1 对	17	内测千分尺	5～30mm	1
5	盘形铣刀杆	ϕ100mm 刀片 YT5	1	18	直角尺	80mm×125mm	1
6	键槽立铣刀	ϕ8mm	1	19	游标万能角度尺	0°～320°	1
7	倒角刀	90°	1				
8	弹簧或强力铣夹头刀柄		1	20	游标高度卡尺	0～300mm	1
				21	磁力表座		1
9	夹簧	ϕ8mm	各 1	22	百分表	0～10mm	1
10	活扳手	200～300mm	1	23	划线平板		1
11	平锉	200mm	1	24	钢直尺	150mm	1
12	铜棒	自定	1	25	毛刷	2in	1
13	锤子	1.5lb(0.68kg)	1	26	抹布		若干

四、评分标准

实训课题评分标准见表 8-4。

表 8-4 评分标准

序号	考核项目	考核点	配分	评分标准	检测结果	得分
1	外观形状（20 分）	外轮廓	10	外轮廓形状与图形不符，每处扣 5 分		
		碰伤或划伤	10	工件碰伤或划伤一处扣 2 分		
2	尺寸精度（35 分）	直沟槽 $10^{-0.003}_{-0.025}$mm	15	超差 0.01mm 扣 5 分		
		45°斜面（2 处）	15	超差 2′扣 5 分		
		未注公差尺寸	5	每处超差扣 1 分		
3	表面粗糙度（25 分）	*Ra*3.2μm（4 处）	15	每处降一级扣 3 分		
		*Ra*6.3μm	10	每处降一级扣 2 分		
4	几何精度（15 分）	平行度公差 0.15mm	7.5	超差 0.01mm 扣 2.5 分		
		对称度公差 0.05mm	7.5	超差 0.01mm 扣 2.5 分		
5	安全生产（5 分）	铣削安全操作规程	5	违反有关规定扣 1~5 分 工作场地整洁，工、量具摆放整齐合理不扣分，稍差扣 1 分，很差扣 3 分 出现工伤或事故此项不得分		
合计			100		总分	

任务三 铣削斜面和平键槽（一）

任务目标

1. 熟练制订铣削加工工艺。
2. 熟练掌握基准面的选择方法。
3. 熟练铣削垂直面、平行面、斜面和键槽。
4. 熟练使用常用量具。
5. 进一步熟悉铣削安全操作规程。

一、实训工件图

实训工件图如图 8-3 所示。

二、实训材料

毛坯尺寸为 95mm×40mm×30mm，材料为 45 钢。

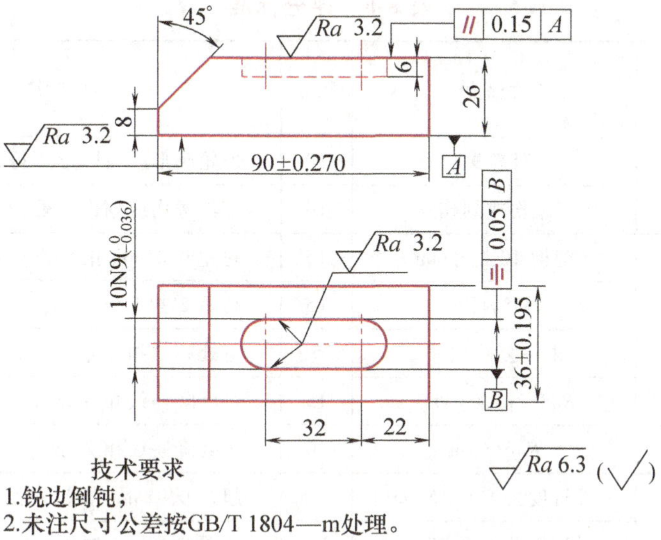

图 8-3 铣削斜面和平键槽（一）

三、工、量具及辅件准备清单

实训所需工、量具及辅件见表 8-5。

表 8-5 工、量具及辅件准备清单

序号	名称	规格	数量	序号	名称	规格	数量
1	机用平口钳	100mm 以上	1	15	锤子	1. 5lb(0. 68kg)	1
2	压板及螺栓		若干	16	游标卡尺	0~150mm	1
3	平行垫铁	依钳口高度及工件高度确定	1 对	17	外径千分尺	25~50mm、75~100mm	各 1
4	软钳口		1 对	18	深度千分尺	0~25mm	1
5	盘形铣刀杆	ϕ100mm 刀片 YT5	1	19	内测千分尺	5~30mm	1
6	键槽立铣刀	ϕ8mm、ϕ10mm	各 1	20	直角尺	80mm×125mm	1
7	倒角刀	90°	1	21	游标万能角度尺	0°~320°	1
8	中心钻	ϕ3mm	1				
9	麻花钻	ϕ9. 8mm	1	22	游标高度卡尺	0~300mm	1
10	弹簧或强力铣夹头刀柄		1	23	磁力表座		1
				24	百分表	0~10mm	1
11	夹簧	ϕ8mm、ϕ10mm	各 1	25	划线平板		1
12	活扳手	200~300mm	1	26	钢直尺	150mm	1
13	平锉	200mm	1	27	毛刷	2in	1
14	铜棒	自定	1	28	抹布		若干

四、评分标准

实训课题评分标准见表 8-6。

表 8-6 评分标准

序号	考核项目	考核点	配分	评分标准	检测结果	得分
1	外观形状（20分）	外轮廓	10	外轮廓形状与图形不符，每处扣5分		
		碰伤或划伤	10	工件碰伤或划伤一处扣2分		
2	尺寸精度（35分）	键槽 $10_{-0.036}^{0}$mm	15	超差0.01mm扣5分		
		45°斜面	15	超差2′扣5分		
		未注公差尺寸	5	每处超差扣1分		
3	表面粗糙度（25分）	$Ra3.2\mu m$（4处）	15	每处降一级扣3分		
		$Ra6.3\mu m$	10	每处降一级扣2分		
4	几何精度（15分）	平行度公差0.15mm	7.5	超差0.01mm扣2.5分		
		对称度公差0.05mm	7.5	超差0.01mm扣2.5分		
5	安全生产（5分）	铣削安全操作规程	5	违反有关规定扣1~5分 工作场地整洁，工、量具摆放整齐合理不扣分，稍差扣1分，很差扣3分 出现工伤或事故此项不得分		
合计			100		总分	

任务四 铣削斜面和平键槽（二）

任务目标

1. 熟练制订铣削加工工艺。
2. 熟练掌握基准面的选择方法。
3. 熟练铣削垂直面、平行面、斜面和键槽。
4. 熟练使用常用量具。
5. 进一步熟悉铣削安全操作规程。

一、实训工件图

实训工件图如图 8-4 所示。

二、实训材料

毛坯尺寸为 95mm×40mm×30mm，材料为 45 钢。

三、工、量具及辅件准备清单

实训所需工、量具及辅件见表 8-7。

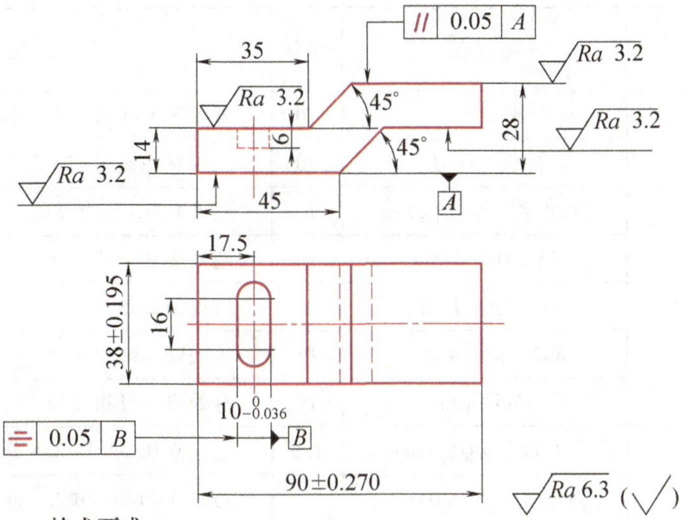

技术要求
1.锐边倒钝；
2.未注尺寸公差按GB/T 1804—m处理。

图 8-4 铣削斜面和平键槽（二）

表 8-7 工、量具及辅件准备清单

序号	名称	规格	数量	序号	名称	规格	数量
1	机用平口钳	100mm 以上	1	15	锤子	1. 5lb(0. 68kg)	1
2	压板及螺栓		若干	16	游标卡尺	0~150mm	1
3	平行垫铁	依钳口高度及工件高度确定	1 对	17	外径千分尺	25~50mm、75~100mm	各 1
4	软钳口		1 对	18	深度千分尺	0~25mm	1
5	盘形铣刀杆	ϕ100mm 刀片 YT5	1	19	内测千分尺	5~30mm	1
6	键槽立铣刀	ϕ8mm、ϕ10mm	各 1	20	直角尺	80mm×125mm	1
7	倒角刀	90°	1	21	游标万能角度尺	0°~320°	1
8	中心钻	ϕ3mm	1	22	游标高度卡尺	0~300mm	1
9	麻花钻	ϕ9. 8mm	1	23	磁力表座		1
10	弹簧或强力铣夹头刀柄		1	24	百分表	0~10mm	1
11	夹簧	ϕ8mm、ϕ10mm	各 1	25	划线平板		1
12	活扳手	200~300mm	1	26	钢直尺	150mm	1
13	平锉	200mm	1	27	毛刷	2in	1
14	铜棒	自定	1	28	抹布		若干

四、评分标准

实训课题评分标准见表 8-8。

表 8-8 评分标准

序号	考核项目	考核点	配分	评分标准	检测结果	得分
1	外观形状（20分）	外轮廓	10	外轮廓形状与图形不符，每处扣5分		
		碰伤或划伤	10	工件碰伤或划伤一处扣2分		
2	尺寸精度（35分）	封闭键槽 $10_{-0.036}^{0}$mm	15	超差0.01mm扣5分		
		45°斜面(2处)	15	超差2′扣5分		
		未注公差尺寸	5	每处超差扣1分		
3	表面粗糙度(25分)	$Ra3.2\mu m$(4处)	15	每处降一级扣3分		
		$Ra6.3\mu m$	10	每处降一级扣2分		
4	几何精度（15分）	平行度公差0.05mm	7.5	超差0.01mm扣2.5分		
		对称度公差0.05mm	7.5	超差0.01mm扣2.5分		
5	安全生产（5分）	铣削安全操作规程	5	违反有关规定扣1~5分 工作场地整洁，工、量具摆放整齐合理不扣分，稍差扣1分，很差扣3分 出现工伤或事故此项不得分		
合计			100		总分	

任务五 铣削六方形面和平键槽

任务目标

1. 熟练制订铣削加工工艺。
2. 熟练掌握基准面的选择方法。
3. 熟练铣削多边形和键槽。
4. 熟练使用常用量具。
5. 进一步熟悉铣削安全操作规程。

一、实训工件图

实训工件图如图8-5所示。

二、实训材料

毛坯尺寸为 ϕ90mm×40mm，材料为45钢。

三、工、量具及辅件准备清单

实训所需工、量具及辅件见表8-9。

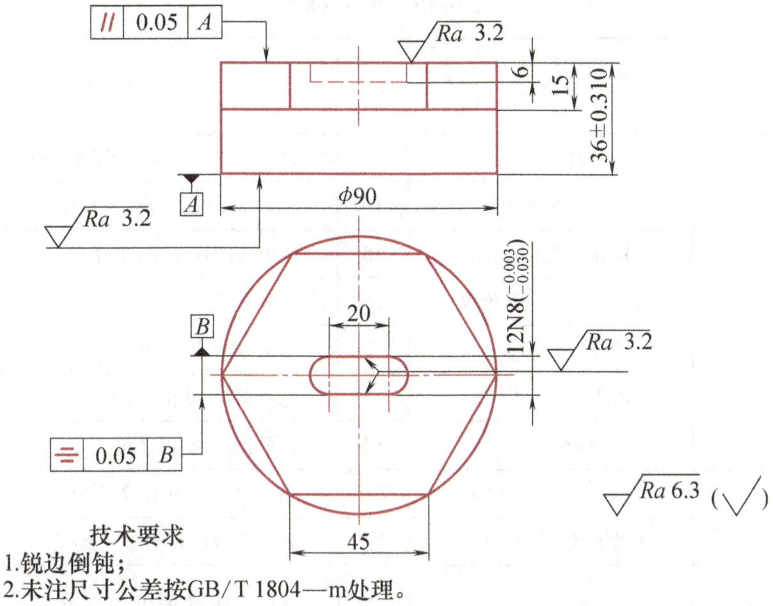

图 8-5 铣削六方形面和平键槽

表 8-9 工、量具及辅件准备清单

序号	名称	规格	数量	序号	名称	规格	数量
1	机用平口钳	100mm 以上	1	16	铜棒	自定	1
2	压板及螺栓		若干	17	锤子	1. 5lb(0. 68kg)	1
3	平行垫铁	依钳口高度及工件高度确定,带 V 形	1 对	18	外径千分尺	25~50mm	1
4	软钳口		1 对	19	游标卡尺	0~150mm	1
5	V 形铁		1 对	20	深度千分尺	0~25mm	1
6	分度头	FW200	1	21	内测千分尺	5~30mm	1
7	盘形铣刀杆	ϕ100mm 刀片 YT5	1	22	直角尺	80mm×125mm	1
8	键槽立铣刀	ϕ10mm、ϕ12mm、ϕ18mm	各 1	23	游标万能角度尺	0°~320°	1
9	倒角刀	90°	1	24	游标高度卡尺	0~300mm	1
10	中心钻	ϕ3mm	1	25	磁力表座		1
11	麻花钻	ϕ11. 8mm	1	26	百分表	0~10mm	1
12	弹簧或强力铣夹头刀柄		1	27	划线平板		1
13	夹簧	ϕ10mm、ϕ12mm、ϕ18mm	各 1	28	钢直尺	150mm	1
14	活扳手	200~300mm	1	29	毛刷	2in	1
15	平锉	200mm	1	30	抹布		若干

四、评分标准

实训课题评分标准见表 8-10。

表 8-10　评分标准

序号	考核项目	考核点	配分	评分标准	检测结果	得分
1	外观形状（20 分）	外轮廓	10	外轮廓形状与图形不符，每处扣 5 分		
		碰伤或划伤	10	工件碰伤或划伤一处扣 2 分		
2	尺寸精度（35 分）	键槽 $12_{-0.030}^{-0.003}$mm	15	超差 0.01mm 扣 5 分		
		正六边形各边角度	15	每处超差 2′扣 5 分		
		未注公差尺寸	5	每处超差扣 1 分		
3	表面粗糙度（25 分）	$Ra3.2\mu m$（4 处）	15	每处降一级扣 3 分		
		$Ra6.3\mu m$	10	每处降一级扣 2 分		
4	几何精度（15 分）	平行度公差 0.05mm	7.5	超差 0.01mm 扣 2.5 分		
		对称度公差 0.05mm	7.5	超差 0.01mm 扣 2.5 分		
5	安全生产（5 分）	铣削安全操作规程	5	违反有关规定扣 1~5 分 工作场地整洁，工、量具摆放整齐合理不扣分，稍差扣 1 分，很差扣 3 分 出现工伤或事故此项不得分		
合计			100		总分	

任务六　铣削四方形面和型腔

任务目标

1. 熟练制订铣削加工工艺。
2. 熟练掌握基准面的选择方法。
3. 熟练铣削多边形和型腔。
4. 熟练使用常用量具。
5. 进一步熟悉铣削安全操作规程。

一、实训工件图

实训工件图如图 8-6 所示。

二、实训材料

毛坯尺寸为 $\phi90$mm×40mm，材料为 45 钢。

三、工、量具及辅件准备清单

实训所需工、量具及辅件见表 8-11。

四、评分标准

实训课题评分标准见表 8-12。

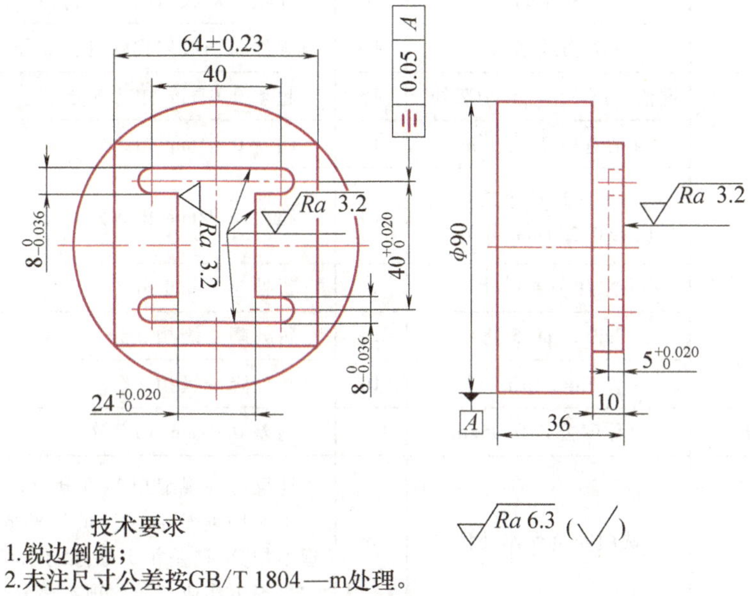

图 8-6 铣削四方形面和型腔

表 8-11 工、量具及辅件准备清单

序号	名称	规格	数量	序号	名称	规格	数量
1	机用平口钳	100mm 以上	1	16	铜棒	自定	1
2	压板及螺栓		若干	17	锤子	1. 5lb(0. 68kg)	1
3	平行垫铁	依钳口高度及工件高度确定,带 V 形	1 对	18	外径千分尺	50~75mm	1
4	软钳口		1 对	19	游标卡尺	0~150mm	1
5	V 形铁		1 对	20	深度千分尺	0~25mm	1
6	分度头	FW200	1	21	内测千分尺	5~30mm	1
7	盘形铣刀杆	φ100mm 刀片 YT5	1	22	直角尺	80mm×125mm	1
8	键槽立铣刀	φ6mm、φ8mm、φ12mm、φ20mm	各 1	23	游标万能角度尺	0°~320°	1
9	倒角刀	90°	1	24	游标高度卡尺	0~300mm	1
10	中心钻	φ3mm	1	25	磁力表座		1
11	麻花钻	φ7. 8mm	1	26	百分表	0~10mm	1
12	弹簧或强力铣夹头刀柄		1	27	划线平板		1
13	夹簧	φ6mm、φ8mm、φ12mm、φ20mm	各 1	28	钢直尺	150mm	1
14	活扳手	200~300mm	1	29	毛刷	2in	1
15	平锉	200mm	1	30	抹布		若干

表 8-12 评分标准

序号	考核项目	考核点	配分	评分标准	检测结果	得分
1	外观形状（20 分）	外轮廓	10	外轮廓形状与图形不符，每处扣 5 分		
		碰伤或划伤	10	工件碰伤或划伤一处扣 2 分		
2	尺寸精度（45 分）	键槽宽度 $8_{-0.036}^{0}$mm（2 处）	15	超差 0.01mm 扣 7.5 分		
		直槽宽度 $24_{0}^{+0.020}$mm	15	超差 0.01mm 扣 5 分		
		正四边形边长（64±0.23）mm（4 处）	10	超差 0.02mm 扣 5 分		
		未注公差尺寸	5	每处超差扣 1 分		
3	表面粗糙度（25 分）	$Ra3.2\mu m$（5 处）	15	每处降一级扣 3 分		
		$Ra6.3\mu m$	10	每处降一级扣 2 分		
4	几何精度（5 分）	对称度公差 0.05mm	5	超差 0.01mm 扣 5 分		
5	安全生产（5 分）	铣削安全操作规程	5	违反有关规定扣 1~5 分 工作场地整洁，工、量具摆放整齐合理不扣分，稍差扣 1 分，很差扣 3 分 出现工伤或事故此项不得分		
合计			100		总分	

任务七 铣削阶台和平键槽

任务目标

1. 熟练制订铣削加工工艺。
2. 熟练掌握基准面的选择方法。
3. 熟练铣削阶台和平键槽。
4. 熟练使用常用量具。
5. 进一步熟悉铣削安全操作规程。

一、实训工件图

实训工件图如图 8-7 所示。

二、实训材料

毛坯尺寸为 95mm×40mm×30mm，材料为 45 钢。

三、工、量具及辅件准备清单

实训所需工、量具及辅件见表 8-13。

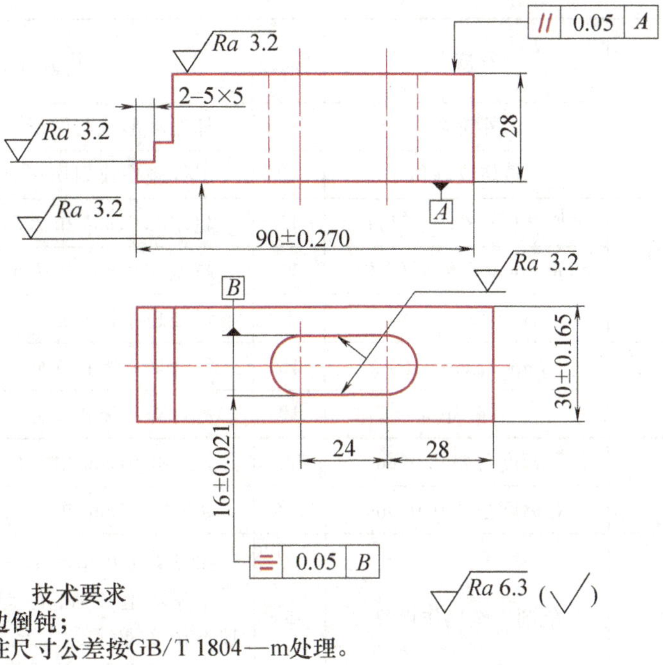

图 8-7 铣削阶台和平键槽

表 8-13 工、量具及辅件准备清单

序号	名称	规格	数量	序号	名称	规格	数量
1	机用平口钳	100mm 以上	1	15	锤子	1. 5lb(0. 68kg)	1
2	压板及螺栓		若干	16	游标卡尺	0~150mm	1
3	平行垫铁	依钳口高度及工件高度确定	1 对	17	深度千分尺	0~25mm	1
4	软钳口		1 对	18	外径千分尺	0~25mm、25~50mm、75~100mm	各 1
5	盘形铣刀杆	ϕ100mm 刀片 YT5	1	19	内测千分尺	5~30mm	1
6	键槽立铣刀	ϕ30mm、ϕ16mm	各 1	20	直角尺	80mm×125mm	1
7	倒角刀	90°	1	21	游标高度卡尺	0~300mm	1
8	中心钻	ϕ3mm	1	22	磁力表座		1
9	麻花钻	ϕ15. 7mm	1	23	百分表	0~10mm	1
10	弹簧或强力铣夹头刀柄		1	24	划线平板		1
11	夹簧	ϕ30mm、ϕ16mm	各 1	25	钢直尺	150mm	1
12	活扳手	200~300mm	1	26	毛刷	2in	1
13	平锉	200mm	1	27	抹布		若干
14	铜棒	自定	1				

四、评分标准

实训课题评分标准见表 8-14。

表 8-14 评分标准

序号	考核项目	考核点	配分	评分标准	检测结果	得分
1	外观形状 (20分)	外轮廓	10	外轮廓形状与图形不符,每处扣5分		
		碰伤或划伤	10	工件碰伤或划伤一处扣2分		
2	尺寸精度 (35分)	键槽宽度(16±0.021)mm	15	超差0.01mm扣7.5分		
		5mm×5mm台阶面(2处)	15	超差0.02mm扣7.5分		
		未注公差尺寸	5	每处超差扣1分		
3	表面粗糙度 (25分)	$Ra3.2\mu m$(5处)	15	每处降一级扣3分		
		$Ra6.3\mu m$	10	每处降一级扣2分		
4	几何精度 (15分)	平行度公差0.05mm	7.5	超差0.01mm扣2.5分		
		对称度公差0.05mm	7.5	超差0.01mm扣2.5分		
5	安全生产 (5分)	铣削安全操作规程	5	违反有关规定扣1~5分 工作场地整洁,工、量具摆放整齐合理不扣分,稍差扣1分,很差扣3分 出现工伤或事故此项不得分		
合计			100		总分	

任务八 铣削孔明锁

任务目标

1. 熟练制订铣削加工工艺。
2. 熟练掌握基准面的选择方法。
3. 熟练铣削垂直面、平行面、阶台和直角沟槽。
4. 熟练使用常用量具。
5. 进一步熟悉铣削安全操作规程。

在没有钉子和绳子的情况下，能将六根木条交叉固定在一起吗？答案是肯定的。我们聪明的先辈们就发明了一种方法：用一种咬合的方式把三组木条垂直相交固定。后来人们利用这种发明制成了一种智力玩具——孔明锁。

孔明锁是中国传统的智力玩具，关于它的来历有不同的传说。一种说法是春秋时代鲁国工匠鲁班为了测试儿子是否聪明，用六根木条制作成一件可拼可拆的玩具，让儿子拆开。儿子忙碌了一夜，终于拆开了。这种玩具被后人称为鲁班锁。另一种说法是三国时期诸葛亮根据八卦玄学的原理发明了这种玩具，所以称为孔明锁。除了这两种叫法外，还有空明锁、别闷棍、六子联方、莫奈何、难人才和智慧木等诸多名称。不管这种玩具的发明者是谁，从工程的角度上说，它起源于中国古代建筑中首创的、目前仍然被广泛应用的榫卯结构。

本任务通过孔明锁的制作，进一步对铣削加工的各项技能进行强化。加工完成后的工件还是一套精巧的智力玩具。

一、实训工件图

实训工件图如图 8-8~图 8-13 所示，图中工件宽和高均为 16mm。制作时，若选择方钢毛坯，为减少加工余量，可根据方钢尺寸进行缩放。为节约材料，也可选用废弃的车刀把作为毛坯。图中标注的公差仅供参考，在实训时可根据实际技能水平程度加以改变。

二、实训步骤

1. 加工零件 1（图 8-8）

零件 1 加工最简单，关键是要在 80mm 的全长上保证较高的平面度及垂直度精度，为达到美观的效果，还需保证尽可能小的表面粗糙度值。为便于后续加工及进行试配，可将其余五件的外形按同样方法先加工出来。

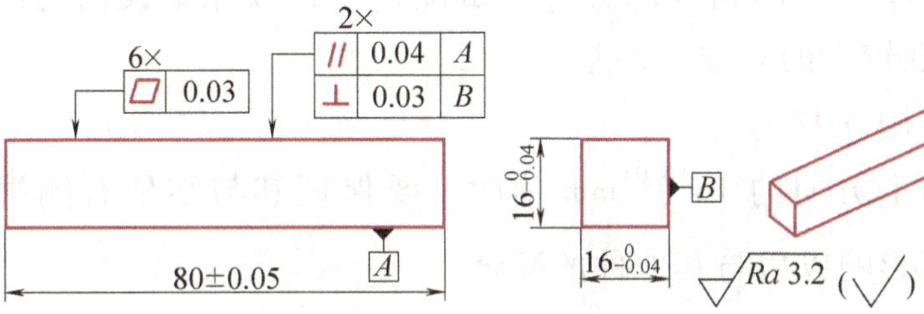

图 8-8 孔明锁零件 1

为便于对图样的理解，在视图右侧绘有立体图。

2. 加工零件 2（图 8-9）

按零件 1 的方法完成六面体的加工后，按图样尺寸划线，铣削后除去毛刺。在铣削 $32^{+0.04}_{0}$mm 尺寸时，可用已经加工好的其他两件拼合起来进行试配，保证既能灵活自如地配合，又没有太大的间隙。在加工 $8^{0}_{-0.04}$mm 尺寸时，要保证较高精度，以后可以此作为其他工件上具有相同公称尺寸的孔的检验标准。

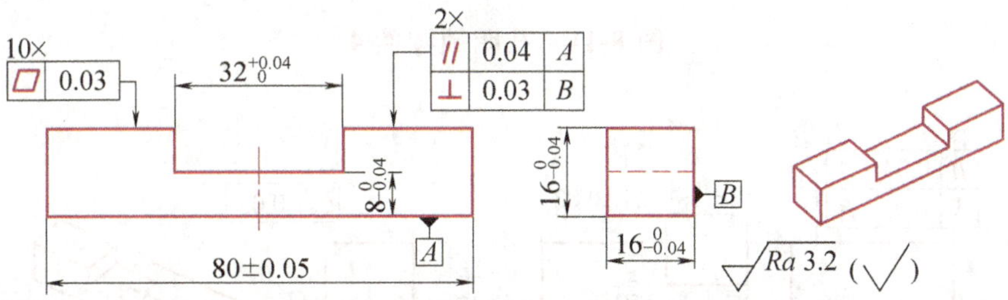

图 8-9 孔明锁零件 2

3. 加工零件 3（图 8-10）

在加工零件 3 时，可按步骤 2 的加工方法加工出与零件 2 相同的形状，通过两者组合检测外形是否平整。然后加工 $16^{+0.04}_{0}$mm 的尺寸，此处可用六面体的宽度方向外形进行试配。与此同时，要保证 $32^{+0.04}_{0}$mm 尺寸和 $16^{+0.04}_{0}$mm 尺寸的对称度，避免顾此失彼。

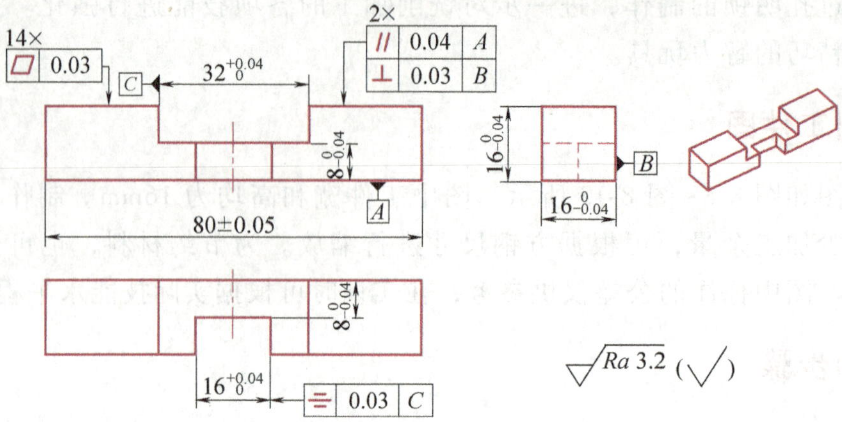

图 8-10　孔明锁零件 3

4. 加工零件 4（图 8-11）

加工零件 4 时，要特别注意中间部位的凸凹部分，避免出现加工失误，将本应保留的部分铣削掉。利用零件 3 的相应部分进行试配检验，以保证较高的配合精度，同时避免 8mm 的两个槽出现较大的对称度误差。

5. 加工零件 5（图 8-12）

加工零件 5 中两个方向的 $16^{+0.04}_{0}$mm 槽时，要保证其与零件右侧端面距离的尺寸精度，避免产生错位而影响以后与其他件的配合。

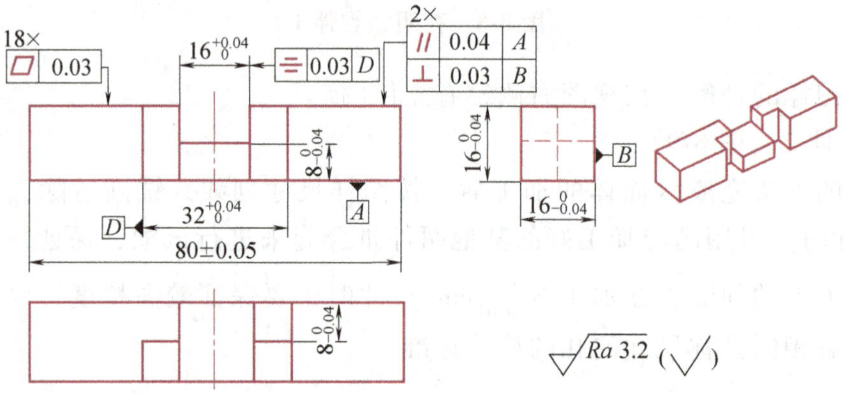

图 8-11　孔明锁零件 4

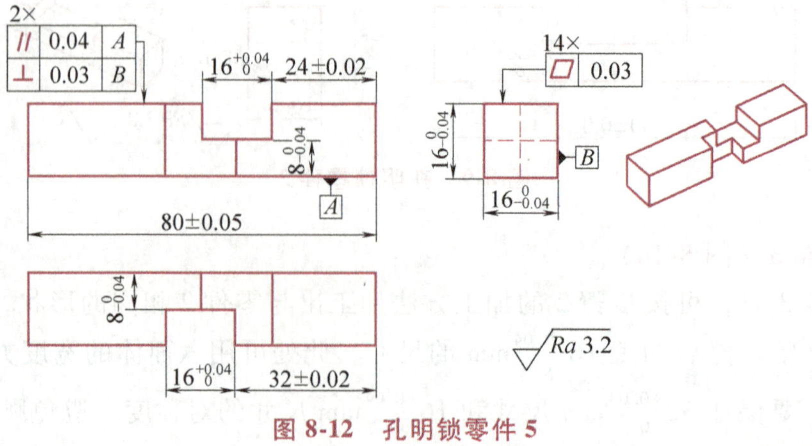

图 8-12　孔明锁零件 5

6. 加工零件 6（图 8-13）

零件 6 的形状与零件 5 的形状类似，只是两个 $16^{+0.04}_{0}$mm 槽的分布位置不同，加工方法及注意事项同步骤 5。

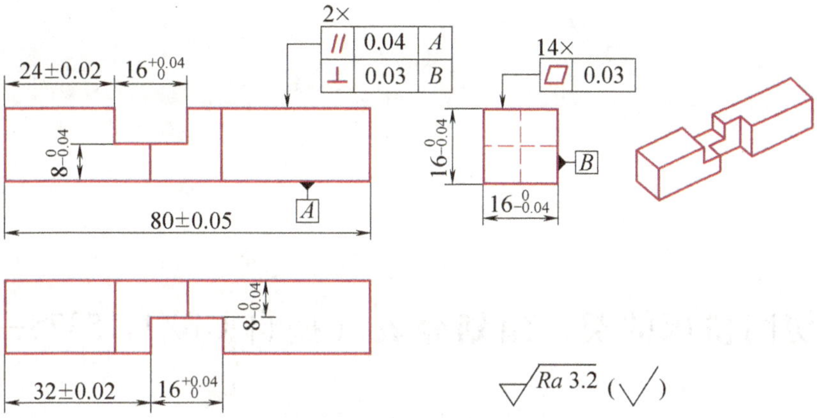

图 8-13 孔明锁零件 6

三、加工注意事项

孔明锁这种三维拼插玩具是靠内部凹凸部分巧妙地咬合组成的，从外观看是严丝合缝的十字立方体，如图 8-14 所示。作为综合制作课题，要求制作者必须具有较好的基本功，在加工时必须全盘考虑，保证各处的加工精度，否则可能无法正确地配合或配合间隙过大。

图 8-14 拼合好的孔明锁

另外还需要注意直角处的加工，既要清角，又要避免损坏相邻面。

孔明锁的奥妙无穷，必须开动脑筋才可拆解。拼装时更需仔细观察，认真思考，分析其内部结构。若不得要领，是很难完成拼合的。因此成为民间广泛流传的一种智力玩具。通过对其把玩揣摩，对培养空间想象力，开发智力大有裨益。

思考与练习

1. 孔明锁的各处尺寸能否全部采用对称公差？为什么？

2. 在孔明锁各工件中，为什么同为外形尺寸，长度方向与宽度、高度方向采用了不同的公差数值？

附录

附录A 金属切削机床的类、组划分表（摘自 GB/T 15375—2008）

类别		组别 0	1	2	3	4	5	6	7	8	9
车床 C		仪表小型车床	单轴自动车床	多轴自动、半自动车床	回轮、转塔车床	曲轴及凸轮轴车床	立式车床	落地及卧式车床	仿形及多刀车床	轮、轴、辊、锭及铲齿车床	其他车床
钻床 Z		—	坐标镗钻床	深孔钻床	摇臂钻床	台式钻床	立式钻床	卧式钻床	铣钻床	中心孔钻床	其他钻床
镗床 T		—	—	深孔镗床	—	坐标镗床	立式镗床	卧式铣镗床	精镗床	汽车、拖拉机修理用镗床	其他镗床
磨床	M	仪表磨床	外圆磨床	内圆磨床	砂轮机	坐标磨床	导轨磨床	刀具刃磨床	平面及端面磨床	曲轴、凸轮轴、花键轴及轧辊磨床	工具磨床
	2M	—	超精机	内圆珩磨机	外圆及其他珩磨机	抛光机	砂带抛光及磨削机床	刀具刃磨床及研磨机床	可转位刀片磨削机床	研磨机	其他磨床
	3M	—	球轴承套圈沟磨床	滚子轴承套圈滚道磨床	轴承套圈超精机	—	叶片磨削机床	滚子加工机床	钢球加工机床	气门、活塞及活塞环磨削机床	汽车、拖拉机修磨机床
齿轮加工机床 Y		仪表齿轮加工机	—	锥齿轮加工机	滚齿及铣齿机	剃齿及珩齿机	插齿机	花键轴铣床	齿轮磨齿机	其他齿轮加工机	齿轮倒角及检查机
螺纹加工机床 S		—	—	—	套丝机	攻丝机	—	螺纹铣床	螺纹磨床	螺纹车床	—
铣床 X		仪表铣床	悬臂及滑枕铣床	龙门铣床	平面铣床	仿形铣床	立式升降台铣床	卧式升降台铣床	床身铣床	工具铣床	其他铣床

（续）

类别	组别									
	0	1	2	3	4	5	6	7	8	9
刨插床 B	—	悬臂刨床	龙门刨床	—	—	插床	牛头刨床	—	边缘及模具刨床	其他刨床
拉床 L	—	—	侧拉床	卧式外拉床	连续拉床	立式内拉床	卧式内拉床	立式外拉床	键槽、轴瓦及螺纹拉床	其他拉床
锯床 G	—	—	砂轮片锯床	—	卧式带锯床	立式带锯床	圆锯床	弓锯床	锉锯床	—
其他机床 Q	其他仪表机床	管子加工机床	木螺钉加工机	—	刻线机	切断机	多功能机床	—	—	—

附录B 铣床类（X）的组、系代号及主参数（摘自 GB/T 15375—2008）

组		系		主参数	
代号	名称	代号	名称	折算系数	名称
0	仪表铣床	1	台式工具铣床	1/10	工作台面宽度
		2	台式车铣床	1/10	工作台面宽度
		3	台式仿形铣床	1/10	工作台面宽度
		4	台式超精铣床	1/10	工作台面宽度
		5	立式台铣床	1/10	工作台面宽度
		6	卧式台铣床	1/10	工作台面宽度
1	悬臂及滑枕铣床	0	悬臂铣床	1/100	工作台面宽度
		1	悬臂镗铣床	1/100	工作台面宽度
		2	悬臂磨铣床	1/100	工作台面宽度
		3	定臂铣床	1/100	工作台面宽度
		6	卧式滑枕铣床	1/100	工作台面宽度
		7	立式滑枕铣床	1/100	工作台面宽度
2	龙门铣床	0	龙门铣床	1/100	工作台面宽度
		1	龙门镗铣床	1/100	工作台面宽度
		2	龙门磨铣床	1/100	工作台面宽度
		3	定梁龙门铣床	1/100	工作台面宽度
		4	定梁龙门镗铣床	1/100	工作台面宽度
		6	龙门移动铣床	1/100	工作台面宽度
		7	定梁龙门移动铣床	1/100	工作台面宽度
		8	龙门移动镗铣床	1/100	工作台面宽度

（续）

组		系		主参数	
代号	名称	代号	名称	折算系数	名称
3	平面铣床	0	圆台铣床	1/100	工作台面宽度
		1	立式平面铣床	1/100	工作台面宽度
		3	单柱平面铣床	1/100	工作台面宽度
		4	双柱平面铣床	1/100	工作台面宽度
		5	端面铣床	1/100	工作台面宽度
		6	双端面铣床	1/100	工作台面宽度
		7	滑枕平面铣床	1/100	工作台面宽度
		8	落地端面铣床	1/100	最大铣轴垂直移动距离
4	仿形铣床	1	平面刻模铣床	1/10	缩放仪中心距
		2	立体刻模铣床	1/10	缩放仪中心距
		3	平面仿形铣床	1/10	最大铣削宽度
		4	立体仿形铣床	1/10	最大铣削宽度
		5	立式立体仿形铣床	1/10	最大铣削宽度
		6	叶片仿形铣床	1/10	最大铣削宽度
		7	立式叶片仿形铣床	1/10	最大铣削宽度
5	立式升降台铣床	0	立式升降台铣床	1/10	工作台面宽度
		1	立式升降台镗铣床	1/10	工作台面宽度
		2	摇臂铣床	1/10	工作台面宽度
		3	万能摇臂铣床	1/10	工作台面宽度
		4	摇臂镗铣床	1/10	工作台面宽度
		5	转塔升降台铣床	1/10	工作台面宽度
		6	立式滑枕升降台铣床	1/10	工作台面宽度
		7	万能滑枕升降台铣床	1/10	工作台面宽度
		8	圆弧铣床	1/10	工作台面宽度
6	卧式升降台铣床	0	卧式升降台铣床	1/10	工作台面宽度
		1	万能升降台铣床	1/10	工作台面宽度
		2	万能回转头铣床	1/10	工作台面宽度
		3	万能摇臂铣床	1/10	工作台面宽度
		4	卧式回转头铣床	1/10	工作台面宽度
		6	卧式滑枕升降台铣床	1/10	工作台面宽度
7	床身铣床	1	床身铣床	1/100	工作台面宽度
		2	转塔床身铣床	1/100	工作台面宽度
		3	立柱移动床身铣床	1/100	工作台面宽度
		4	立柱移动转塔床身铣床	1/100	工作台面宽度
		5	卧式床身铣床	1/100	工作台面宽度
		6	立柱移动卧式床身铣床	1/100	工作台面宽度
		7	滑枕床身铣床	1/100	工作台面宽度
		9	立柱移动立卧式床身铣床	1/100	工作台面宽度
8	工具铣床	1	万能工具铣床	1/10	工作台面宽度
		3	钻头铣床	1	最大钻头直径
		5	立铣刀槽铣床	1	最大铣刀直径

（续）

组		系		主参数	
代号	名称	代号	名称	折算系数	名称
9	其他铣床	0	六角螺母槽铣床	1	最大六角螺母对边宽度
		1	曲轴铣床	1/10	刀盘直径
		2	键槽铣床	1	最大键槽宽度
		4	轧辊轴颈铣床	1/100	最大铣削直径
		7	转子槽铣床	1/100	最大转子本体直径
		8	螺旋桨铣床	1/100	最大工作直径

附录C 铣床加工的经济精度

（单位：mm）

铣床类型			平面度	平行度/(mm/mm) 加工面对基面	平行度/(mm/mm) 两侧加工面之间	加工面之间的垂直度/(mm/mm)
升降台铣床		立式	0.02	0.03/100	—	0.02/100
		卧式	0.02	0.03/100		0.02/100
工作台不升降铣床		立式	0.02	0.03/100	—	0.02/100
		卧式	0.02	0.03/100		0.02/100
龙门铣床	加工长度/m	≤2	—	0.03/300	0.02/300	0.02/300
		>2~5		0.04/300	0.03/300	
		>5~10		0.05/300	0.05/300	
		>10		0.08/300	0.08/300	
铣床上镗孔			垂直孔轴线的垂直度/(mm/mm)		垂直孔轴线的位置度/(mm/mm)	
回转工作台			(0.02~0.05)/100		0.1~0.2	
回转分度头			(0.05~0.1)/100		0.3~0.5	

参考文献

[1] 汪哲能. AutoCAD2013 机械制图实例教程 [M]. 北京：机械工业出版社，2021.

[2] 汪哲能. 车削加工技术 [M]. 北京：机械工业出版社，2018.

[3] 汪哲能. 钳工工艺与技能训练 [M]. 3 版. 北京：机械工业出版社，2021.

[4] 蔡艳，宫敏利. 公差配合与技术测量 [M]. 北京：高等教育出版社，2021.

[5] 陈臻，凌云，韩序新. 铣工工艺与技能训练 [M]. 北京：中国劳动社会保障出版社，2013.

[6] 陈志毅. 铣工工艺学 [M]. 5 版. 北京：中国劳动社会保障出版社，2020.

[7] 邱言龙，王秋杰. 铣工实用技术手册 [M]. 2 版. 北京：中国电力出版社，2019.